Galileo科學大圖鑑系列

VISUAL BOOK OF THE MUSCLE

肌肉大圖鑑

人 人 出 版

前　言

說到肌肉，你會想到什麼？
或許很多人腦中會浮現
運動與訓練造就的健美體態。

但不論身材纖弱的人還是年事已高的人，
體內當然也都有肌肉在運作。
本書將介紹幫助我們活動身體的肌肉。

人體肌肉分成三種類型：
附著在骨骼上，我們可以隨意控制其活動的骨骼肌；
譬如腸胃等內臟的肌肉，會依身體需求自行運作的平滑肌；
以及會不斷搏動、將血液送往全身上下的心臟肌肉 ── 心肌。

骨骼肌的作用是活動骨頭和關節，

透過收縮來幫助我們做出各式各樣的動作，

從細膩的手指動作到豐富多變的表情都需要仰賴骨骼肌。

骨骼肌還可以藉由訓練增加強度，

內文中亦有提供幾種簡單的訓練方法，不妨嘗試看看。

平滑肌和心肌無法靠意志來操控，

但是在自律神經的控制下會保持固定的收縮節奏，

維持生命現象的運作。

相信透過本書了解肌肉的構造及功能，

有助於各位有效率地打造健康的體魄。

VISUAL BOOK OF THE MUSCLE 肌肉大圖鑑

1 肌肉的運作

2 頭部與頸部的肌肉

3 上肢肌肉

4 軀幹的肌肉

5 臀部與下肢肌肉

6 內臟的肌肉

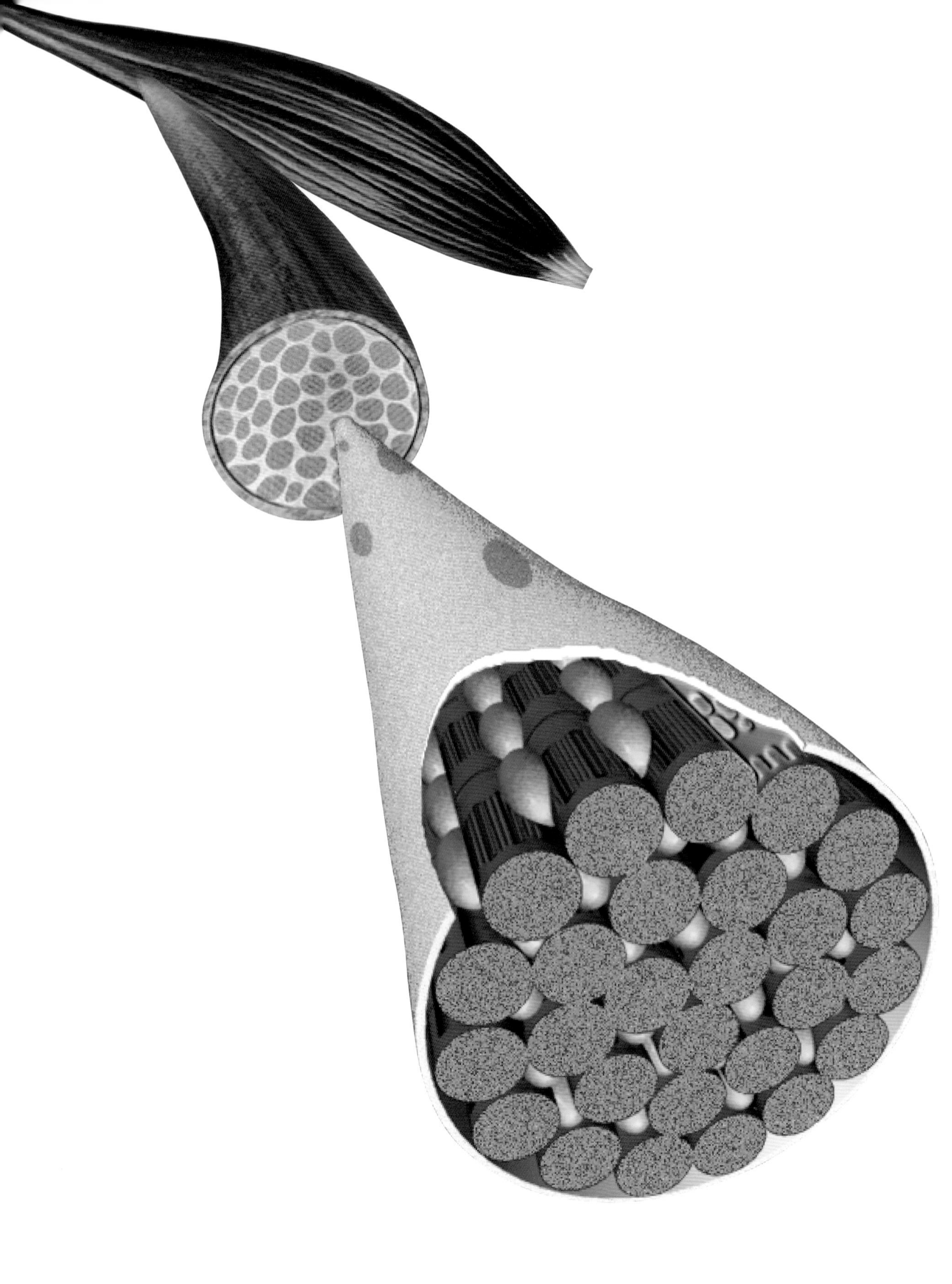

1

肌肉的運作

Structure of muscle

肌肉的作用是活動身體

首先，來了解一下肌肉的種類及其運作機制。

肌肉每天都會消耗能量，幫助我們做出各式各樣的身體動作。肌肉約占人體總重的3分之1至一半，其種類大致可分為三種：負責牽引骨頭、帶動關節運作的骨骼肌（skeletal muscle）；讓心臟跳動的心肌（cardiac muscle）；負責各種內臟活動的平滑肌（smooth muscle）。

骨骼肌是由名為「肌纖維」（muscle fiber）的細胞束構成，而肌纖維是由「肌原纖維」（myofibril）與「粒線體」（mitochondrion）排列組成。粒線體負責提供能量，讓肌原纖維收縮以牽動骨頭。

心肌和平滑肌這類肌肉則和骨骼肌不同，我們無法憑自己的意志加以控制。

擲鐵餅者

作者為古希臘的雕刻家米隆（Myron，前480左右～前445年左右）。

優美勻稱的肌肉往往是繪畫、雕刻等眾多藝術作品的主題。

肌肉分成三種類型

肌肉可大致分為三種類型：骨骼肌、心肌、平滑肌。

骨骼肌顧名思義就是牽引骨骼活動的肌肉。這種肌肉包裹著骨骼且橫跨關節兩側，分成負責伸展關節的伸肌（extensor）和負責彎曲關節的屈肌（flexor）。骨骼肌受運動神經支配，可以透過大腦皮質發出命令來隨意控制其收縮活動，因此也稱為「隨意肌」（voluntary muscle）。

心肌是構成心臟壁的肌肉，透過收縮將血液送往全身。平滑肌則是構成消化道、膀胱、肺臟等器官和血管壁的肌肉。心肌與平滑肌受自律神經支配，無法靠自我意志來操控，故也稱為「不隨意肌」（involuntary muscle）。

心肌及平滑肌都擁有優越的耐力而不易疲勞，畢竟這類肌肉一旦停止活動恐怕會危及生命。

骨骼肌

包覆全身的肌肉。

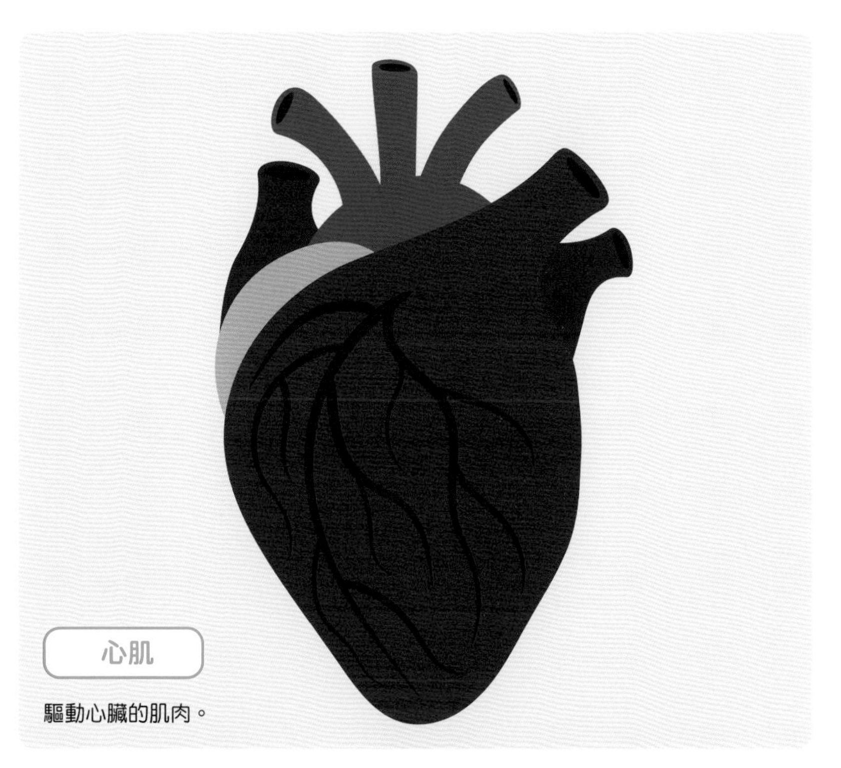

心肌

驅動心臟的肌肉。

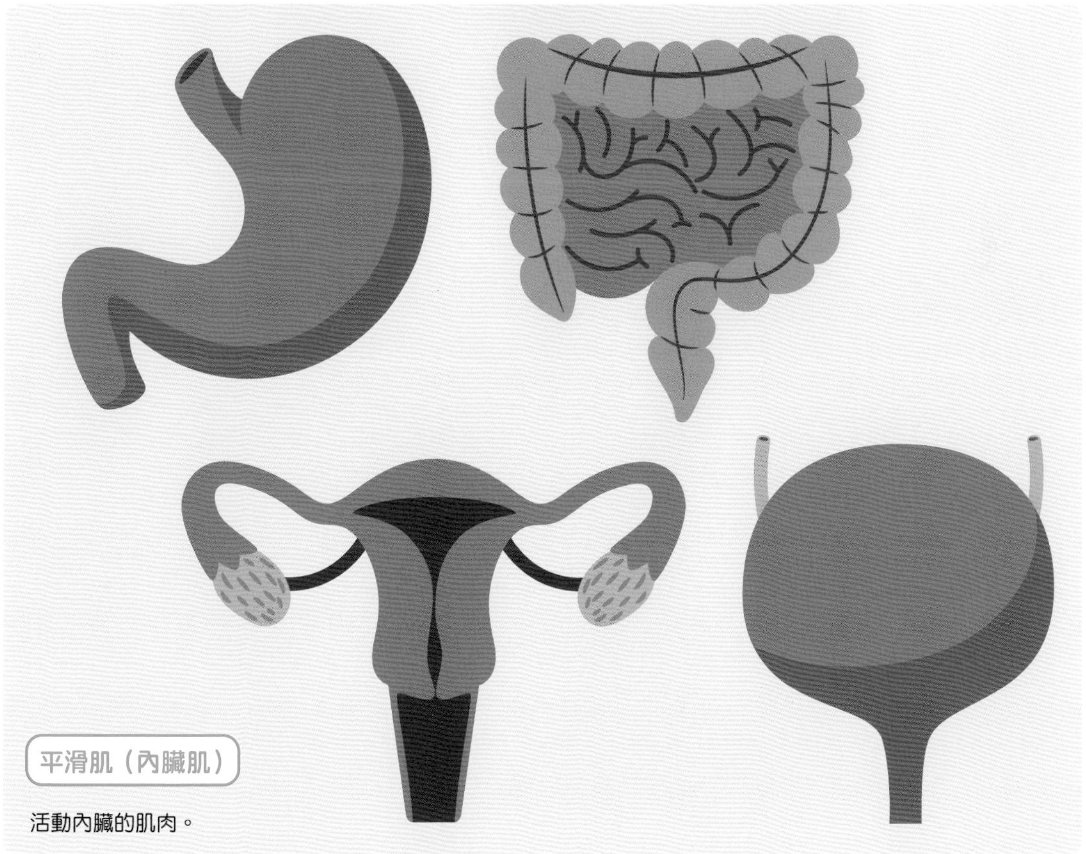

平滑肌（內臟肌）

活動內臟的肌肉。

肌肉其實是成束的肌纖維

骨骼肌是由大量名為「肌纖維」（肌細胞）的單一細胞集結而成。

一個肌纖維的粗細大約為40～100微米（1微米＝100萬分之1公尺），最長可達10公分以上。

以微觀角度觀察肌纖維，會發現內部含有大量的肌原纖維。肌原纖維是由多個收縮運動單位連接而成的線狀構造，集結成束即構成一個纖維狀的肌細胞。

肌纖維適應能力強 能發展得更為粗壯

肌肉組織適應變化的能力奇佳，因此我們可以透過肌力訓練等來刺激肌肉蛋白質合成，使肌肉更為發達。即使肌纖維在運動中受傷、受損，該部分也會自行修復，並且變得比損傷前更加強壯、肥大。這也是能夠藉由訓練打造壯碩體魄的原因所在。

肌纖維（由單一細胞構成）

骨骼肌的構造

骨骼肌是由肌纖維構成的細胞束。肌纖維中含有肌原纖維與供給能量的粒線體。

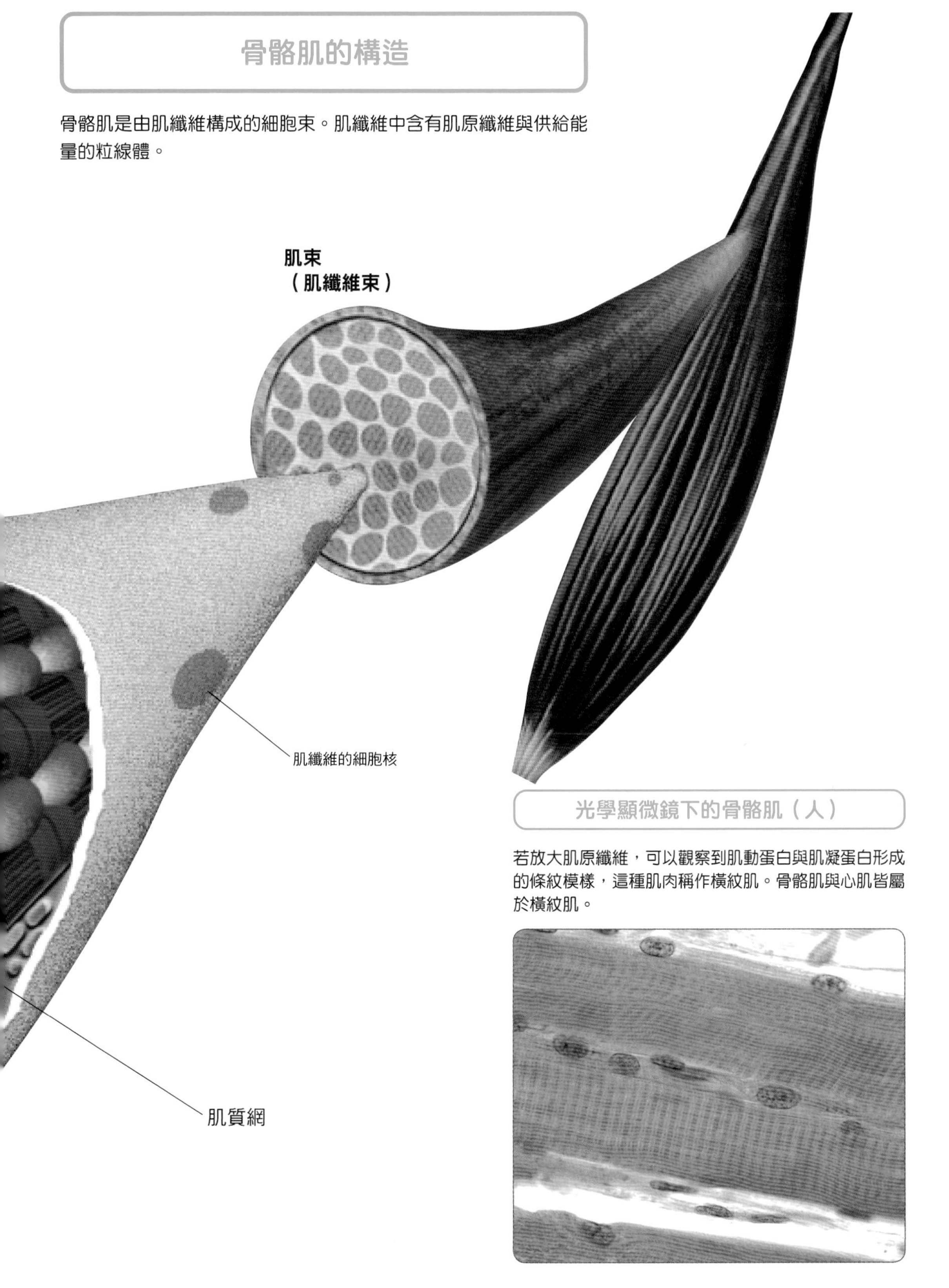

光學顯微鏡下的骨骼肌（人）

若放大肌原纖維，可以觀察到肌動蛋白與肌凝蛋白形成的條紋模樣，這種肌肉稱作橫紋肌。骨骼肌與心肌皆屬於橫紋肌。

肌纖維的成長與死亡

肌纖維周圍的「衛星細胞」（satellite cell）具有修補受損肌纖維的作用。當肌纖維受傷、衰敗時，衛星細胞便會增生並進行修復。當肌纖維壞死時，衛星細胞也會增生、製造新的肌纖維。

激烈運動過後，肌纖維會分泌生長因子（growth factor）刺激衛星細胞運作。衛星細胞會與肌纖維結合，加粗肌肉。同時生長因子也會作用於肌纖維，促進細胞內合成蛋白質。

到了40～50歲左右，肌纖維的數量就會開始逐漸減少。雖然目前尚未研究出肌纖維減少的機制，不過一般認為是細胞凋亡所致，也就是細胞主動選擇了死亡。

專欄 COLUMN　細胞凋亡與壞死

包含肌肉細胞在內的所有細胞，都有兩種死亡方式：「壞死」（necrosis）與「細胞凋亡」（apoptosis）。

壞死是細胞因為外傷等原因（①②）導致細胞膜破損，內部物質外洩（③④），最後被免疫細胞排除（⑤）的過程。壞死的部位無法復原，還會引發衰竭。另一方面，細胞凋亡是細胞內部自動分裂成好幾個袋狀碎片（①～③），再被免疫細胞之一的巨噬細胞吞噬、分解（④）的過程。

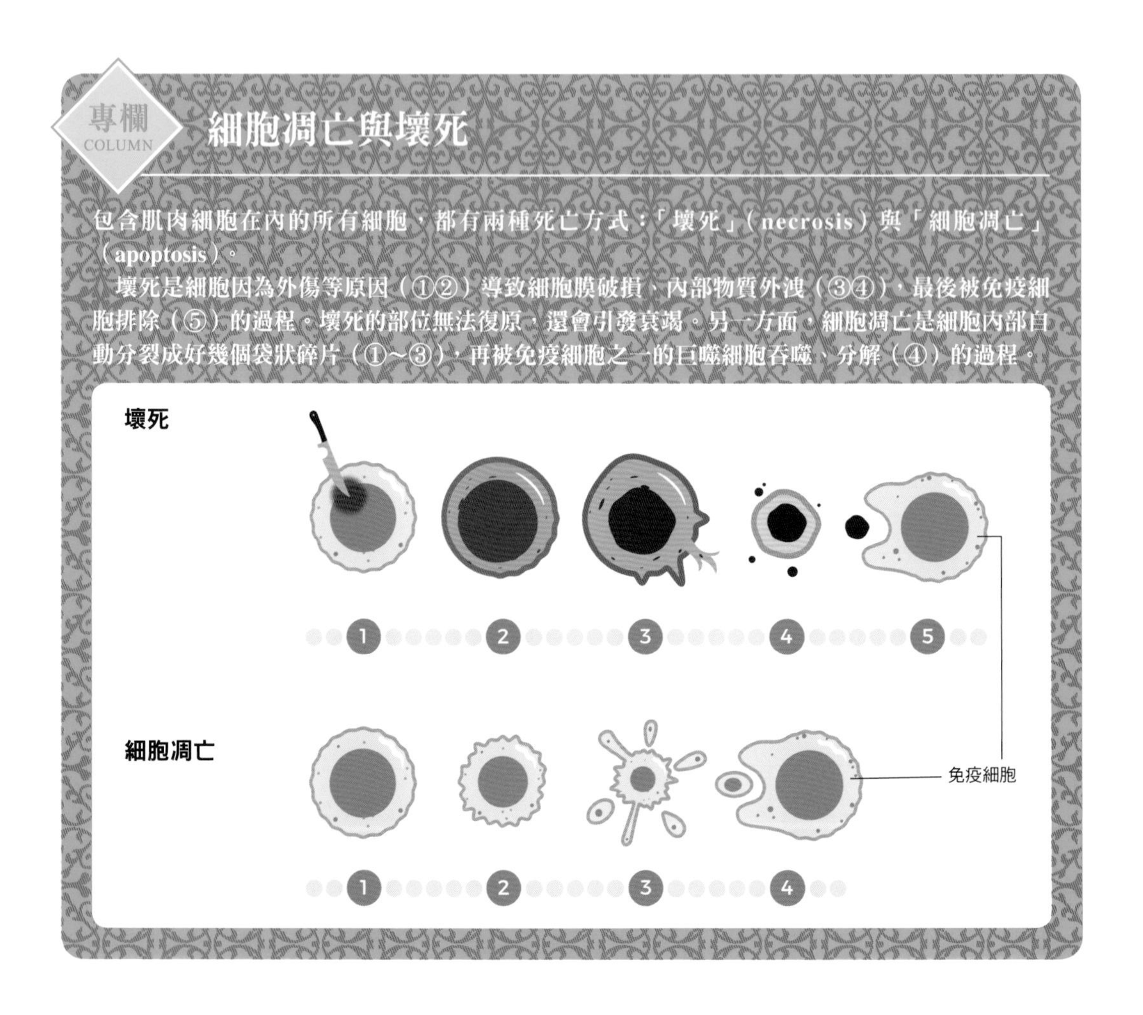

肌肉長大的原理

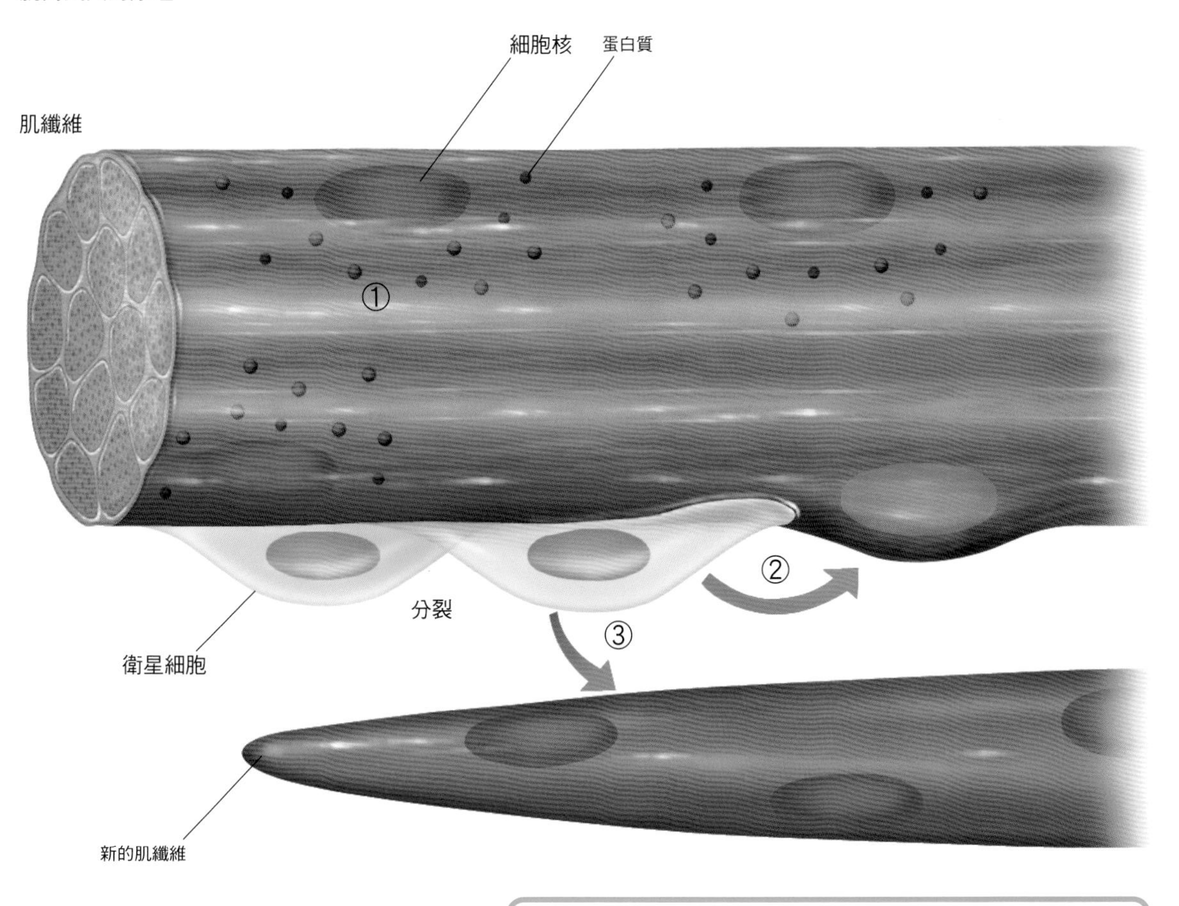

肌肉為什麼會長大

一般認為肌肉長大的機制有三種。

①肌纖維內有大量蛋白質合成。

②衛星細胞分裂並與肌纖維結合。

③衛星細胞分裂並彼此融合，形成新的肌纖維。

即使②和③發生，衛星細胞也永遠處在肌纖維之外。了解這些肌肉相關的機制，也有助於提高鍛鍊肌肉的效率。

建構骨骼肌的兩種肌纖維

快縮肌纖維與慢縮肌纖維的比例

普通人和舉重選手這類講求力量的競技運動員，兩者的肌肉組成不太一樣。若觀察普通人的肌束截面，可見快縮肌纖維（淡粉紅色）與慢縮肌纖維（深粉紅色）的比例各占50%；而力量型競技運動員的快縮肌纖維比例會比較高。研究指出這兩種肌纖維的比例基本上天生就決定了。

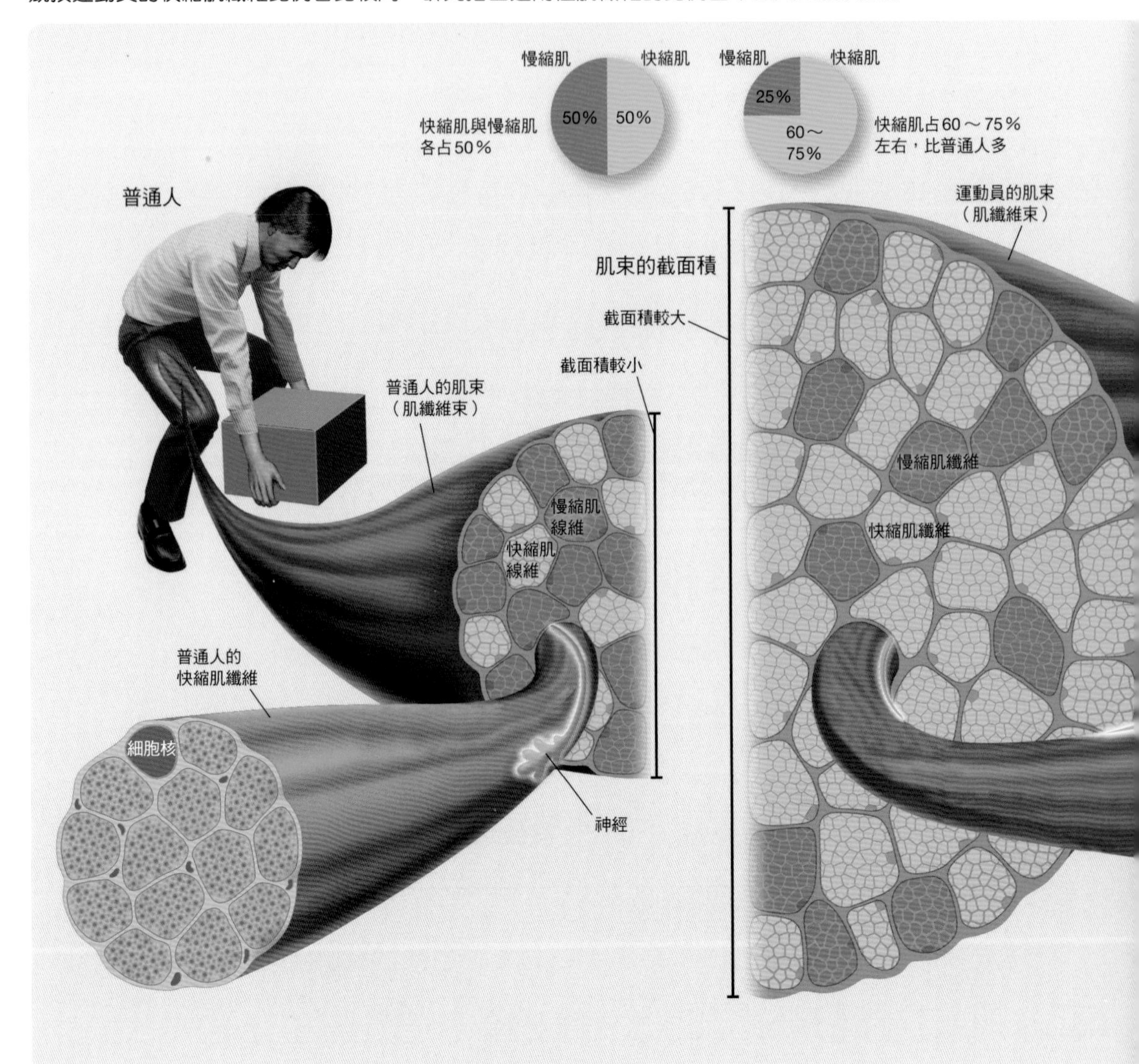

可以根據引發收縮的蛋白質（肌凝蛋白）性質，將哺乳類的肌纖維細分成四個種類。粗略而言，則可大致分為「快縮肌纖維」（fast-twitch fiber）與「慢縮肌纖維」（slow-twitch fiber）。

慢縮肌纖維的收縮速度較慢，但是有不容易疲乏、耐力佳的優點。這類肌肉顏色偏紅，故又稱為紅肌。其紅色是來自於肌紅素（myoglobin，又稱肌紅蛋白）與細胞色素（cytochrome）等紅色蛋白質，這類蛋白質的功用是將氧吸收進肌纖維，幫助肌肉產生能量。

快縮肌纖維收縮速度快，但是耐力較差。而且肌紅素與細胞色素的含量較少，所以顏色偏白。

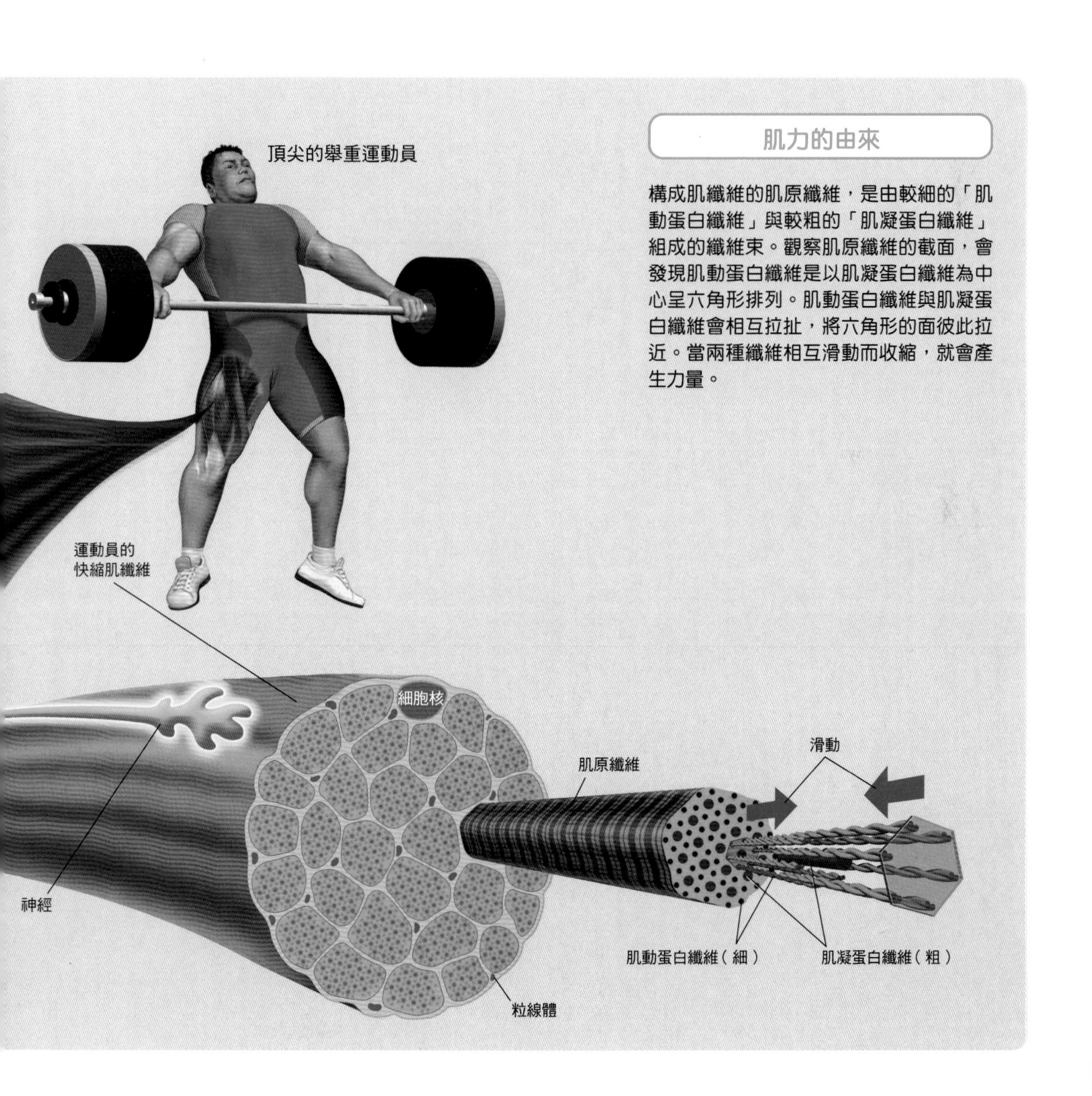

肌力的由來

構成肌纖維的肌原纖維，是由較細的「肌動蛋白纖維」與較粗的「肌凝蛋白纖維」組成的纖維束。觀察肌原纖維的截面，會發現肌動蛋白纖維是以肌凝蛋白纖維為中心呈六角形排列。肌動蛋白纖維與肌凝蛋白纖維會相互拉扯，將六角形的面彼此拉近。當兩種纖維相互滑動而收縮，就會產生力量。

上半身的主要肌肉

「骨骼肌」是身體活動時使用的肌肉，這種附著於全身骨骼的肌肉可分成400種左右。成年男性的骨骼肌約占體重的40%。

本跨頁及次跨頁會介紹人體主要的骨骼肌和肌腱。插圖所示為最表層的肌肉，其內部還有其他肌肉。

各部位都有負責活動、支撐該處關節的肌肉，有助於做出豐富的表情、肩膀及手部的複雜動作，還有維持姿勢等等。

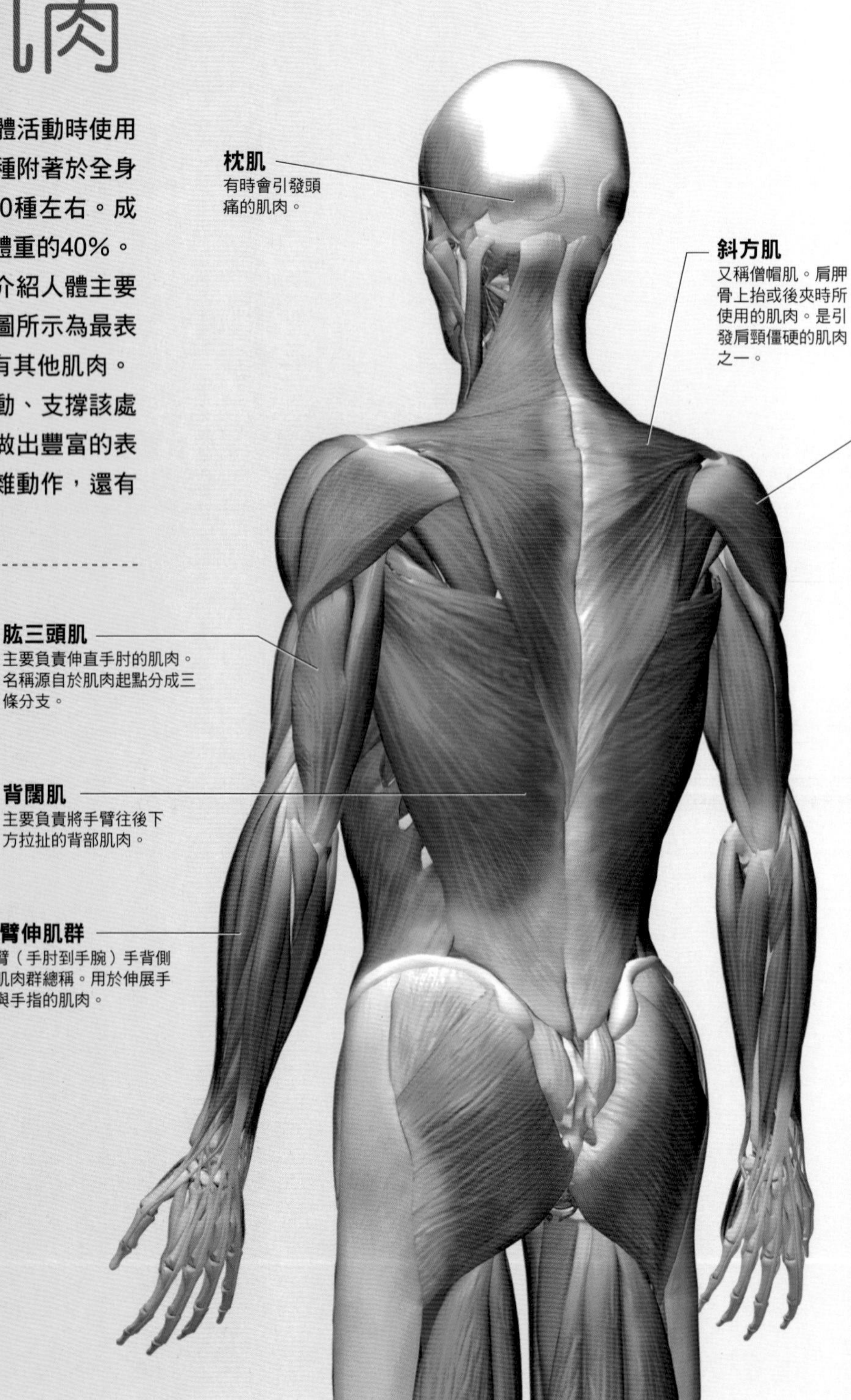

枕肌
有時會引發頭痛的肌肉。
斜方肌
又稱僧帽肌。肩胛骨上抬或後夾時所使用的肌肉。是引發肩頸僵硬的肌肉之一。
肱三頭肌
主要負責伸直手肘的肌肉。名稱源自於肌肉起點分成三條分支。
背闊肌
主要負責將手臂往後下方拉扯的背部肌肉。
前臂伸肌群
前臂（手肘到手腕）手背側的肌肉群總稱。用於伸展手腕與手指的肌肉。

上半身的主要肌肉

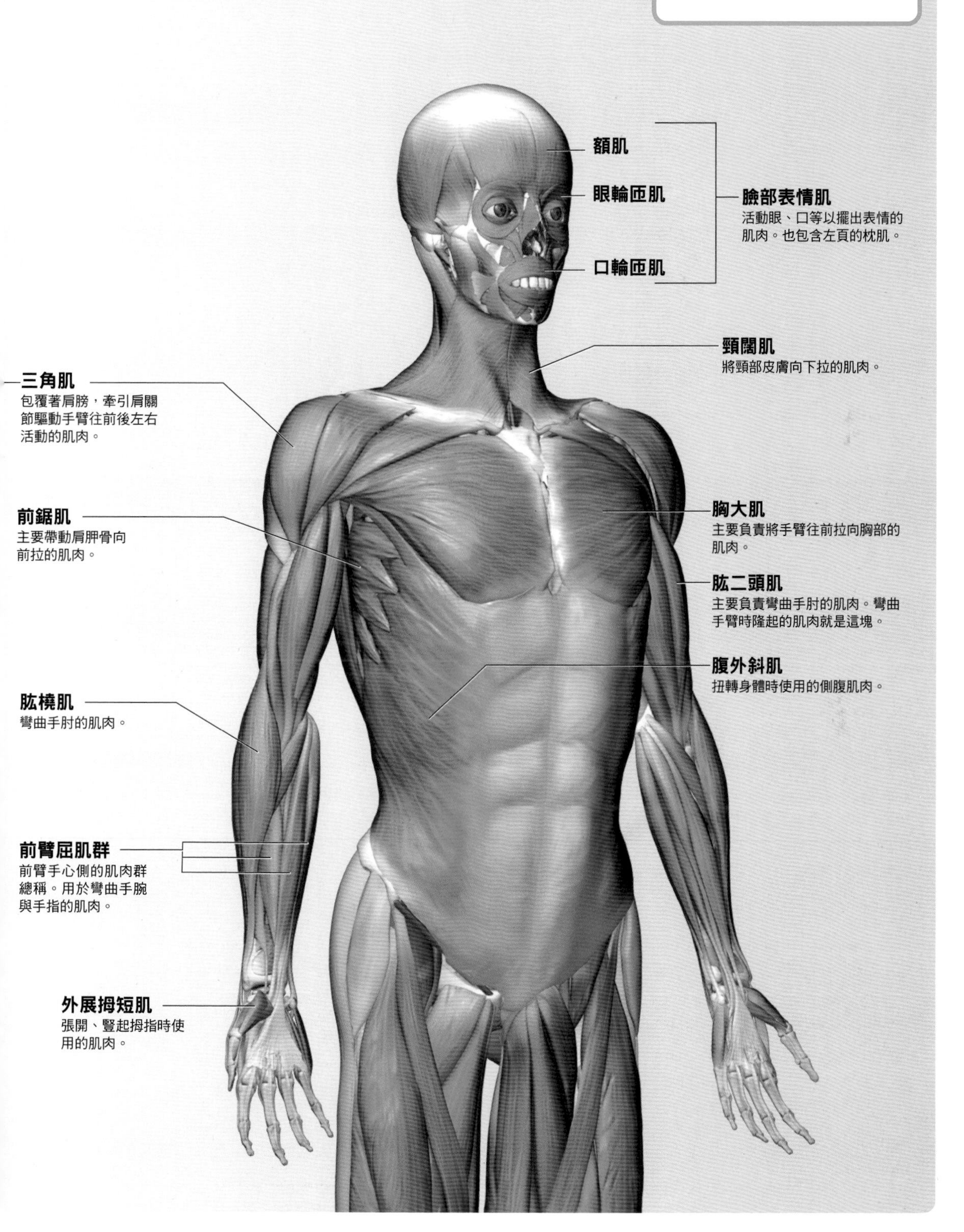
額肌
眼輪匝肌
口輪匝肌
臉部表情肌
活動眼、口等以擺出表情的肌肉。也包含左頁的枕肌。
頸闊肌
將頸部皮膚向下拉的肌肉。
三角肌
包覆著肩膀，牽引肩關節驅動手臂往前後左右活動的肌肉。
前鋸肌
主要帶動肩胛骨向前拉的肌肉。
胸大肌
主要負責將手臂往前拉向胸部的肌肉。
肱二頭肌
主要負責彎曲手肘的肌肉。彎曲手臂時隆起的肌肉就是這塊。
腹外斜肌
扭轉身體時使用的側腹肌肉。
肱橈肌
彎曲手肘的肌肉。
前臂屈肌群
前臂手心側的肌肉群總稱。用於彎曲手腕與手指的肌肉。
外展拇短肌
張開、豎起拇指時使用的肌肉。

下半身的主要肌肉

每個部位的肌肉性質都不太一樣，比如負責伸展手肘和膝蓋的肌肉，肌纖維的排列方式宛如羽毛，故稱作「羽狀肌」(pennate muscle)。這類肌肉垂直於收縮方向的單位截面積肌纖維數量較多（較粗壯），故能幫助身體對抗重力以維持姿勢和運動。

另外，負責彎曲關節的肌肉大多屬於「平行肌」（parallel muscle，又稱非羽狀肌）。平行肌的肌纖維與收縮方向平行排列，因此能迅速、大幅地收縮。雖然也有少數屈肌屬於羽狀肌，但是肌纖維傾斜角度也很小。

除了肌纖維的排列方式，每個部位的快、慢縮肌纖維比例也不盡相同。舉例來說，在小腿後側有助於抵抗重力、維持身體姿勢的比目魚肌（M. soleus）※，就擁有較多的慢縮肌纖維。我們需要肌肉持續運作才能維持直立姿勢，因此這部分的肌肉擁有較多能連續出力的慢縮肌纖維。

※編註：M.是musculus的縮寫。

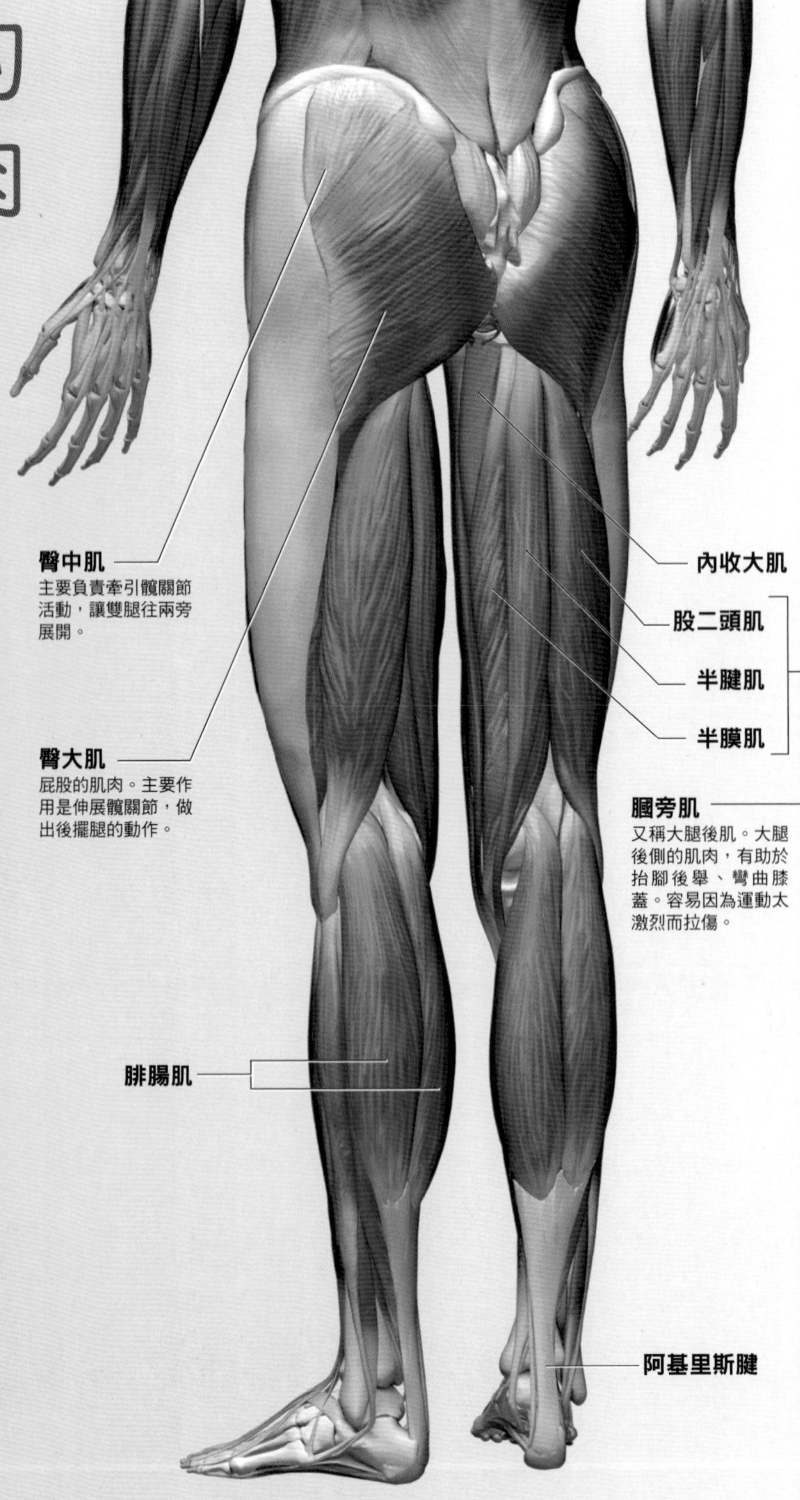

臀中肌
主要負責牽引髖關節活動，讓雙腿往兩旁展開。
臀大肌
屁股的肌肉。主要作用是伸展髖關節，做出後擺腿的動作。
內收大肌
股二頭肌
半腱肌
半膜肌
膕旁肌
又稱大腿後肌。大腿後側的肌肉，有助於抬腳後舉、彎曲膝蓋。容易因為運動太激烈而拉傷。
腓腸肌
阿基里斯腱

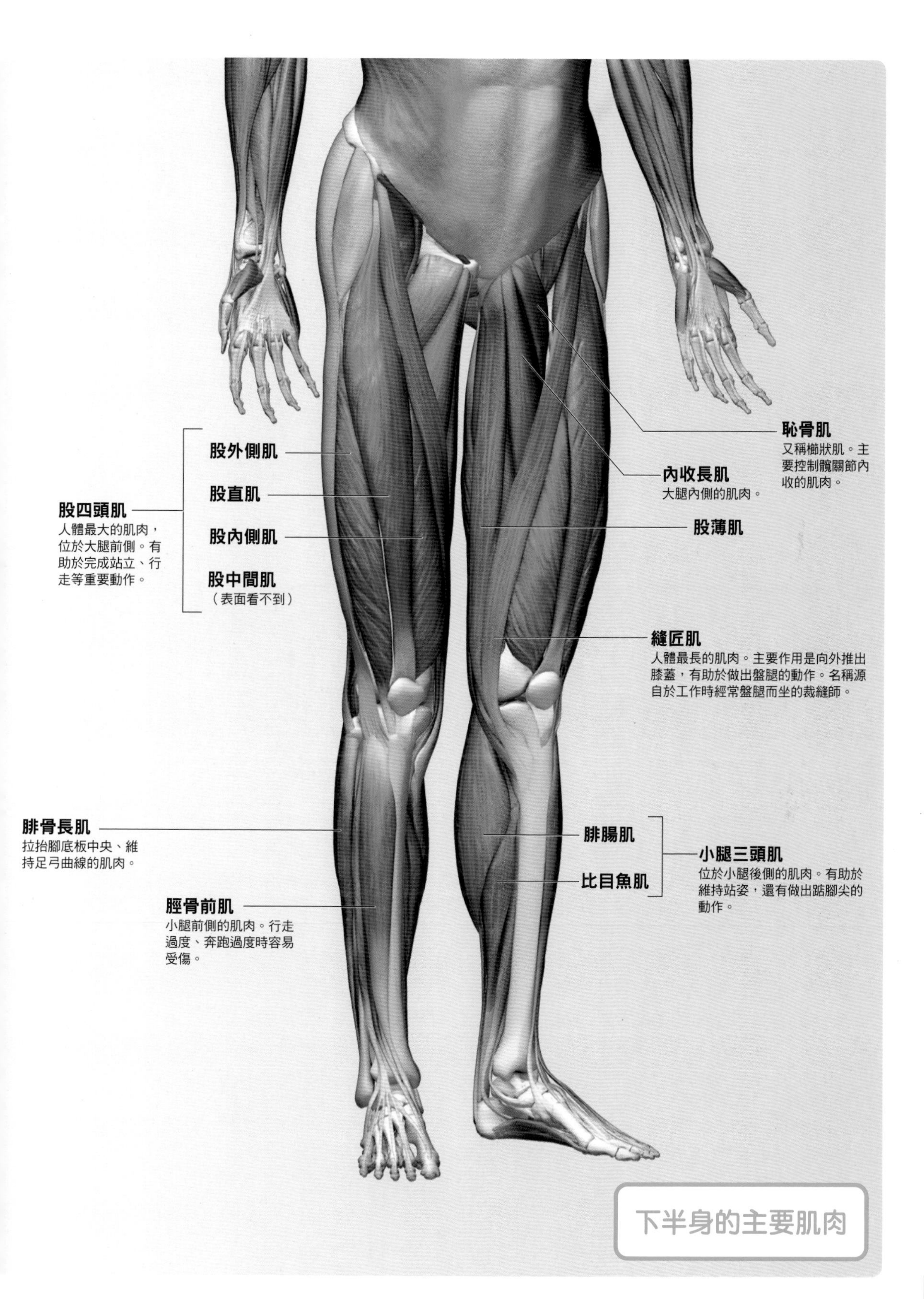
恥骨肌
又稱櫛狀肌。主要控制髖關節內收的肌肉。
內收長肌
大腿內側的肌肉。
股外側肌
股直肌
股四頭肌
人體最大的肌肉，位於大腿前側。有助於完成站立、行走等重要動作。
股內側肌
股薄肌
股中間肌
（表面看不到）
縫匠肌
人體最長的肌肉。主要作用是向外推出膝蓋，有助於做出盤腿的動作。名稱源自於工作時經常盤腿而坐的裁縫師。
腓骨長肌
拉抬腳底板中央、維持足弓曲線的肌肉。
腓腸肌
小腿三頭肌
位於小腿後側的肌肉。有助於維持站姿，還有做出踮腳尖的動作。
比目魚肌
脛骨前肌
小腿前側的肌肉。行走過度、奔跑過度時容易受傷。
下半身的主要肌肉

肌肉受傷時會引發肌肉痠痛

肌肉痠痛分成兩種：「急性肌肉痠痛」（acute muscle soreness，AMS）與「延遲性肌肉痠痛」（delayed onset muscle soreness，DOMS）。

急性肌肉痠痛發生於運動結束後，造成疼痛的原因可能是包覆肌纖維的「筋膜」（fascia）斷裂，也可能是代謝產物堆積所致。其中，又以後者的情況居多。

代謝產物泛指肌纖維在肌肉激烈運動時所釋放的乳酸和氫離子。急性肌肉痠痛通常在發作後1小時內就會緩解。

一般說的肌肉痠痛是指延遲性肌肉痠痛。

延遲性肌肉痠痛的可能原因為肌纖維、肌束或筋膜等部位的細微損傷。當免疫細胞為了修復這些損傷而活化、產生發炎反應，便會引發肌肉痠痛。

引發肌肉痠痛的機制

肌肉是由纖維狀的細胞與負責黏合細胞的結締組織所構成。一般認為，引發延遲性肌肉痠痛的過程如下：①由上而下的離心收縮（eccentric contraction）運動導致肌肉組織產生細微損傷，引起發炎反應，刺激血管分泌「舒緩肽」（bradykinin）。②舒緩肽產生作用，神經生長因子（nerve growth factor）、神經營養因子（neurotrophic factor）增加。③這些因子作用於部分感覺神經，提高了神經對於痛覺刺激（例如壓力、伸展）的敏感度。④當肌肉在這種情況下受到刺激，疼痛的訊息就會傳遞至腦並產生痛的感受。

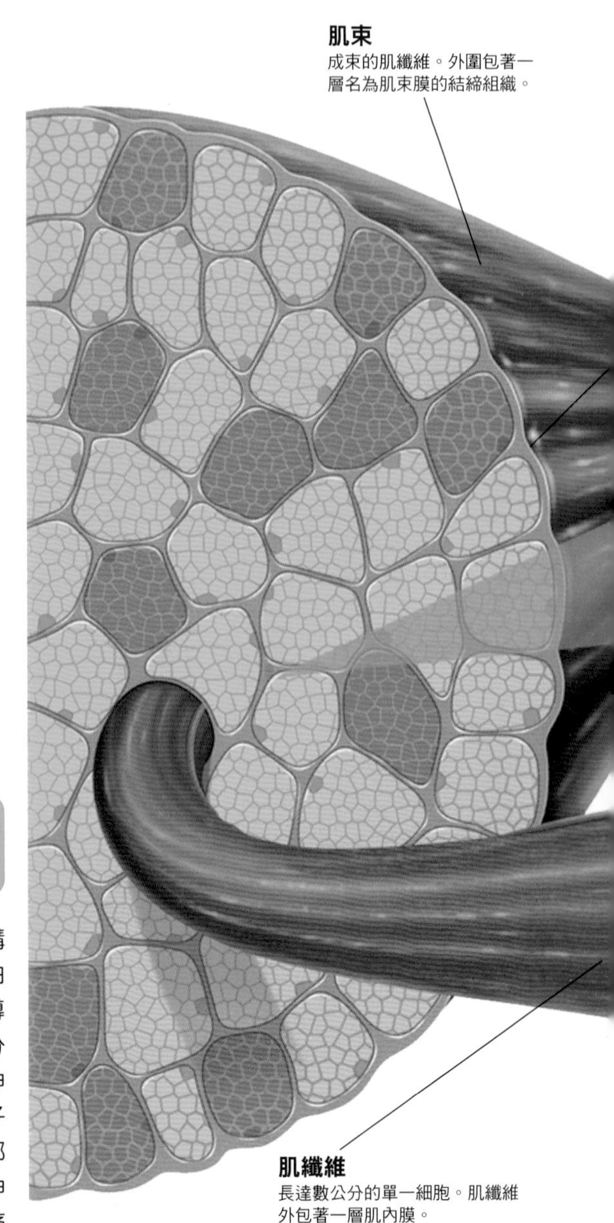

肌束
成束的肌纖維。外圍包著一層名為肌束膜的結締組織。
肌纖維
長達數公分的單一細胞。肌纖維外包著一層肌內膜。

肌力訓練切勿過度

肌力訓練能促進肌纖維合成蛋白質，使每一條肌纖維變得更粗大。因為較強的刺激可能導致部分肌纖維受損，而該部位經修復後就會變得更加強韌、粗壯。肌力與肌肉的截面積成正比，故肌肉愈粗則肌力愈強。

然而，損傷太嚴重也可能導致肌肉細胞死亡（橫紋肌溶解症），所以訓練強度必須控制在肌纖維有能力恢復的程度。

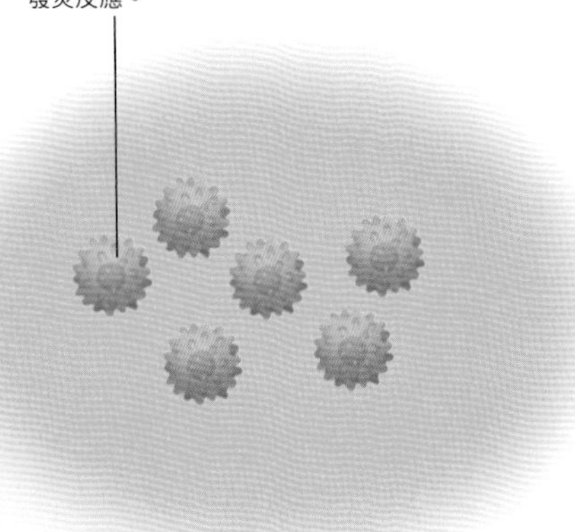

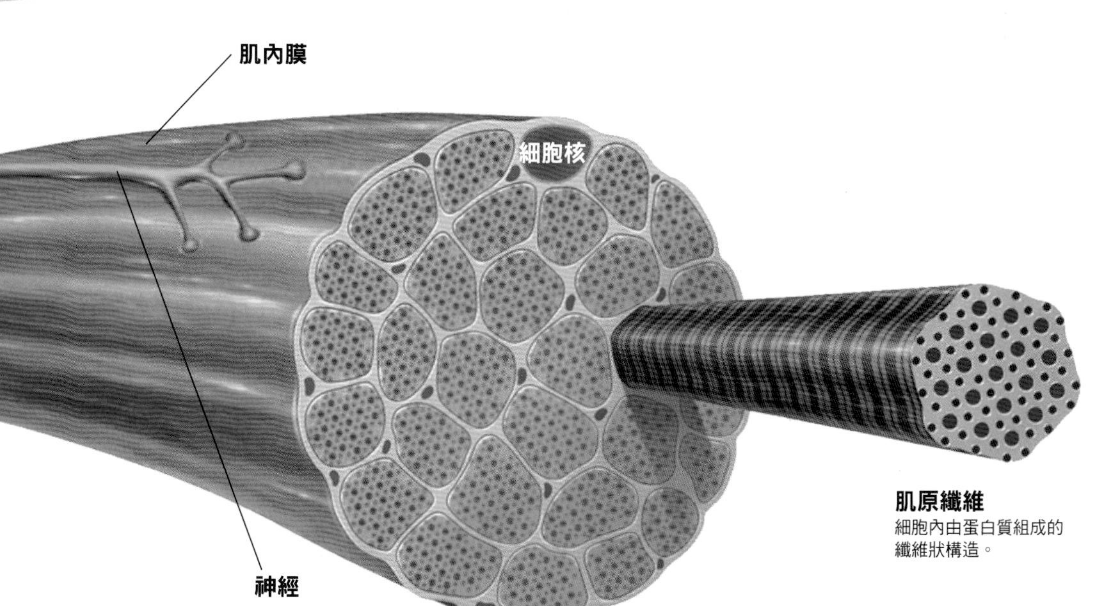

肌肉的感覺功能

肌肉也有感覺受器，有助於調整姿勢或控制細微的動作。這些受器可以細分成很多種類，而我們藉此感應到的東西統稱為肌覺（muscular sensation）。

「肌梭」（muscle spindle）是感應肌纖維長度變化的受器。肌梭包裹於肌肉中，與肌

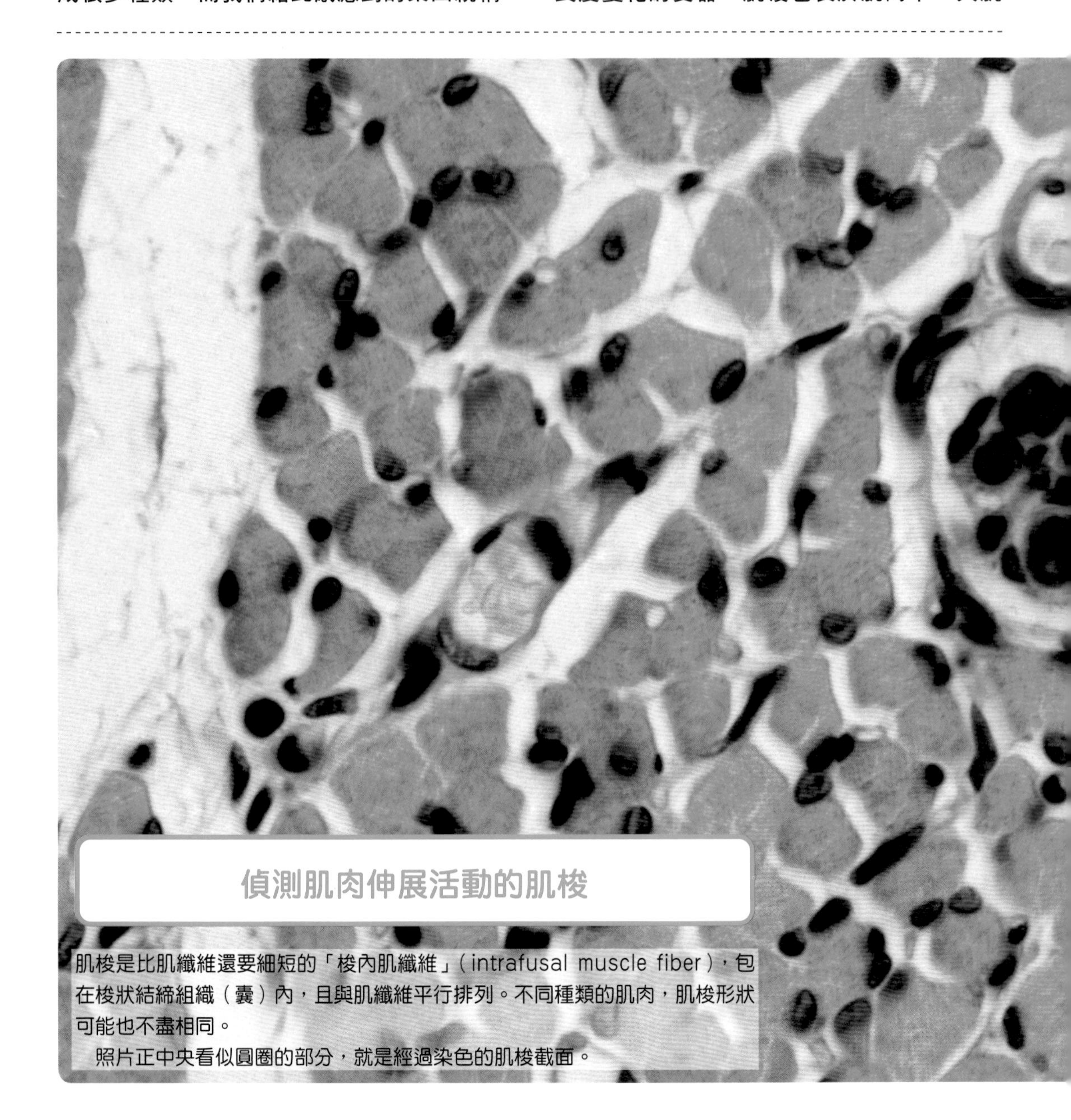

偵測肌肉伸展活動的肌梭

肌梭是比肌纖維還要細短的「梭內肌纖維」（intrafusal muscle fiber），包在梭狀結締組織（囊）內，且與肌纖維平行排列。不同種類的肌肉，肌梭形狀可能也不盡相同。

照片正中央看似圓圈的部分，就是經過染色的肌梭截面。

纖維平行排列，當肌肉伸展時就會對中樞神經系統發出「伸展」的訊息。

「痛覺受器」（nociceptor）則能夠感應肌纖維的損傷。當痛覺受器接收到受傷細胞釋放的物質後，便會對中樞神經系統發出痛覺訊息。

根據至今以來的研究成果，已知當大腦接收到痛覺受器發出的訊息後，會引發連動全身的反應。肌力訓練之所以能夠刺激生長激素分泌，也和痛覺受器的活動有所關聯。一般認為在激烈運動過後，乳酸與各式各樣的代謝產物會堆積在肌肉中，而這些物質會刺激痛覺受器對大腦發出訊息，促進生長激素分泌。

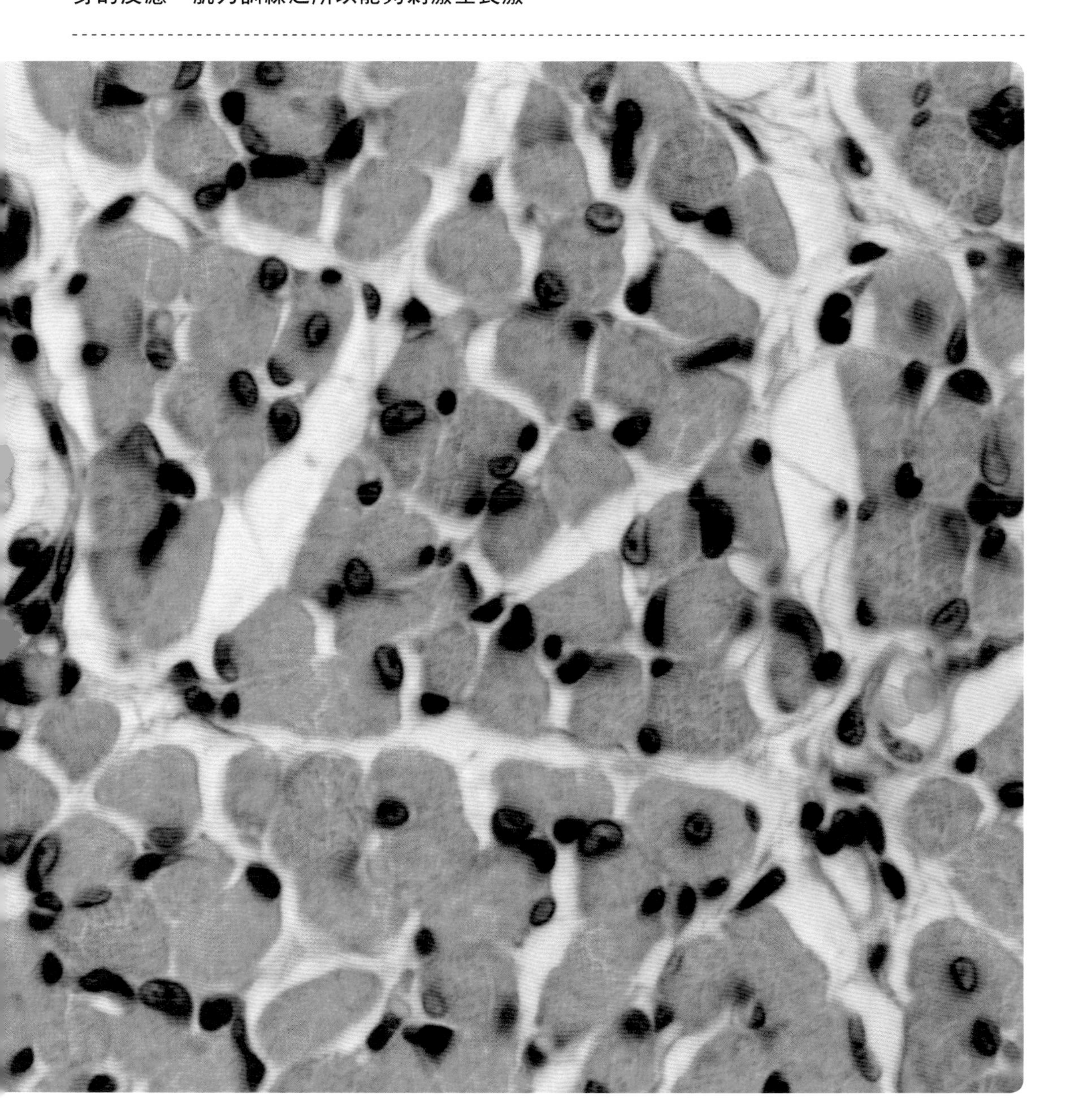

肌肉又稱作「第二顆心臟」

肌肉用力時，內部壓力會上升，進而擠壓肌肉內的靜脈，推送血液。當肌肉放鬆時，靜脈會因為本身彈性恢復原樣，血液得以再次流入。此時靜脈內的瓣膜可以避免送往心臟的血液逆流。肌肉這樣反覆收縮、舒張的過程就像泵浦一樣，將靜脈血送回心臟。動脈血是藉由心臟收縮時的壓力流動，然而這股力量幾乎不會作用於靜脈血，因此需要靠肌肉收縮來補充動力。

周邊血管阻力與血壓

當肌肉用力地擠壓血管時，也會造成血壓升高。

「周邊血管阻力」(peripheral resistance)是全身肌肉等身體末梢部位的血流所受阻力。血壓高低會與心臟送出的血液量、周邊血管阻力成正比。舉例來說，當在進行深蹲這種大塊肌肉持續出力的運動時，周邊血管阻力會增加，血壓亦隨之上升。

但平常就有運動習慣的人其微血管較為發達，因此周邊血管阻力較低，血管內皮的功能也比較好。再加上副交感神經的作用，使他們在平靜狀態下的血壓會比常人來得低。

專欄 COLUMN

離心收縮引發的肌肉痠痛

肌肉出力收縮的同時又被外力拉伸的狀態，稱作離心收縮。放下槓鈴、下樓梯、慢跑時踩地的動作都屬於離心收縮。

在做這些動作時，肌肉是透過離心收縮的方式承受下落時的衝擊（能量）。譬如從5樓走樓梯到1樓的過程中，腳上肌肉所承受的總能量其實就等於從5樓直接跳下來時的衝擊。肌肉承受的這些能量可能就是造成細微損傷並引發肌肉痠痛的原因。

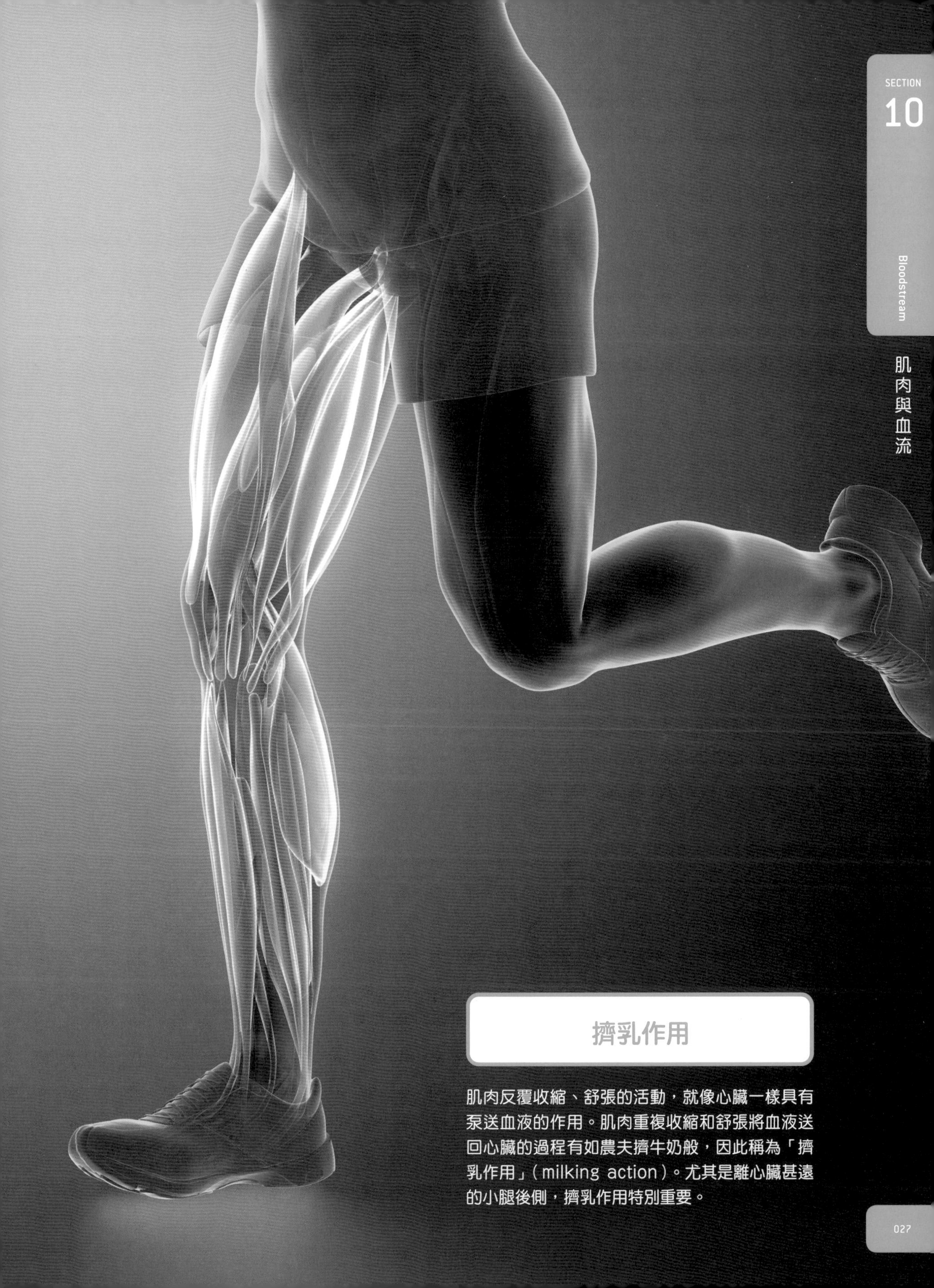

擠乳作用

肌肉反覆收縮、舒張的活動，就像心臟一樣具有泵送血液的作用。肌肉重複收縮和舒張將血液送回心臟的過程有如農夫擠牛奶般，因此稱為「擠乳作用」（milking action）。尤其是離心臟甚遠的小腿後側，擠乳作用特別重要。

COLUMN

了解名稱的由來 記憶肌肉更輕鬆

人體通常有近400種大大小小的肌肉，基本上每一種肌肉都有自己的名字。

肌肉的命名有下列幾種規則可循，而且位置接近或功能類似的肌肉通常會以「○○長肌」與「○○短肌」、「外○○肌」與「內○○肌」、「大○○肌」與「小○○肌」（或○○大肌與○○小肌）來區分。

①依照連接的骨頭命名

例如恥骨肌（連接恥骨與股骨的肌肉）、髂肌（連接骨盆上緣之髂骨與股骨的肌肉）。

②依照所在部位命名

例如位於胸部的胸大肌與胸小肌、位於肘關節且連接肱骨與尺骨（前臂背側的骨頭）的肘肌。

③依照所在部位與特徵命名

例如腰方肌為「腰部的方形肌肉」，肱二頭肌為「上臂（肱）有兩條分支的肌肉」。

④依照形狀命名

例如大菱形肌、小菱形肌（背部的菱形肌肉）、三角肌（肩膀的三角形肌肉）。

⑤依照形似事物命名

例如上背部宛如僧侶帽子的僧帽肌、小腿後側如比目魚般扁平的比目魚肌。

⑥依照功能命名

例如外展拇肌為腳拇趾外展時使用的肌肉，伸小指肌則是用於伸展小指的肌肉。

僧帽肌與僧帽

斜方肌又稱為僧帽肌。僧帽顧名思義就是僧侶戴的帽子。基督教僧侶未戴帽子時，帽頂的部分會垂在背部。僧帽肌形似垂在背上的僧帽，因而得名。

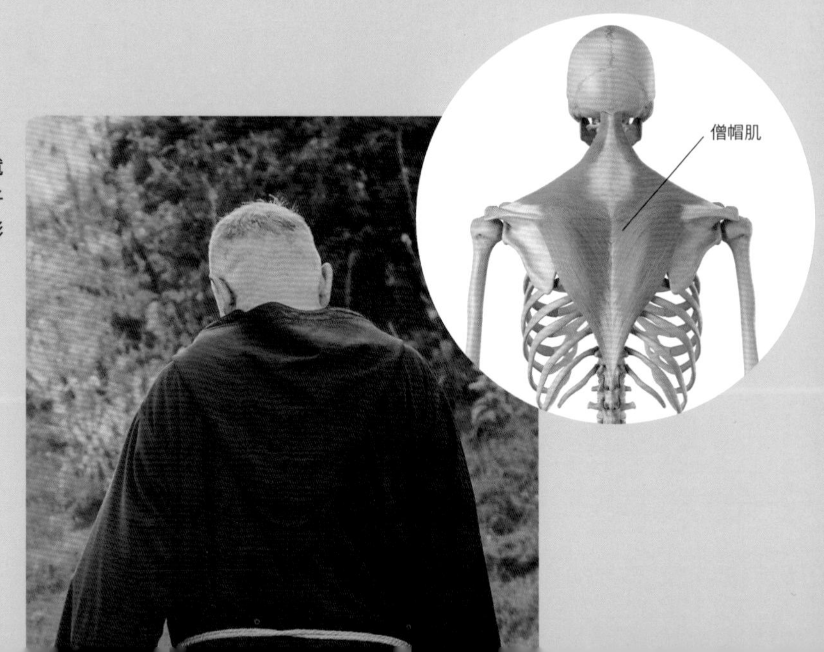

比目魚肌與比目魚

比目魚是棲息在海底沙地的牙鮃科或鮃科魚類。外型扁平的比目魚肌酷似這種魚，因而得名。

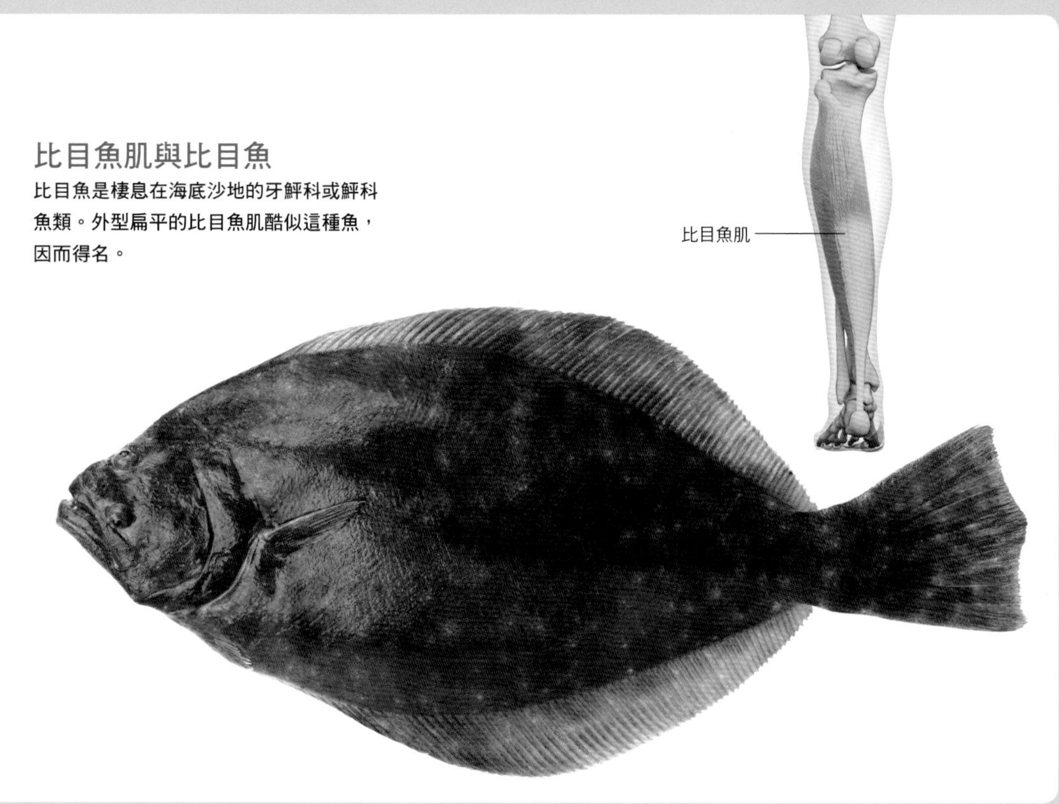

前鋸肌與鋸子

前鋸肌從腋下一路延伸至胸前，因為形似鋸齒而得名。

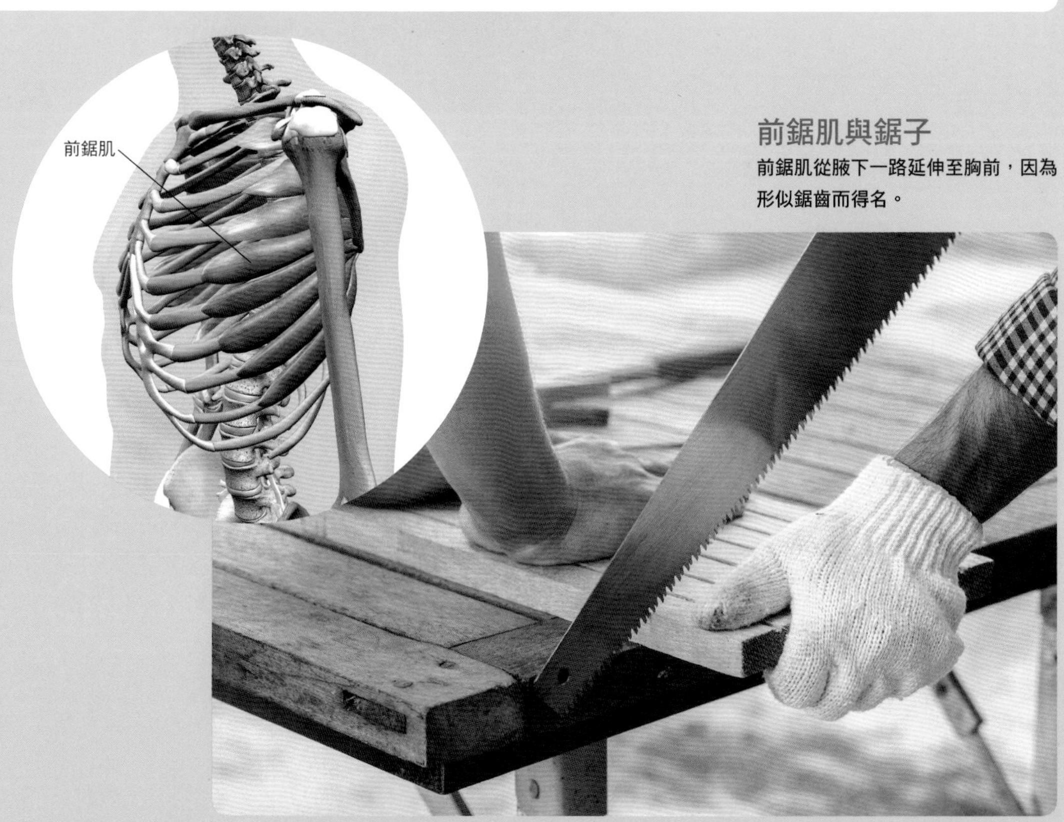

兩種纖維相互拉扯進而產生力量

骨骼肌的肌纖維包含了「肌凝蛋白」（myosin）與「肌動蛋白」（actin）這兩種纖維狀蛋白質。肌凝蛋白纖維較粗（粗肌絲），肌動蛋白纖維較細（細肌絲）。肌凝蛋白為肌動蛋白所包覆，當肌凝蛋白接到神經下達的命令便會拉近肌動蛋白，讓肌肉收縮。

三種補充能量的系統

肌凝蛋白拉近肌動蛋白時，需消耗ATP（三磷酸腺苷：adenosine triphosphate）分子其中一個磷酸鍵結斷開所釋放的能量。重新合成ATP的系統有三種：第一種「磷化物系統」（ATP-CP system）是藉由「磷酸肌酸」（phosphocreatine）重新組成ATP；第二種是透過分解葡萄糖產能的「乳酸系統」（lactate system）；最後一種則是需要氧氣參與產能過程的「有氧系統」（oxidative system）。其中，「乳酸系統」和「有氧系統」都會重新合成出ATP和磷酸肌酸。

消耗磷酸肌酸重新合成ATP是三者當中運作速度最快的系統，通常發生於短跑、舉重等需要爆發力的運動。

有氧系統則會消耗葡萄糖、胺基酸、脂肪酸，以氧氣為燃料重新合成ATP。

而乳酸系統雖然也會消耗葡萄糖，但不需要氧氣參與也能合成ATP。當運動強度提高，乳酸系統的運作比有氧系統更加活躍時（缺氧狀態下），就會產生乳酸等代謝產物。

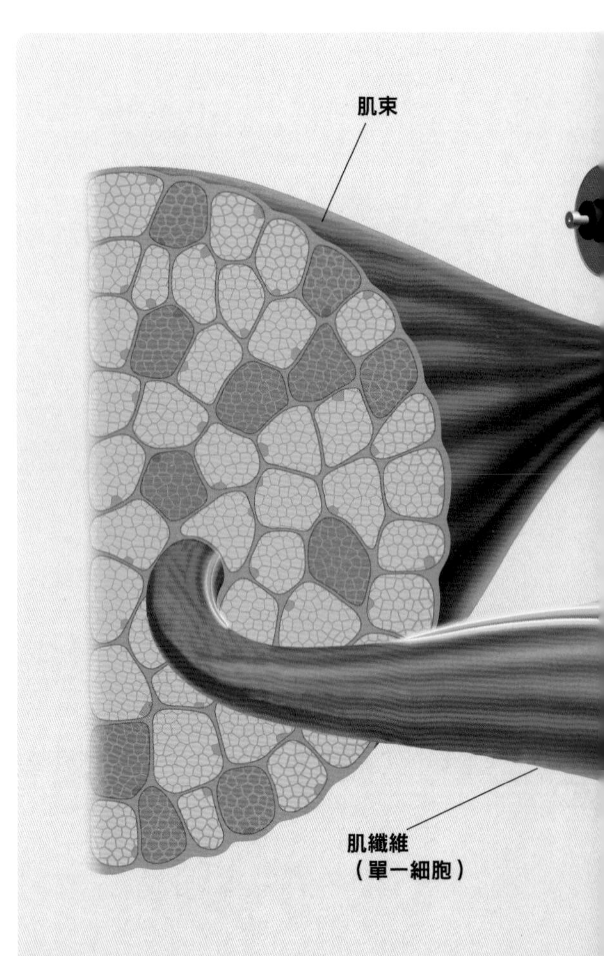

肌肉出力的機制

插圖所示為肌肉出力的機制。當肌肉收到運動神經下達的命令，粗肌絲（肌凝蛋白纖維）上宛如皺褶的突起（肌凝蛋白頭部）便會拉扯細肌絲（肌動蛋白纖維），使肌肉收縮。

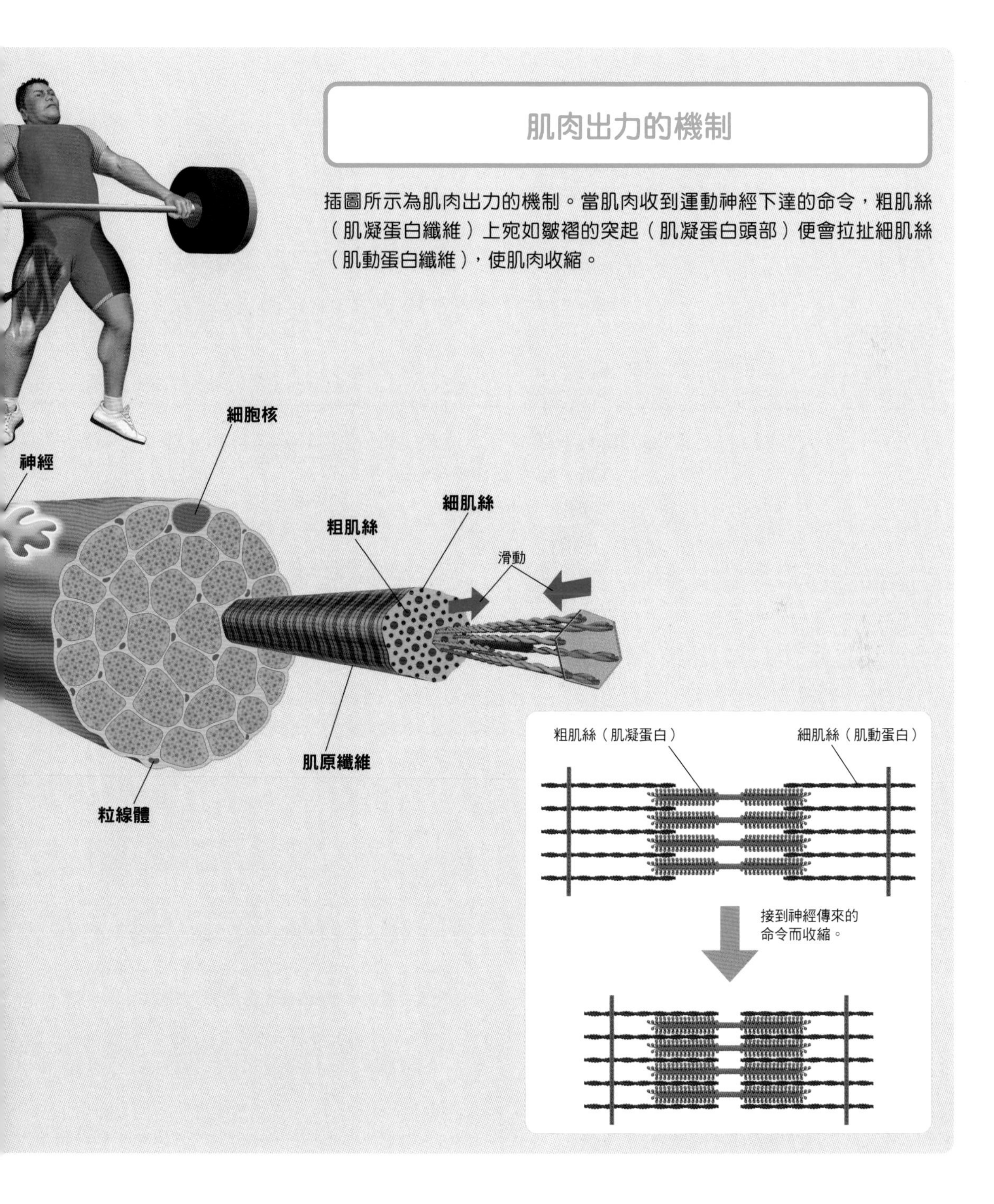

運動可以增加粒線體數目

我們的身體從事任何活動都需要消耗ATP產生的能量。而消化食物以再次合成ATP的過程，需要「粒線體」供應能量。

若肌肉細胞（肌細胞）內的粒線體增加，即可生成更多ATP。如此一來，仰賴ATP產能活動的肌細胞便能長時間活動，不易感到疲累。簡單來說，肌耐力會變得更好。

該怎麼做才能增加粒線體？肌肉活動時會消耗大量肌細胞內的ATP，能量不夠時，細胞及粒線體內部會開始製造新的粒線體成分（蛋白質、DNA等）。這些成分會不斷加入現有的粒線體，促進粒線體增大並增加數量。

有氧運動（例如慢跑）能有效增加粒線體數目，而且運動強度愈高則效果愈好。可一旦沒有定期運動，經過1個月左右粒線體就會縮回原本的大小。不僅如此，粒線體的體積也會隨著年紀增長而逐漸縮小。

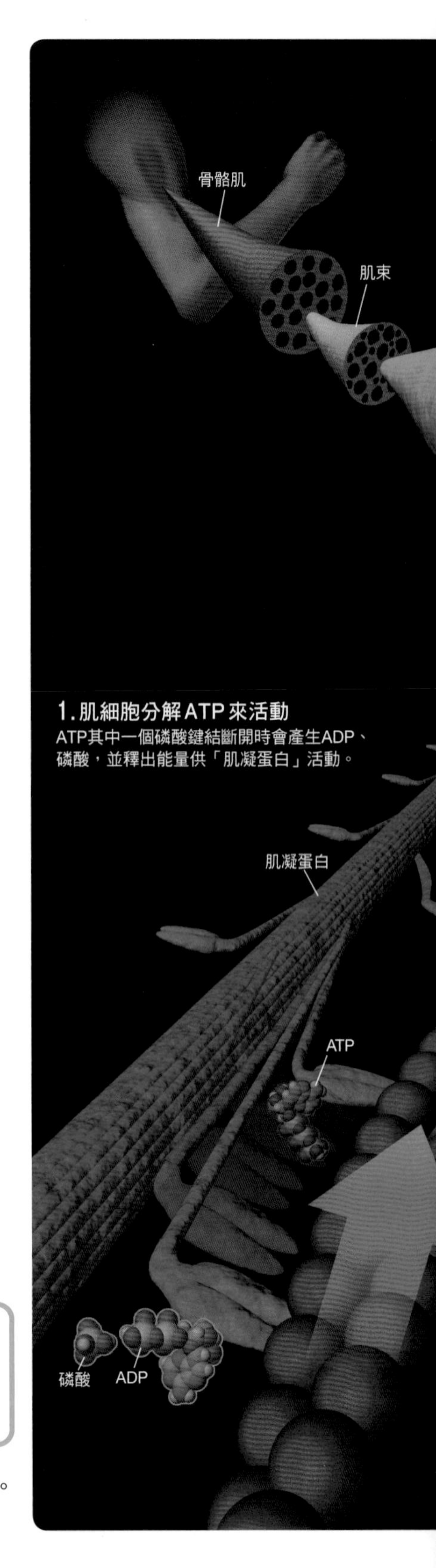
骨骼肌
肌束
1. 肌細胞分解ATP來活動
ATP其中一個磷酸鍵結斷開時會產生ADP、磷酸，並釋出能量供「肌凝蛋白」活動。
肌凝蛋白
ATP
磷酸
ADP

肌細胞內粒線體增生的機制

肌細胞內的粒線體夾在肌纖維之間，負責提供ATP。粒線體增加，肌耐力也會提升。

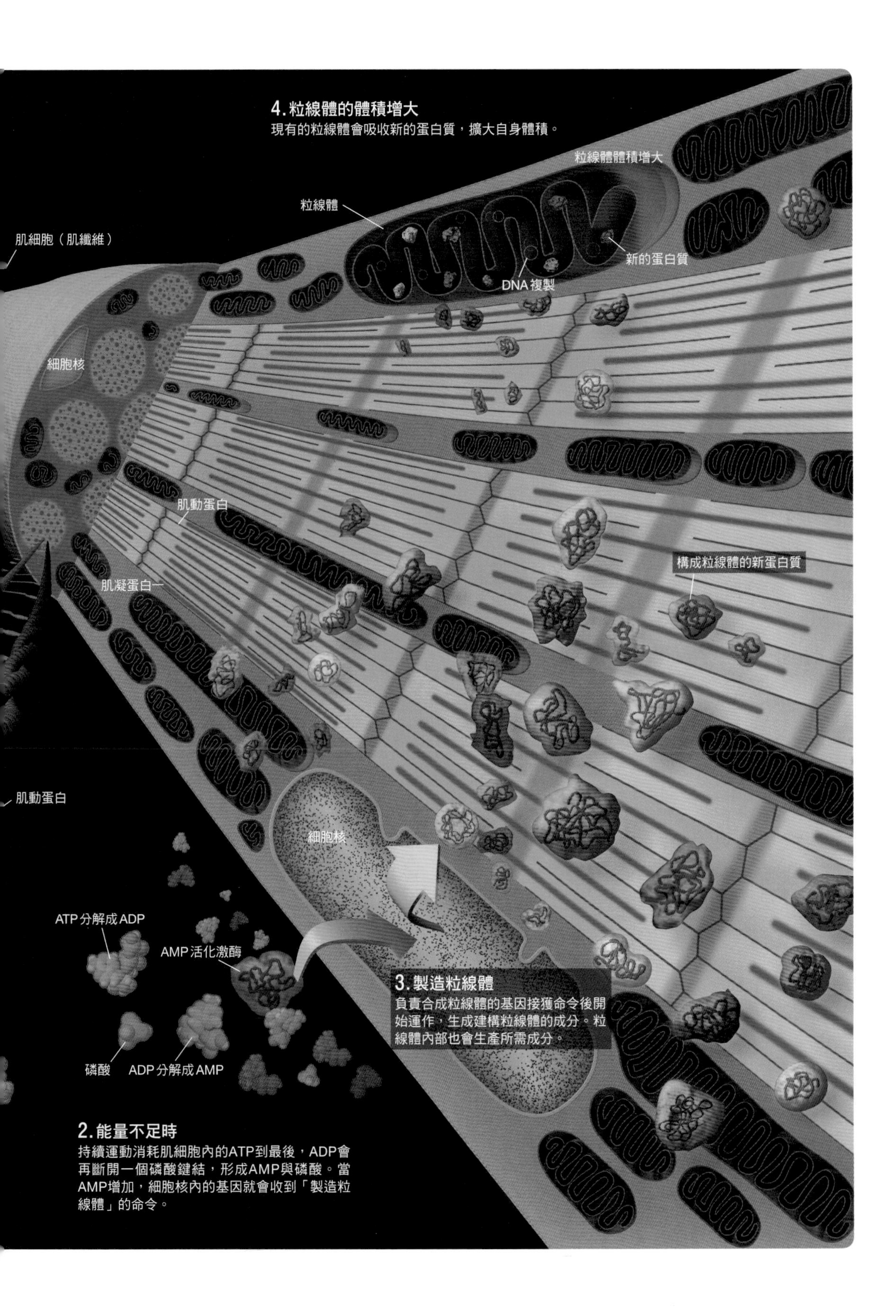
4. 粒線體的體積增大
現有的粒線體會吸收新的蛋白質，擴大自身體積。
粒線體體積增大
粒線體
肌細胞（肌纖維）
新的蛋白質
DNA 複製
細胞核
肌動蛋白
構成粒線體的新蛋白質
肌凝蛋白
肌動蛋白
細胞核
ATP 分解成 ADP
AMP 活化激酶
3. 製造粒線體
負責合成粒線體的基因接獲命令後開始運作，生成建構粒線體的成分。粒線體內部也會生產所需成分。
磷酸
ADP 分解成 AMP
2. 能量不足時
持續運動消耗肌細胞內的ATP到最後，ADP會再斷開一個磷酸鍵結，形成AMP與磷酸。當AMP增加，細胞核內的基因就會收到「製造粒線體」的命令。

部分大腦與小腦掌控運動

大腦下達的運動指令會沿著脊髓中的運動神經元傳遞到肌肉。

大腦中名為「初級運動皮質」(primary motor cortex)的區域負責對肌肉發出訊息，但是決定什麼訊息要送到哪個肌肉的部位是「小腦」。小腦會和大腦的初級運動皮質、額葉聯合區(frontal association area)、前運動皮質(premotor cortex)等部位合作，組

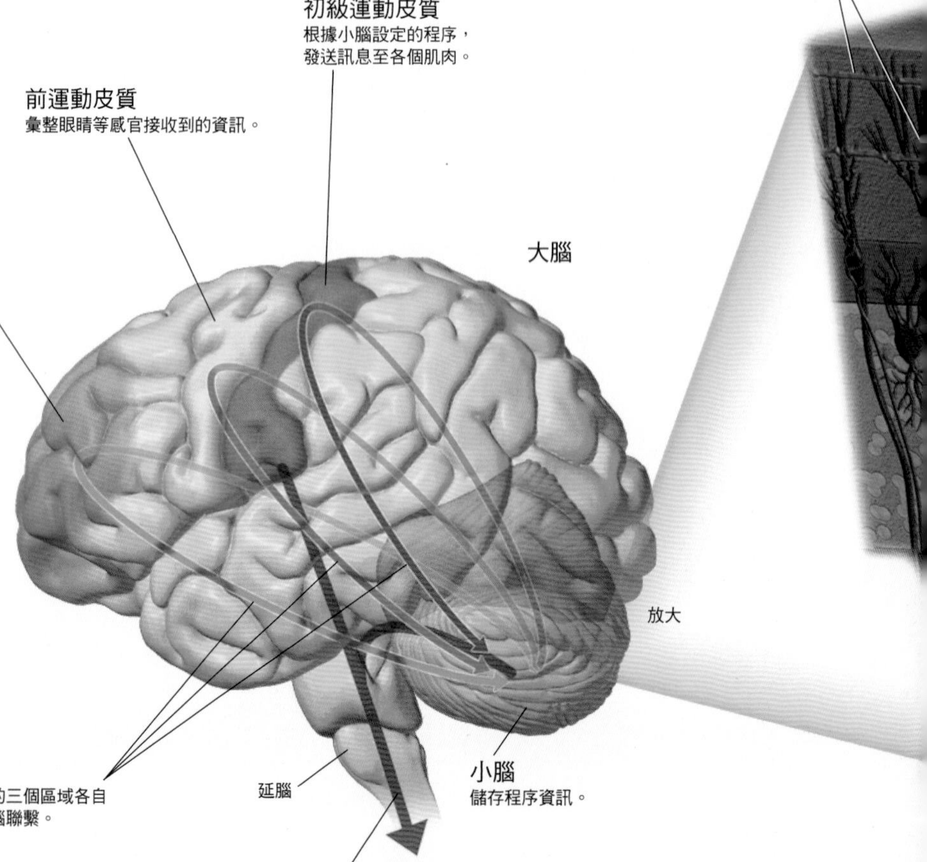

平行纖維
將來自初級運動皮質的訊息傳遞至普金斯細胞的部分細胞構造(軸突)。方向與皺褶平行。

初級運動皮質
根據小腦設定的程序，發送訊息至各個肌肉。

前運動皮質
彙整眼睛等感官接收到的資訊。

額葉聯合區
下達執行程序的指令。

大腦

放大

大腦的三個區域各自與小腦聯繫。

延腦

小腦
儲存程序資訊。

傳送給脊髓運動神經元的訊息
命令肌肉收縮。

織運動的「程序」。

我們會形容擅長運動的人「運動神經很好」，但所謂的「運動神經」（motor nerve）實際上並非運動神經元，而是與大腦這三個區塊及小腦有關。

雖然每個人的發育狀況不太一樣，但是與運動相關的腦部構造與功能，基本上會在幼年至國高中的成長階段持續變化。也就是說，在腦部成長階段多運動，的確有助於培養優良的運動神經。

和運動有關的腦部位

協調的肢體動作需仰賴大腦三個區域（額葉聯合區、前運動皮質、初級運動皮質）與小腦之間通力合作。小腦負責編寫運動的程序，決定「某運動的訊息要傳遞至哪個部位的肌肉」，與大腦三個區域相互合作並執行。小腦功能主要由「普金斯細胞」（Purkinje cell）控制，這種細胞會透過平行纖維（parallel fiber）與攀爬纖維（climbing fiber）接收程序調整的資訊。

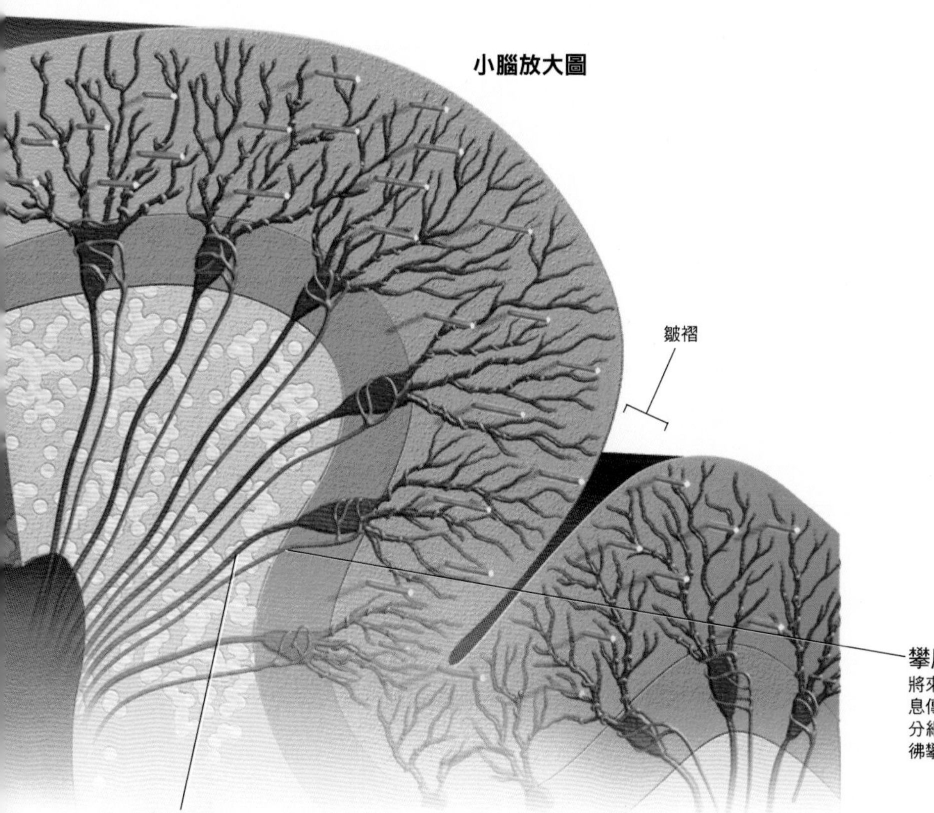

小腦放大圖
皺褶
攀爬纖維
將來自延腦下橄欖核的訊息傳遞至普金斯細胞的部分細胞構造（軸突）。彷彿攀附在普金斯細胞上。
普金斯細胞
前端像樹枝一樣展開的神經細胞。名稱源自於發現該細胞的捷克生理學家。

COLUMN

阻礙肌肉成長的肌肉生長抑制素

肌纖維會分泌一種蛋白質稱作「肌肉生長抑制素」（myostatin）。這是一種會強力抑制肌肉成長的生長因子。

科學家從實驗中發現，當小鼠的肌肉受到強烈刺激時，肌肉生長抑制素的含量會下降至原先的3分之2。人的狀況也差不多，針對訓練過的壯

缺乏肌肉生長抑制素的牛

某些品種的肉牛看起來格外壯碩，肌肉量也是一般牛隻的2倍以上。已知這些牛是因為基因異常而無法產生肌肉生長抑制素。

碩肌肉進行調查後發現，人體產生的肌肉生長抑制素只有原本的一半左右。

肌肉生長抑制素不僅會阻礙肌肉衛星細胞成長，還會抑制肌纖維內的蛋白質合成作用。肌肉衛星細胞的作用是修復、增加肌肉，一旦不停地分裂增生，恐會導致肌肉過度肥大，反而不利於生存。因此，肌肉衛星細胞的活動時時受到促進增生的生長因子以及抑制增生的肌肉生長抑制素調節。

透過訓練抑制分泌

近年的研究發現，可以透過肌力訓練刺激肌肉，來克制肌肉生長抑制素的功能。因為在訓練時，體內會合成一種妨礙肌肉生長抑制素作用的蛋白質（myostatin antagonist），等於打開了蛋白質合成與肌肉衛星細胞的增生開關。

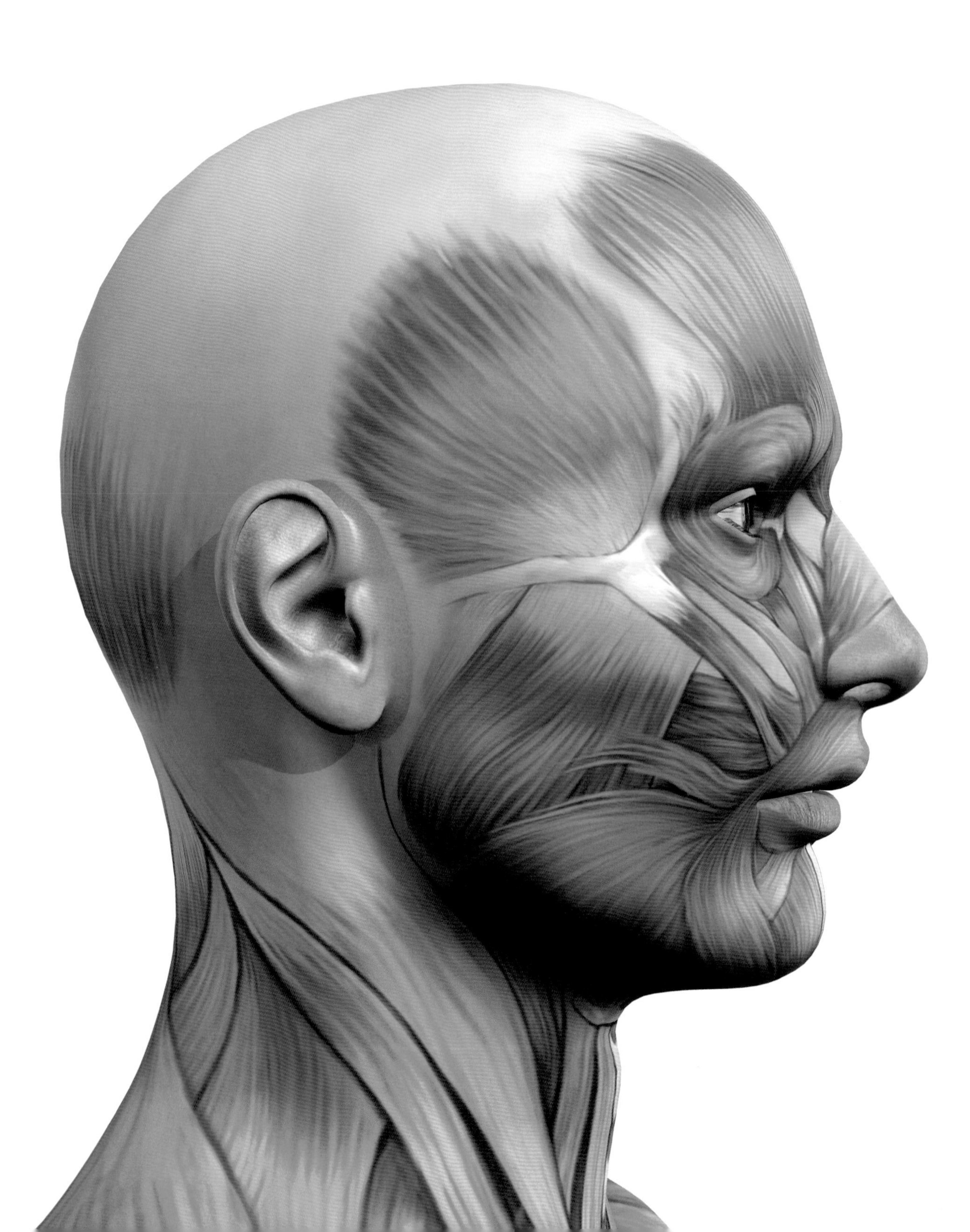

2

頭部與頸部的肌肉

Muscles of head and neck

控制表情及眼睛等的肌肉 支撐脖子的肌肉

頭部擁有多達數十種「臉部表情肌」（mimetic muscle），這些肌肉讓我們得以做出細膩的表情。例如負責控制閉眼的「眼輪匝肌」（M. orbicularis oculi）、控制嘴巴的「口輪匝肌」（M. orbicularis oris）等。

控制下顎活動的「咀嚼肌」（masticatory muscle）也是頭部的代表肌群之一。咀嚼肌的主要功能在於活動下顎，其中有一片面積較大的顳肌從下巴一路延伸到「太陽穴」（temple）。多虧有這些肌肉和舌頭通力合作，我們才能順利咀嚼軟硬有別的各種食物。

人類沉重的頭顱全靠頸部的肌肉支撐、活動。喉嚨到下顎的部分還有舌肌（lingualis），有助於吞嚥和發聲。

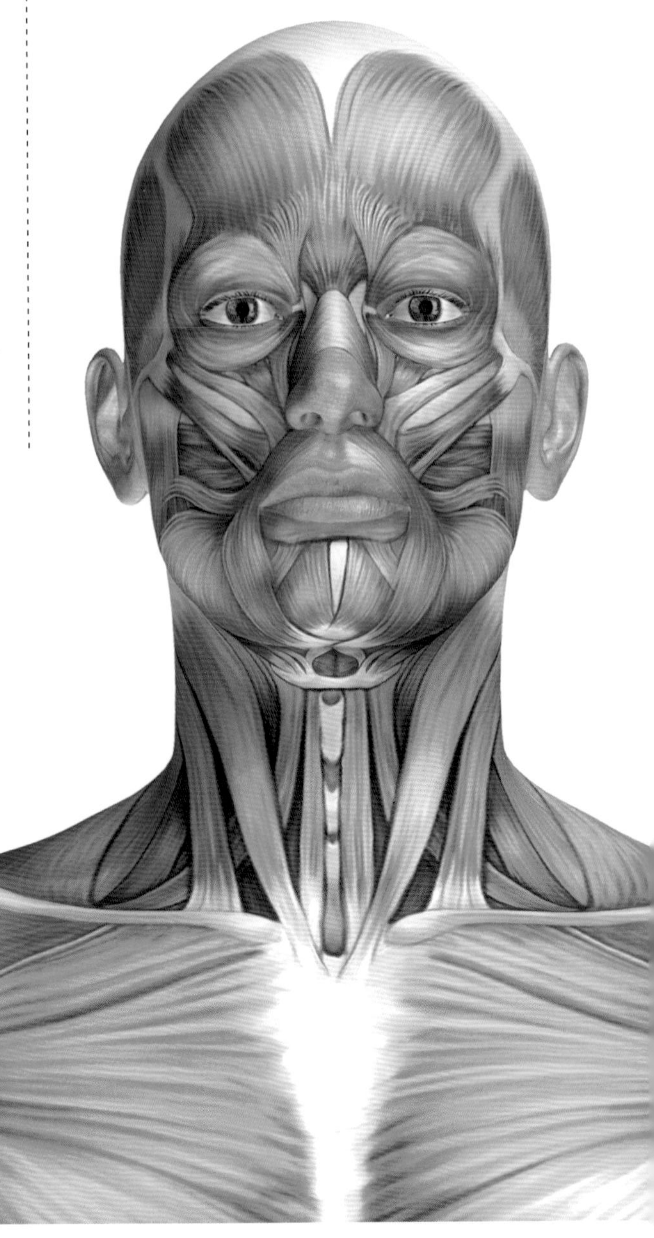

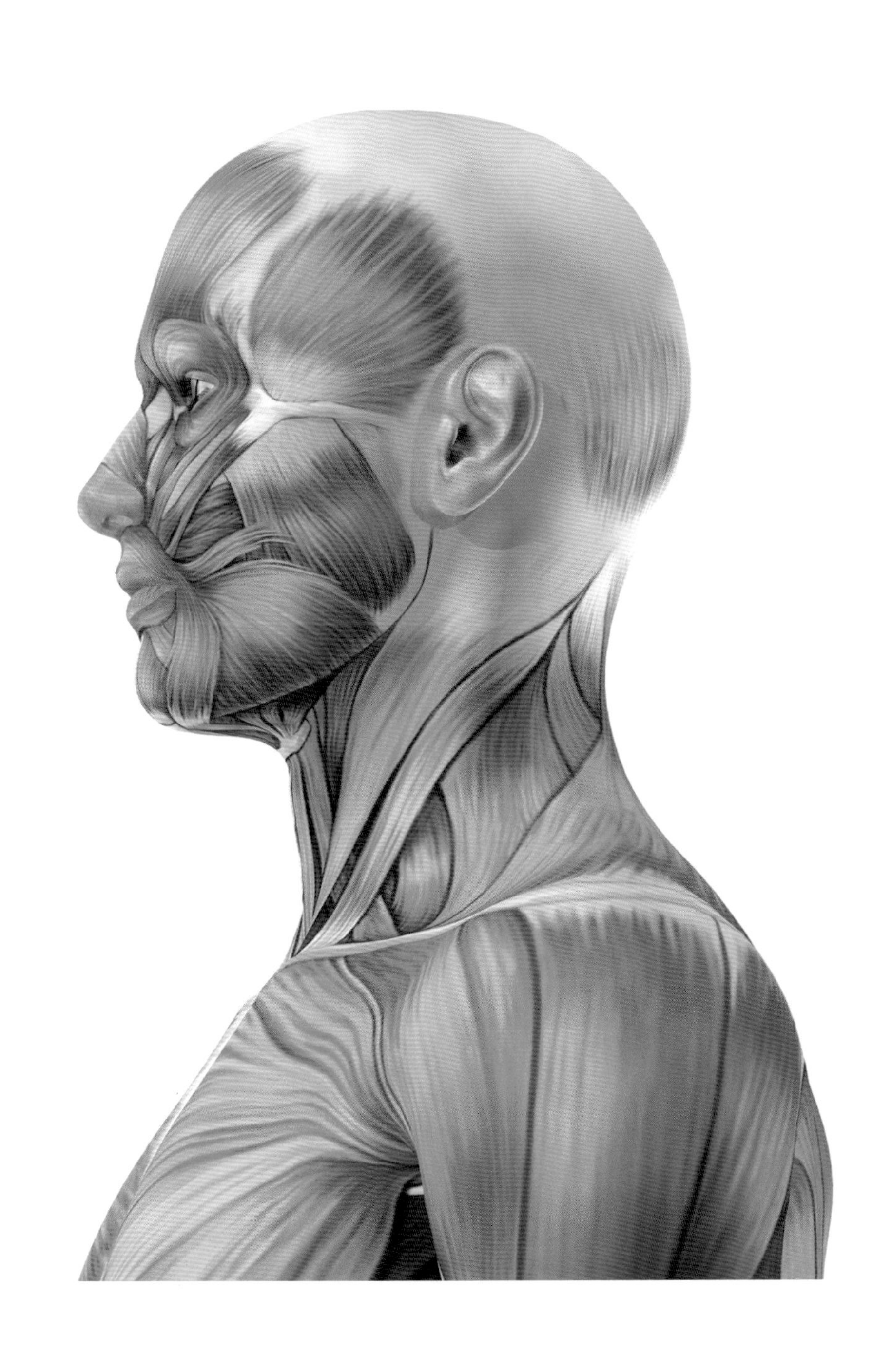

負責活動眼、口來控制表情

臉部表情肌泛指負責活動口、鼻、眼等部位的頭部肌群。多虧有表情肌，我們才能做出細膩的表情、表達情感，藉此與他人順利交流。據說人類是表情肌最發達的動物。

不同於連接骨頭與骨頭的骨骼肌，表情肌的一端連著顱骨，另一端連著皮膚，因此屬於皮肌（cutaneous muscle）。其活動受到顏面神經支配。

主要的表情肌包含了控制眼瞼的眼輪匝肌、控制鼻子的鼻肌（M. nasalis）、控制笑容的笑肌（M. risorius）等十幾種肌肉，由於很多肌肉彼此相連，要準確判別每一種肌肉的形狀並不容易。

主要的表情肌

頭部有超過十種表情肌，各部位的肌肉活動有助於做出表情。主要的表情肌如跨頁圖所示。

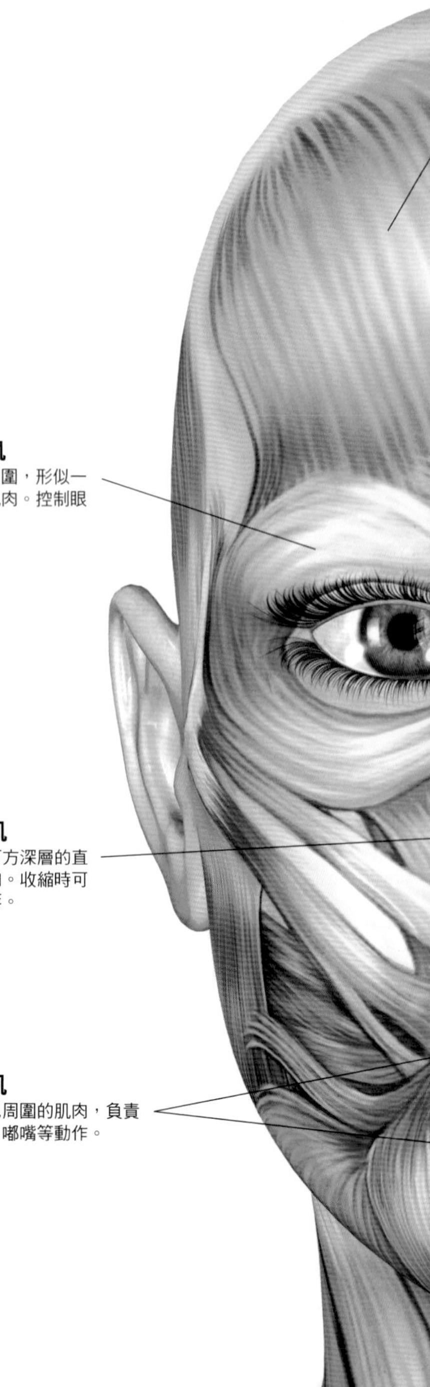
眼輪匝肌
位於眼睛周圍，形似一圈輪子的肌肉。控制眼睛開闔。
提上唇肌
位於眼睛下方深層的直立方向肌肉。收縮時可以提起上唇。
口輪匝肌
圍繞在嘴巴周圍的肌肉，負責控制張嘴、嘟嘴等動作。

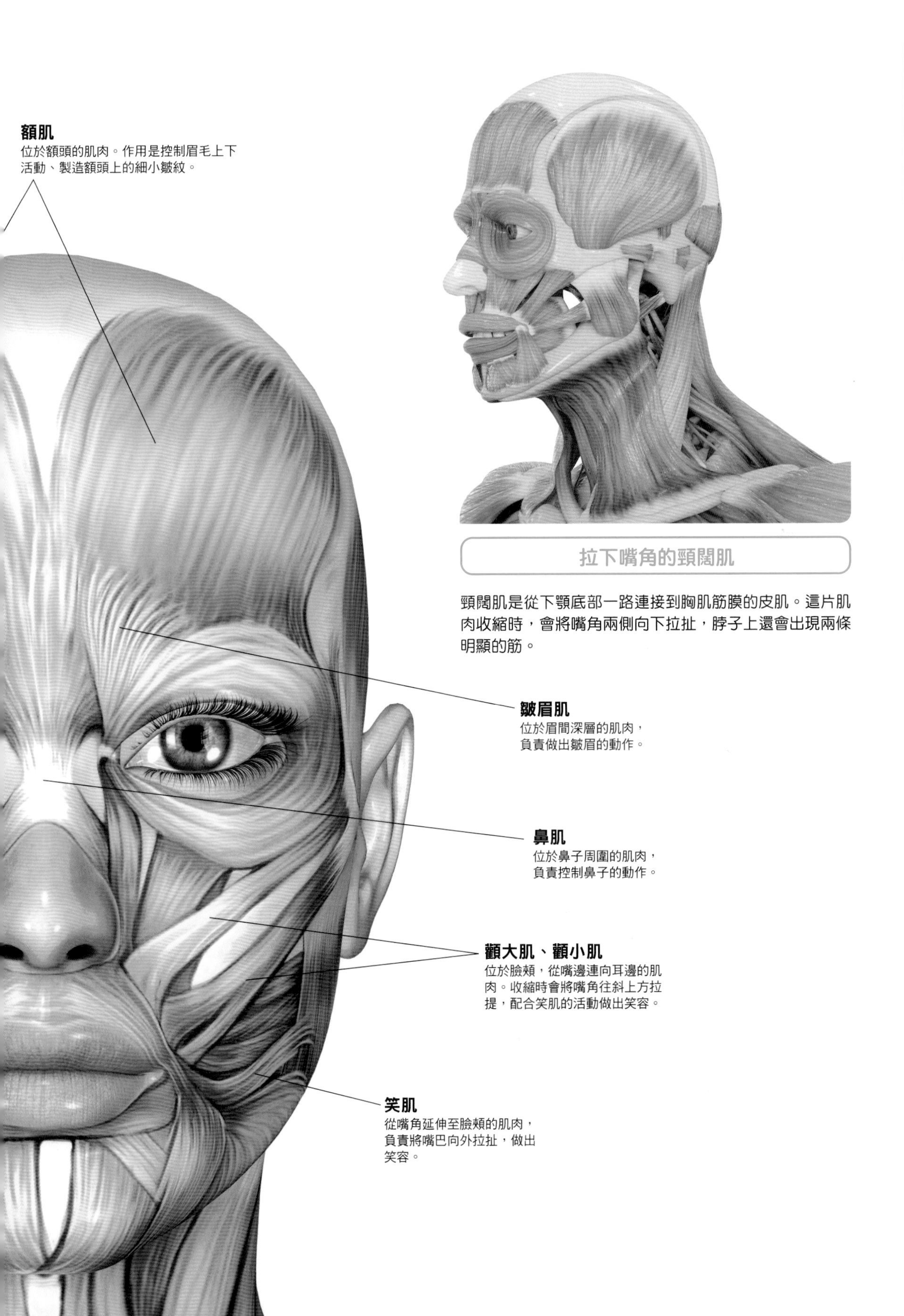

額肌
位於額頭的肌肉。作用是控制眉毛上下活動、製造額頭上的細小皺紋。
皺眉肌
位於眉間深層的肌肉，負責做出皺眉的動作。
鼻肌
位於鼻子周圍的肌肉，負責控制鼻子的動作。
顴大肌、顴小肌
位於臉頰，從嘴邊連向耳邊的肌肉。收縮時會將嘴角往斜上方拉提，配合笑肌的活動做出笑容。
笑肌
從嘴角延伸至臉頰的肌肉，負責將嘴巴向外拉扯，做出笑容。

拉下嘴角的頸闊肌

頸闊肌是從下顎底部一路連接到胸肌筋膜的皮肌。這片肌肉收縮時，會將嘴角兩側向下拉扯，脖子上還會出現兩條明顯的筋。

眼睛的閉闔取決於上眼瞼

俗稱的眼皮就是「眼瞼」(eyelid),此為醫學上的稱呼。眼瞼打開時,光線才能進入眼球。相對地,當眼球即將接觸到物體或是強光時,也可以透過閉闔眼瞼來保護眼球。

我們睜眼、閉眼的動作全仰賴眼瞼的上下活動,其中,上眼瞼的活動幅度又遠大於下眼瞼。

眼睛周圍的眼輪匝肌

闔眼時,眼輪匝肌會收縮。

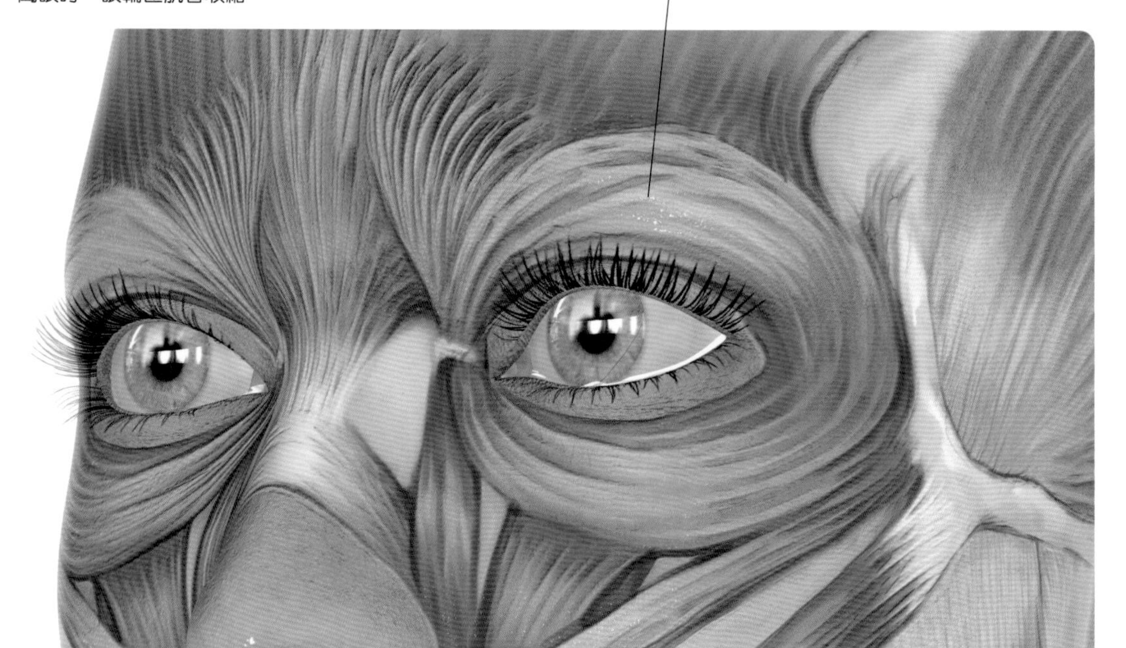

當我們張開眼睛時，負責拉提上眼瞼的主要肌肉是「提上瞼肌」(M. levator palpebrae superioris)，其前端連著一條「腱膜」(aponeurosis)。眼瞼中還有一種稱作「眼瞼板」(tarsal plate)的類軟骨板狀組織，由質地偏硬的纖維質所構成。上眼瞼內的腱膜和眼瞼板彼此相連，當提上瞼肌收縮時便會拉抬眼瞼板，連帶拉開眼瞼，使眼睛睜開。

上眼瞼的眼瞼板還連著一條「苗勒氏肌」(Muller's muscle)，該肌肉最多可將眼瞼板拉開2毫米左右。苗勒氏肌無法隨意操控，當人覺得睏倦時才會自然放鬆，讓上眼瞼微微垮下，形成想睡覺的表情。

圍繞在眼睛周圍的「眼輪匝肌」則是負責控制闔眼的肌肉。當眼輪匝肌收縮時，眼瞼就會像拉緊束口袋的動作般閉闔起來。

眼瞼的構造與開闔的機制

上眼瞼和下眼瞼都有一種纖維質板狀組織，叫作眼瞼板。上眼瞼的眼瞼板連著提上瞼肌的腱膜與苗勒氏肌。睜眼時，提上瞼肌會將上眼瞼的眼瞼板拉開。苗勒氏肌是無法隨意操控的肌肉，當想睡覺時才會自然放鬆，讓上眼瞼稍微下垂。而當受到驚嚇時，苗勒氏肌會用力收縮，大大撐開眼睛。至於闔眼的動作則仰賴眼輪匝肌收縮。

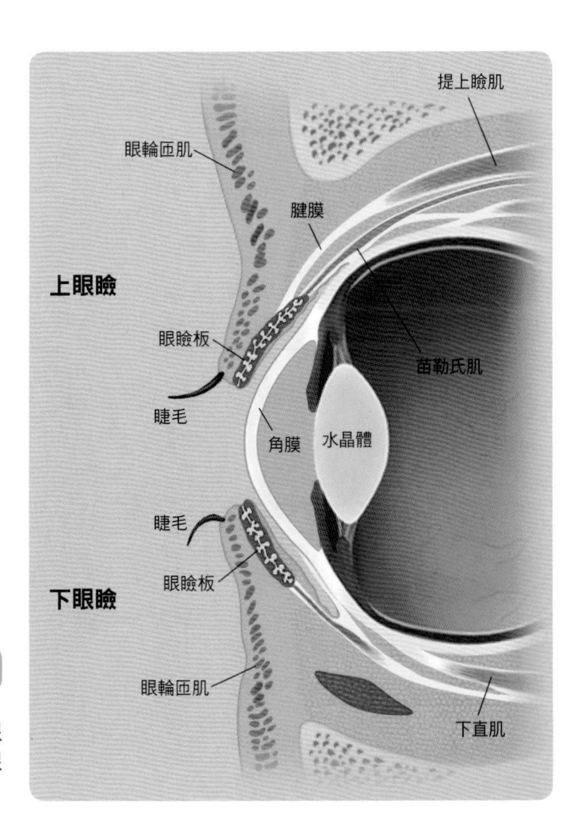

下眼瞼怎麼張開？

下眼瞼有一條連著眼瞼板的下直肌，負責活動眼球。下眼瞼會配合眼球的動作稍微活動，比如當眼球朝下時，下眼瞼也會稍微打開。

眼球靠六條肌肉上下左右活動

眼球周圍有六條兩兩成對的肌肉負責控制眼球活動，分別是內直肌（M. rectus medialis）與外直肌（M. rectus lateralis）、上斜肌（M. obliquus superior）與下斜肌（M. obliquus inferior）、上直肌（M. rectus superior）與下直肌（M. rectus inferior）。舉例來說，我們看近物時會變成鬥雞眼，這是因為左眼的內直肌收縮、外直肌放鬆，所以眼球會向內側旋轉（內聚）；同時，右眼也以相同機制內聚。而左右眼之所以能同時活動，是因為左右腦各自的神經中樞在腦內相互協調的關係。

眼睛還具有「防手震功能」。比如當我們翻動書頁、腦袋上下左右晃動時，只要搖晃幅度不大，還是能順利閱讀文章。這是因為耳朵深處的半規管（semicircular canals）會感測頭部的動作，並透過小腦處理接收到的資訊，命令連接眼球的肌肉往相反方向活動的結果。

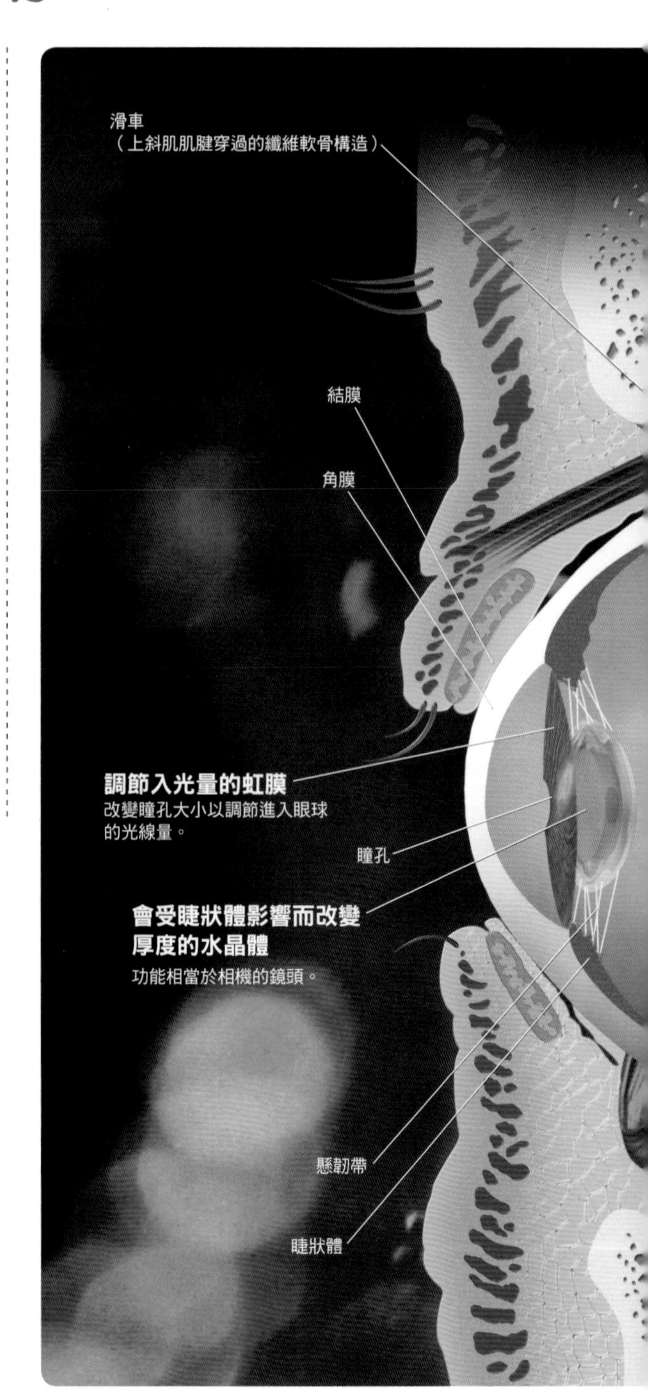

眼部截面與肌肉

眼球憑藉六條肌肉來上下左右活動。

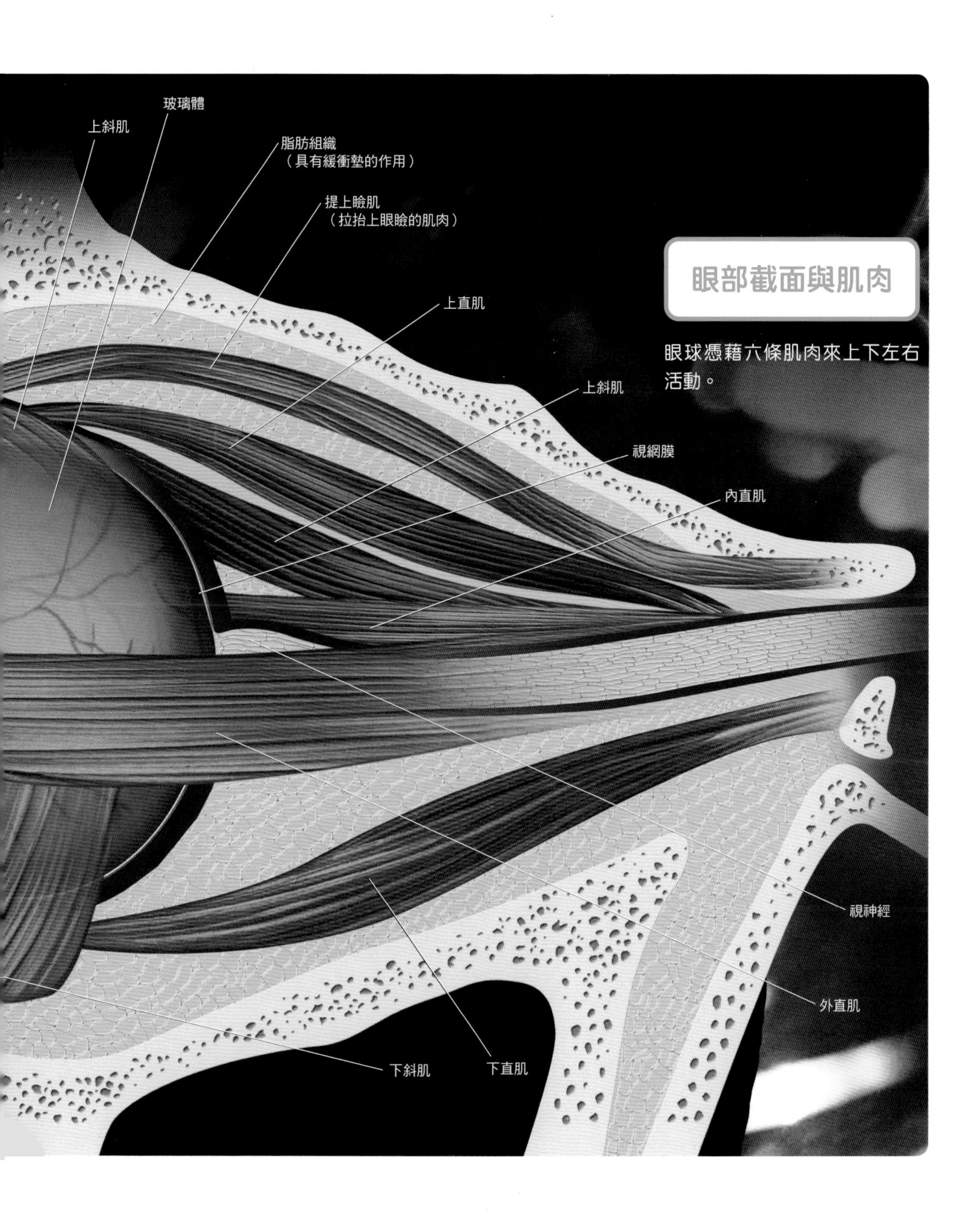

可以調節焦距的睫狀體

人的眼睛有兩片透鏡，第一片是角膜（cornea），第二片是水晶體（lens）。眼睛之所以具備優秀的自動對焦功能，是因為水晶體能在視物的瞬間調整厚度，藉此來調節焦距。

水晶體靈活的調節作用是由周圍名為「睫狀體」（ciliary body）的肌肉所控制。而水晶體與睫狀體是透過名為「懸韌帶」（睫帶：ciliary zonule）的纖維連接。

當我們遠望時，睫狀體會向外舒張、拉緊懸韌帶，連帶將水晶體拉扯成較薄的狀態。

相對地，當我們近看時，睫狀體會向內收縮、放鬆懸韌帶。於是拉扯水晶體的力量減弱，水晶體即可憑藉自身的彈性變厚。水晶

改變水晶體厚度來調節焦距

插圖所示為看遠與看近時，睫狀體如何調節水晶體的厚度及其變化。

體就是透過上述機制來調節厚度，改變光線進入眼睛的折射角度，完成對焦。

小心「老花眼年輕化」

若長時間盯著近物看，容易造成睫狀體疲乏而無法準確收縮或舒張，也就無法靈活調節水晶體的厚度。比方說現代人因為長時間盯著手機螢幕看，有愈來愈多人年紀輕輕便出現眼睛無法正確對焦的「類老花眼」症狀，也就是醫學上所謂的「假性近視」（pseudomyopia，又稱調節性近視）。

通常只要讓眼睛適度休息就能緩解這種症狀，但如果用眼過度恐造成「眼睛疲勞」，出現眼睛充血、疼痛等症狀，還可能引發頭痛、肩頸僵硬、暈眩想吐等其他身體部位的不適，嚴重時光靠睡眠也無法徹底復原。

因此我們應避免長時間盯著螢幕，讓眼睛適時休息。可以閉目養神或望遠凝視，藉此放鬆睫狀體。此外，也建議眼睛與手機螢幕的距離保持在40公分以上。手機螢幕小且對眼睛造成的負擔很大，盡量不要連續觀看超過10分鐘為佳。

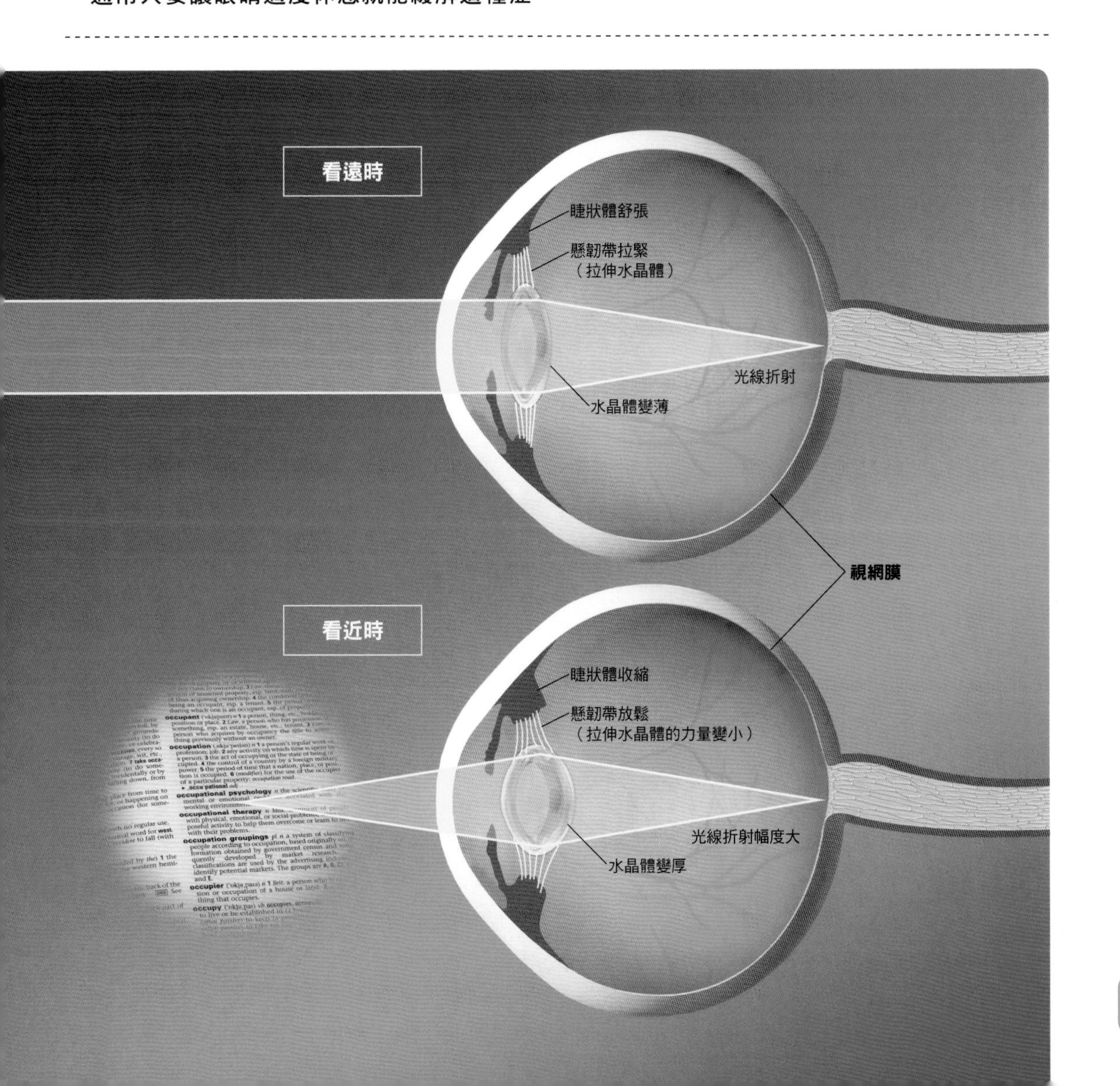

COLUMN

訓練眼球肌力藉此改善視力

所謂良好的視力，就是無論遠近都看得一清二楚，而視力好壞的關鍵在於水晶體。

水晶體像一塊偏硬的果凍具有彈性，並且受到無數懸韌帶以及組成睫狀體的肌肉拉扯。當我們遠眺時，被懸韌帶拉伸的水晶體會因此而變薄；近看時，睫狀體向內收縮、放鬆懸韌帶，擁有彈性的水晶體便會回縮而變厚，加大光線入眼的折射角度。無論看遠或看近，眼睛都能藉由調節水晶體厚度，將光線聚焦於視網膜上。

研究指出在多數情況下，可以藉由鍛鍊睫狀體來改善視力。

有時即使訓練也無法改善

根據統計，日本17歲人口之中大約半數都有近視，其中又以「軸性近視」（axial myopia）者居多。軸性近視是眼睛前後長度（眼軸）拉長，導致成像位置在視網膜前方（看不清楚）的狀態；反之，遠視是眼軸縮短所致。若視力低落的原因是眼球本身變形，那即使訓練也很難改善視力。

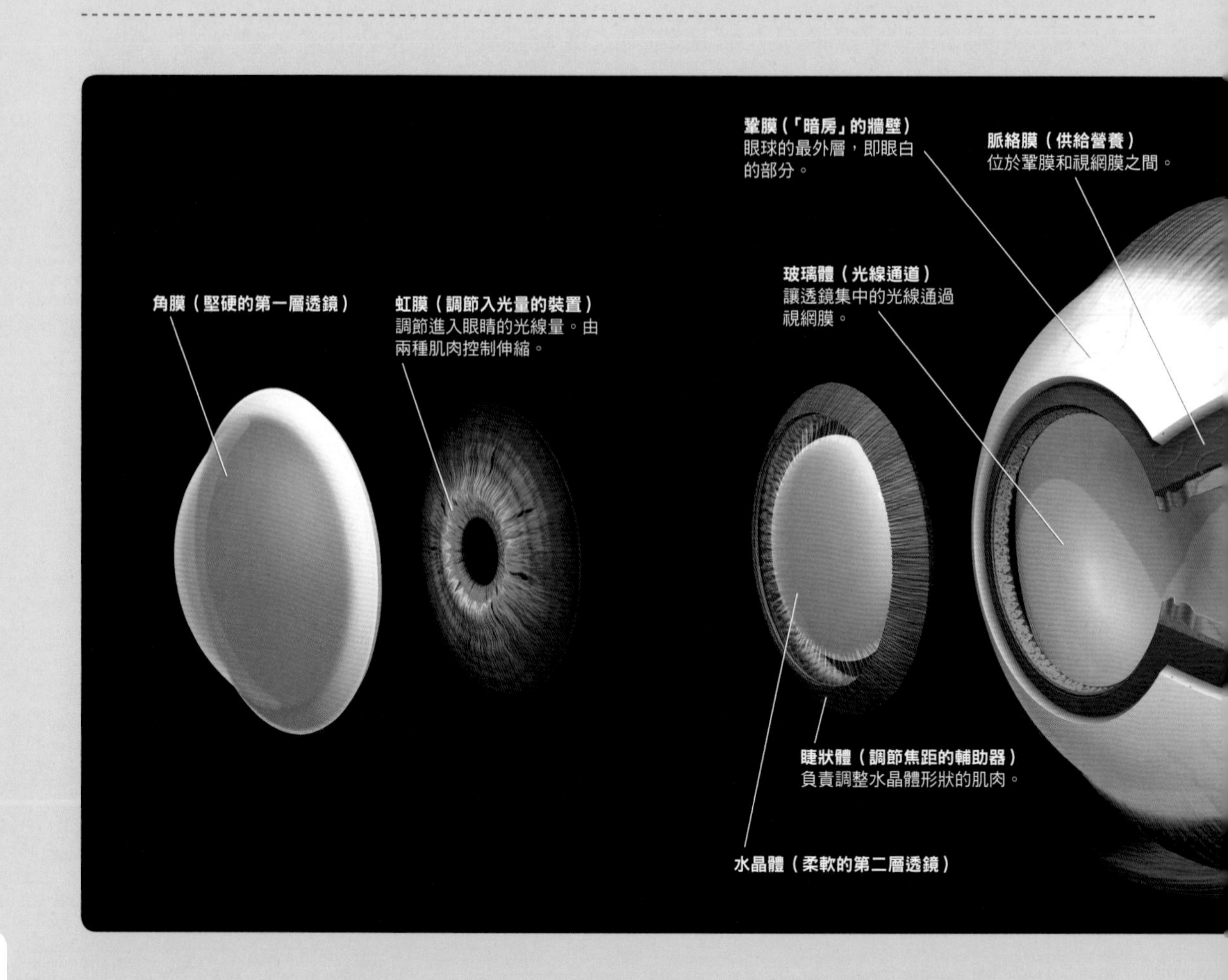
鞏膜（「暗房」的牆壁）
眼球的最外層，即眼白的部分。
脈絡膜（供給營養）
位於鞏膜和視網膜之間。
玻璃體（光線通道）
讓透鏡集中的光線通過視網膜。
角膜（堅硬的第一層透鏡）
虹膜（調節入光量的裝置）
調節進入眼睛的光線量。由兩種肌肉控制伸縮。
睫狀體（調節焦距的輔助器）
負責調整水晶體形狀的肌肉。
水晶體（柔軟的第二層透鏡）

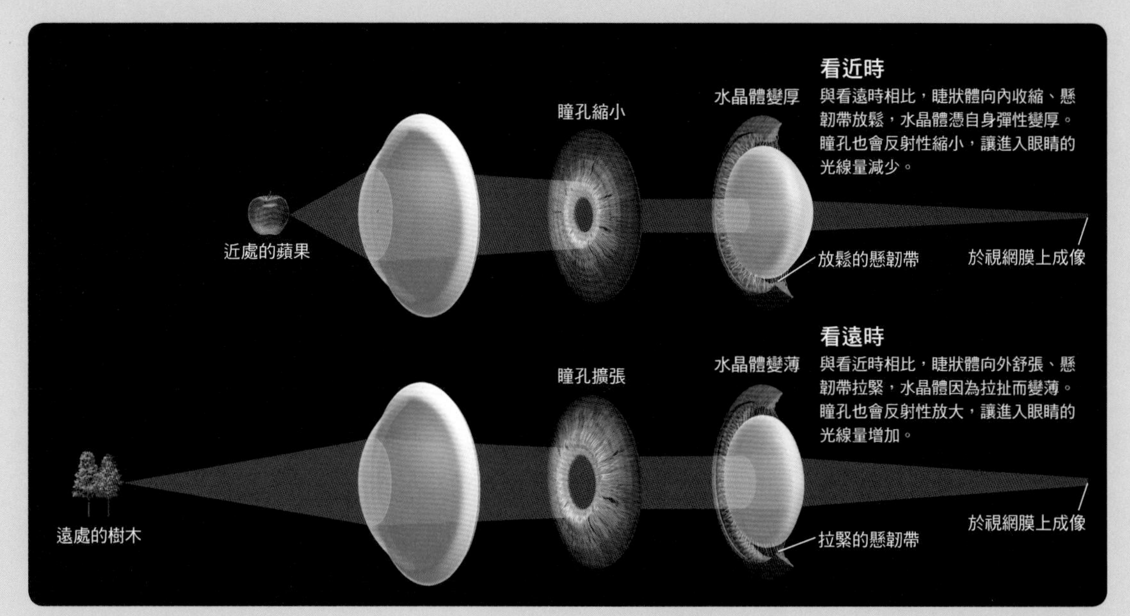

水晶體變厚
與看遠時相比，睫狀體向內收縮、懸韌帶放鬆，水晶體憑自身彈性變厚。瞳孔也會反射性縮小，讓進入眼睛的光線量減少。

近處的蘋果
放鬆的懸韌帶

水晶體變薄
與看近時相比，睫狀體向外舒張、懸韌帶拉緊，水晶體因為拉扯而變薄。瞳孔也會反射性放大，讓進入眼睛的光線量增加。

遠處的樹木
拉緊的懸韌帶

水晶體聚焦

物體反射的光線先被「角膜」彎曲（折射），接著通過眼睛黑色部分（虹膜）中央的「瞳孔」，抵達「水晶體」。

水晶體是靠「睫狀體」的活動調整厚度，看近時變厚、看遠時變薄，進而改變光線的折射角度，讓焦點落在眼球深處的「視網膜」。

視網膜（螢幕）
包住玻璃體的膜，可以將光轉換成電訊號。
視神經（傳輸纜線）
將視網膜捕捉到的影像以電訊號的形式傳送至腦部。

眼球的構造

眼球壁為三層構造：外層為「角膜」、「鞏膜」，中層為「虹膜」、「睫狀體」、「脈絡膜」，內層為「視網膜」。其內部還有「水晶體」、「玻璃體」等。

曾經用來活動耳朵如今退化的肌肉

相信不少人都看過動物將耳朵轉向聲音所在方向的模樣。控制耳朵動作的肌肉統稱為「耳肌」（auricularis muscle），而耳孔外圍的部分則稱作「耳廓」（auricle，又稱耳殼）。耳肌的其中一端連接皮膚，故屬於皮肌。

人類的耳肌已經退化，所以無法自由操控耳朵的動作。耳肌可概分為表面的「外耳肌」（external auricular muscle）與內部的各種肌肉。

動物轉來轉去的耳朵

動物的耳朵經常前後左右動來動去。草食性動物的兩耳經常各自活動，警戒著周遭動靜，有助於遠離掠食者的魔爪。也能從狗、貓、馬等的耳朵動作，來判別牠們開心、恐懼之類的情感。

專欄 COLUMN 聽聽肌肉的聲音

用手指塞住耳朵時，會聽到一種沉悶的嗡嗡聲，那其實是肌肉收縮時發出的聲音。

這種聲音稱為「肌音」（muscle sound）。肌肉收縮時，肌纖維會改變形狀，輕微振動周邊組織。這股振動會在體內傳導，所以當我們將手指塞入耳孔時，振動也會透過手指傳到耳朵，進而聽到肌音。

據說最早發現肌音的人，是義大利的修士暨科學家格里馬爾迪（Francesco Grimaldi，1618～1663）。現在科學家也在研究如何將肌音應用於肌力訓練與復健。

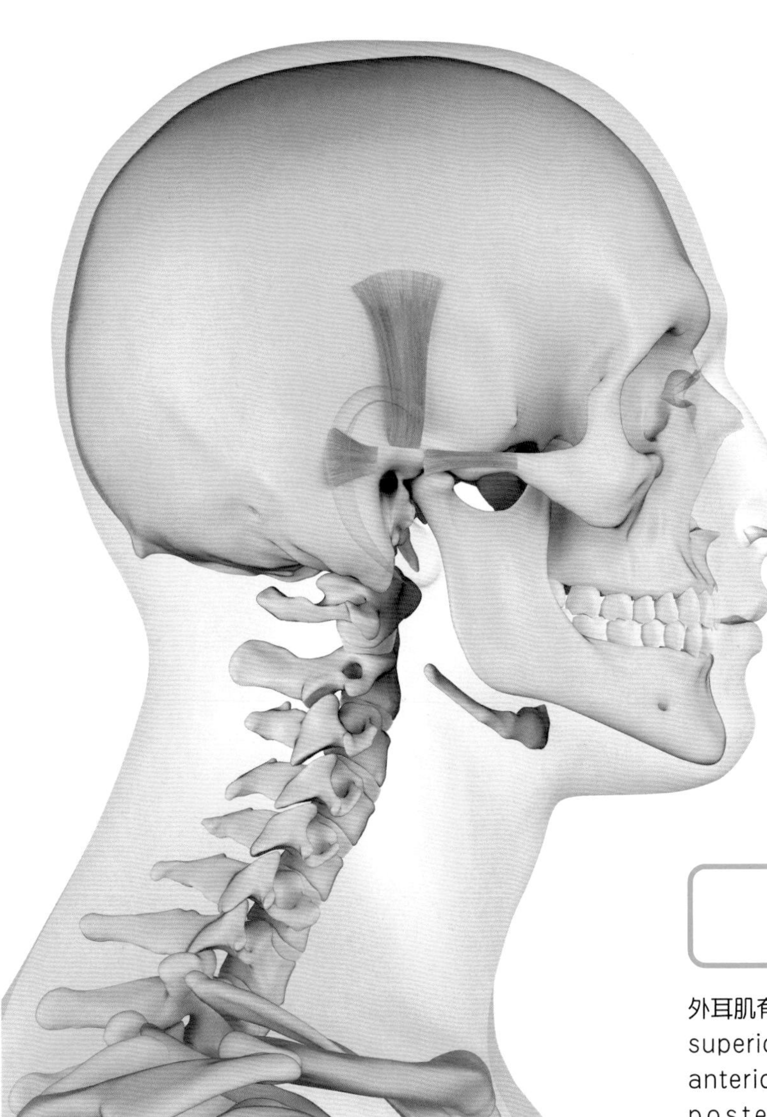

人類的外耳肌

外耳肌有四條：耳上肌（M. auricularis superior）、耳前肌（M. auricularis anterior）、耳後肌（M. auricularis posterior），再加上顳頂肌（M. temporoparietalis）。

遍及頭部兩側的咀嚼用肌肉

以臼齒咬東西時，若是將手指放在太陽穴附近，可以感受到肌肉的活動。該處的肌肉叫作「顳肌」（temporal muscle），是閉闔嘴巴時用到的肌肉（咀嚼肌）之一。其實在頭部兩側有好大一片參與咀嚼動作的顳肌。

包含顳肌在內的咀嚼肌有四種，負責張嘴的則是另外一群肌肉。此外，舌頭也有參與咀嚼的過程。在磨碎食物的過程中，需要靠舌頭將食物扣在上下臼齒之間。舌頭與大面積的肌肉之間通力合作，我們才能順利進行咀嚼。

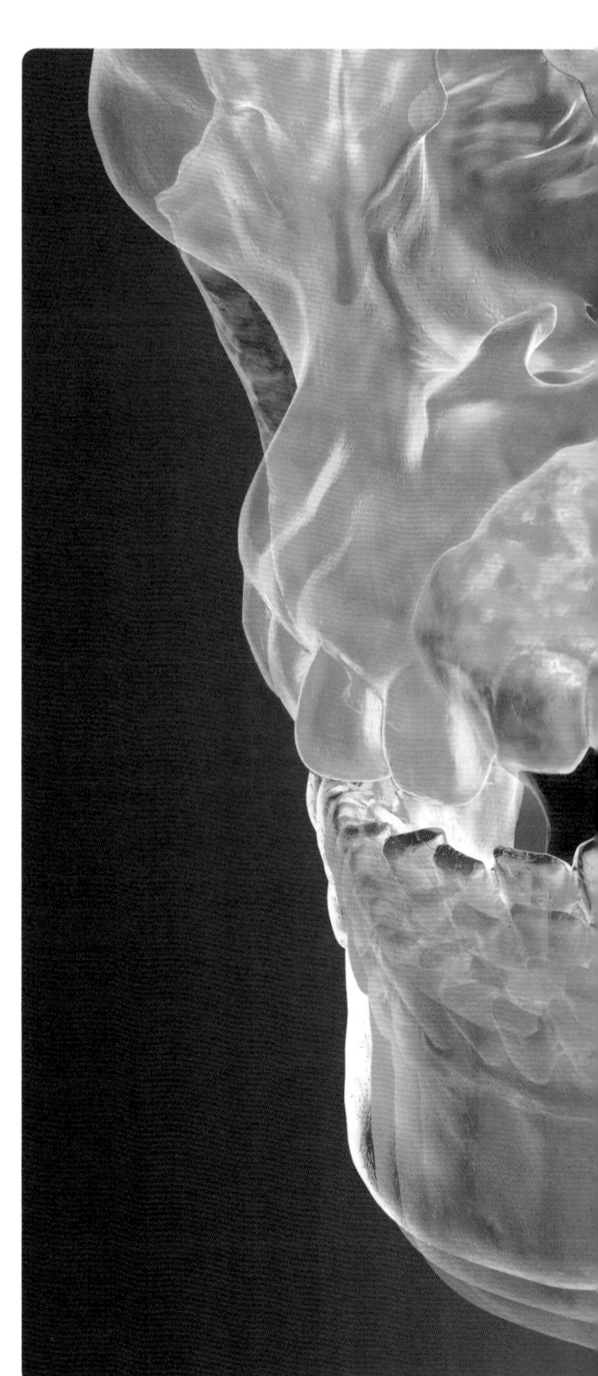

專欄 COLUMN 舌頭的作用

食物入口後會先被舌頭推往上顎感受硬度，當食物偏硬就會送往臼齒進行咀嚼。若是豆腐等相對柔軟的食物，則會直接推向上顎擠碎。

咀嚼動作看似平凡，其實牽扯到複雜的神經系統作用。

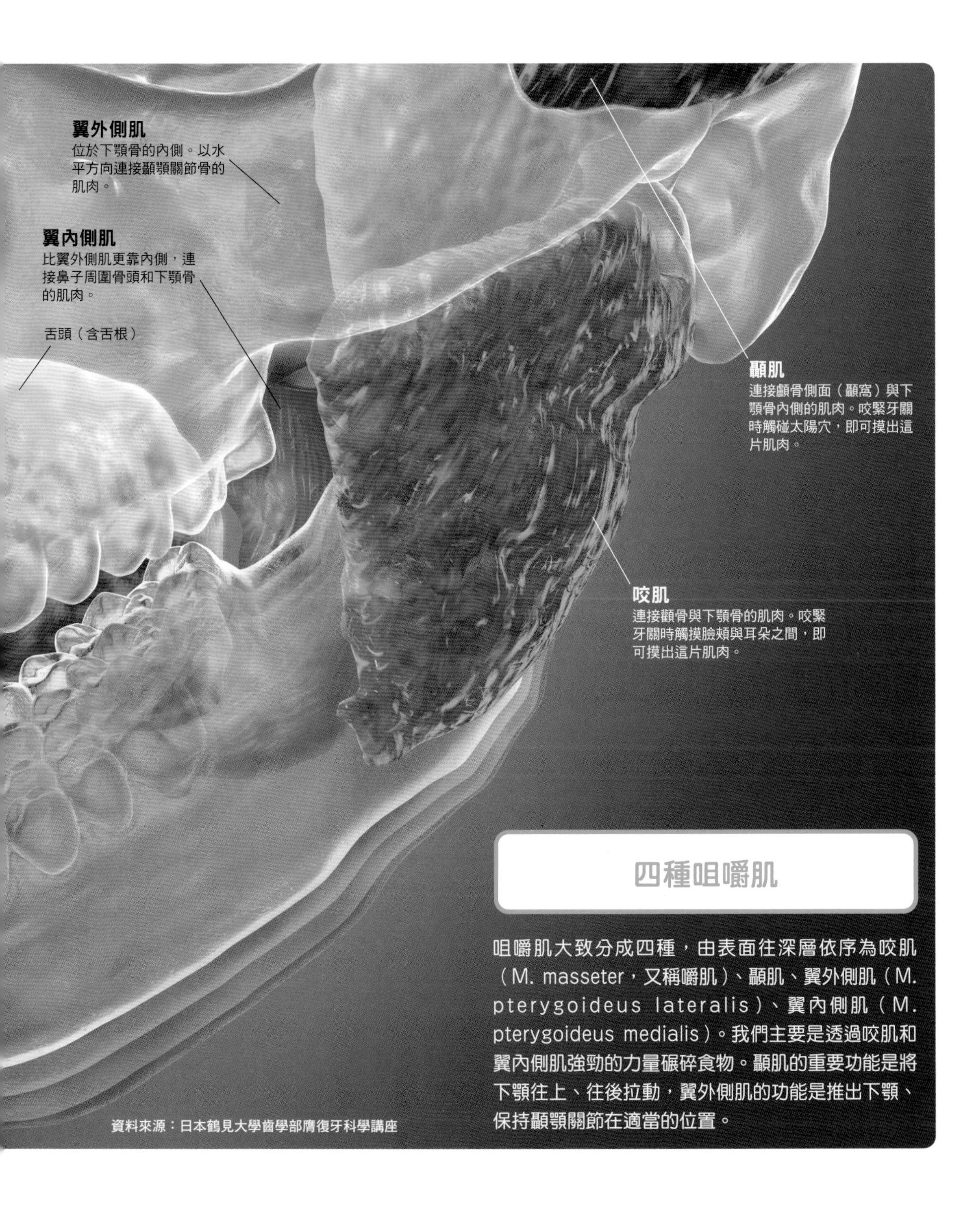

翼外側肌
位於下顎骨的內側。以水平方向連接顳顎關節骨的肌肉。
翼內側肌
比翼外側肌更靠內側，連接鼻子周圍骨頭和下顎骨的肌肉。
舌頭（含舌根）
顳肌
連接顱骨側面（顳窩）與下顎骨內側的肌肉。咬緊牙關時觸碰太陽穴，即可摸出這片肌肉。
咬肌
連接顴骨與下顎骨的肌肉。咬緊牙關時觸摸臉頰與耳朵之間，即可摸出這片肌肉。

資料來源：日本鶴見大學齒學部膺復牙科學講座

四種咀嚼肌

咀嚼肌大致分成四種，由表面往深層依序為咬肌（M. masseter，又稱嚼肌）、顳肌、翼外側肌（M. pterygoideus lateralis）、翼內側肌（M. pterygoideus medialis）。我們主要是透過咬肌和翼內側肌強勁的力量碾碎食物。顳肌的重要功能是將下顎往上、往後拉動，翼外側肌的功能是推出下顎、保持顳顎關節在適當的位置。

控制脖子前彎、側擺以及吞嚥動作

人類的腦部功能發達，頭部也極為沉重，光是頭的重量就占了體重大約10%。脖子乍看之下纖細無力，但其實有不少發達的肌肉在支撐、活動沉甸甸的頭顱。

脖子前側以負責頭部前彎（屈曲）動作的肌肉較為發達，其中較具代表性的肌肉為斜角肌（scalene muscle）。斜角肌分成前斜角肌（anterior scalene muscle）、中斜角肌（middle scalene muscle）、後斜角肌（posterior scalene muscle），三種斜角肌相互合作才能做出屈曲脖子、往兩旁擺頭（側屈）等動作。

脖子兩旁還有負責轉動（迴旋）、側屈脖子的肌肉，例如胸鎖乳突肌（M. sternocleido-astoideus）。喉嚨至下巴的部分也有活動舌骨的舌骨肌（muscle of hyoid bone），作用包含控制食道及氣管的開闔，促進吞嚥、發聲。舌骨肌的位置藏在喉嚨表層一整片的頸闊肌（platysma）底下。

揮棒時需要扭轉脖子追蹤球路

頭部前傾、旋轉時使用的肌肉，在各種情況下都發揮了重要的作用。比如打棒球時的揮棒動作，需要這些肌肉支撐、活動脖子才能完成。日常生活中看向腳邊、鞠躬、頷首等動作，也都會用到脖子的肌肉。

胸鎖乳突肌
始於顳骨乳突，連向鎖骨和胸骨的大片肌肉。左右兩邊的胸鎖乳突肌同時收縮可做出低頭的動作，單邊收縮則能做出轉頭的動作。

斜角肌（前、中、後）
從頸椎連向肋骨的肌肉。除了活動脖子，還可以打開胸廓，幫助呼吸。

從側面觀看頸部肌肉

圖為移除了包覆下顎至鎖骨、胸骨之頸闊肌（拉下嘴角的肌肉）的模樣。頸部側面有主要負責讓脖子上下活動、旋轉的肌肉，喉嚨底下則有控制舌骨動作的肌肉。

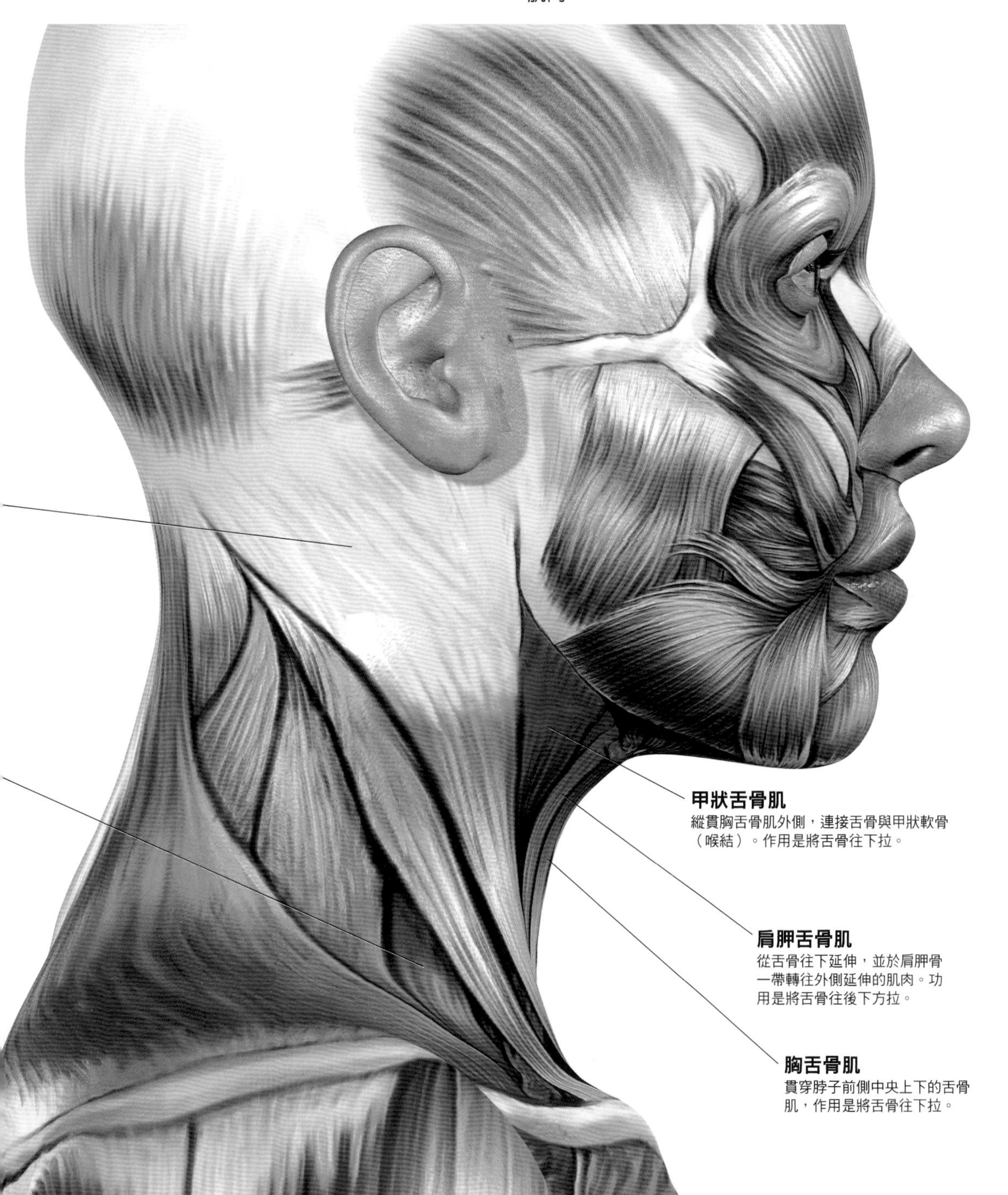

甲狀舌骨肌
縱貫胸舌骨肌外側，連接舌骨與甲狀軟骨（喉結）。作用是將舌骨往下拉。

肩胛舌骨肌
從舌骨往下延伸，並於肩胛骨一帶轉往外側延伸的肌肉。功用是將舌骨往後下方拉。

胸舌骨肌
貫穿脖子前側中央上下的舌骨肌，作用是將舌骨往下拉。

控制頭部後仰與扭轉脖子

頸部後側也有許多發達的肌肉，主要用於做出向後仰頭的動作（伸展）。

仰頭會用到的幾個代表性肌肉有：從後腦勺連向胸椎的頭半棘肌（M. semispinalis capitis）、始於後腦勺且覆蓋住頭半棘肌的頭夾肌（M. splenius capitis），以及平行於頭夾肌且與底下胸椎連在一起的頸夾肌（M. splenius cervicis）等。這些肌肉會互相配合，控制頭部做出後仰（伸展）、側傾（側屈）、扭轉（迴旋）等動作。

這些肌肉大多藏在面積廣闊的斜方肌（M. trapezius）底下，範圍從後腦勺一路延伸至肩背。

頸夾肌
連接頸椎與胸椎的肌肉，位置比頭夾肌前面一點。功用是與頭半棘肌、頭夾肌合作，完成抬頭與轉頭的動作。

抬頭仰望時需要脖子出力

頸部後側的肌肉有助於做出後仰、轉頭的動作。當我們抬頭往上看、追蹤在天上飛的物體時，都需要這些重要的肌肉來運作、支撐頭部。

從後側觀看頸部肌肉

頭部後方的肌肉分成好幾層，除了此處介紹的幾種肌肉之外，還有許多連接頭部與頸、胸、肩等的肌肉。這些肌肉相互協調，提供頭顱穩固的支撐。

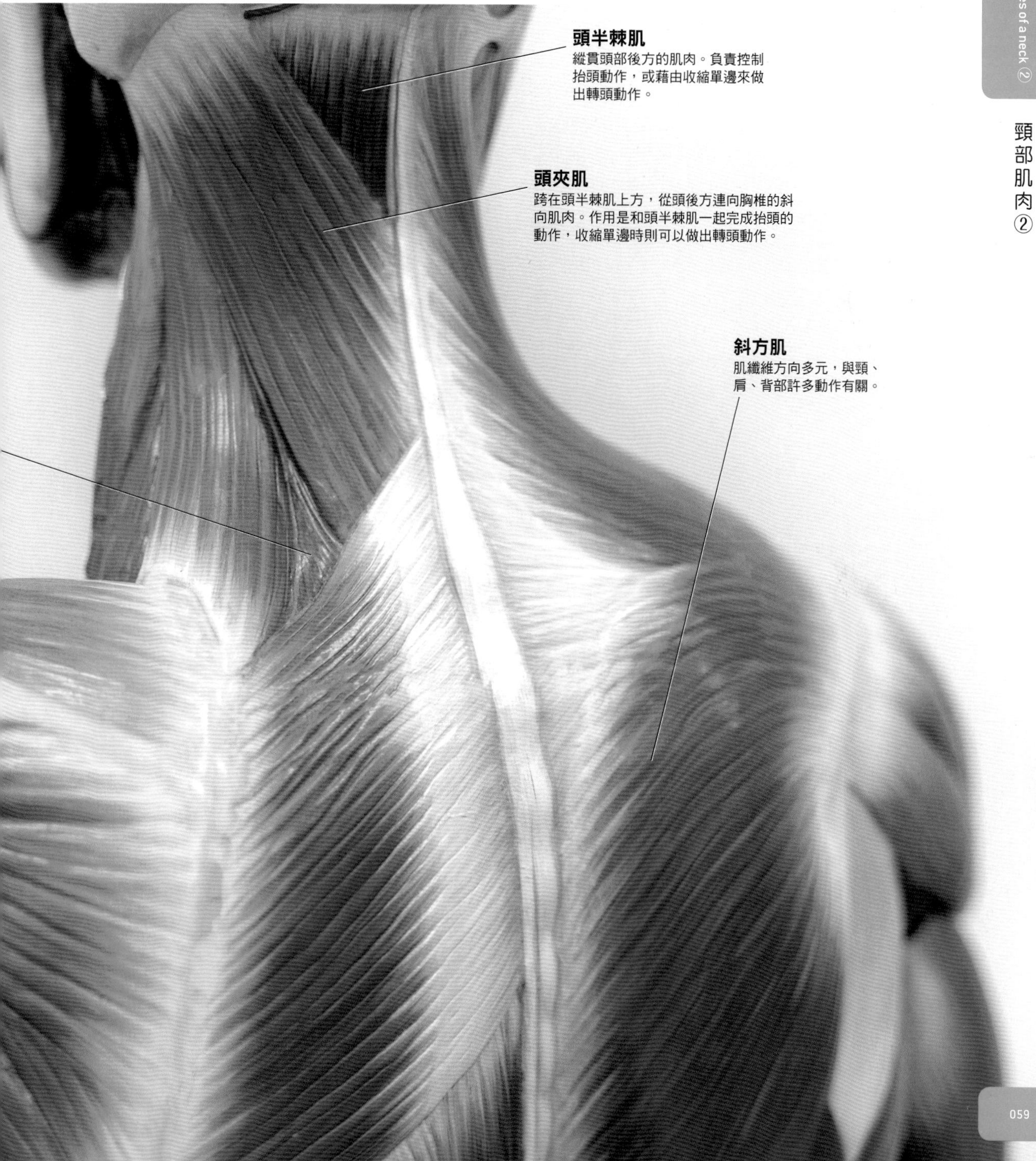

頭半棘肌
縱貫頭部後方的肌肉。負責控制抬頭動作，或藉由收縮單邊來做出轉頭動作。
頭夾肌
跨在頭半棘肌上方，從頭後方連向胸椎的斜向肌肉。作用是和頭半棘肌一起完成抬頭的動作，收縮單邊時則可以做出轉頭動作。
斜方肌
肌纖維方向多元，與頸、肩、背部許多動作有關。

COLUMN

長時間低頭
恐導致身體不適

一般成人的頭部重約5～6公斤，大概和一顆保齡球差不多。頭部位於身體正上方時，其重量可以由全身共同分擔。但是當我們低頭看手機，就會大大加重脖子和肩膀的負擔，對後頸與肩膀的斜方肌施加過大壓力，造成「頸椎過直」的狀態。

頸椎失去曲線

正常的頸椎有一個曲線，足以支撐頭部的重量。可一旦頭部持續前傾太久，容易使頸椎過度拉伸形成「頸椎過直」的狀況，引起頭痛、肩頸僵硬，嚴重時甚至可能導致咬合不正與頻繁誤嚥（食物掉入氣管）。

所以在使用手機時應盡量拿高，不要讓頭掉下來，盡可能維持頭部處在身體正上方的姿勢。

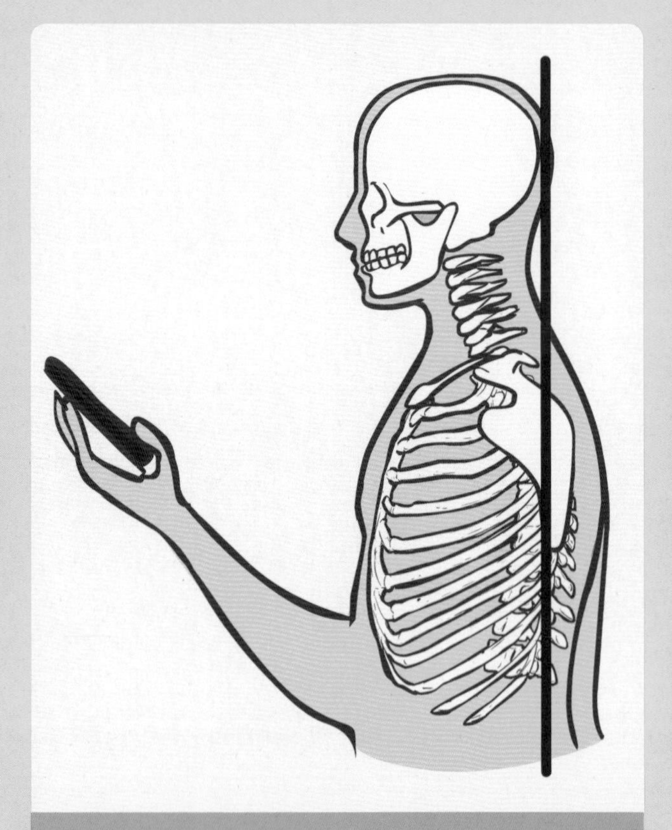

0度
5～6公斤

低頭時施加於肩頸的力量

低頭15度時頸椎後方承受的張力約為12公斤，60度時約為27公斤。這對頸椎和斜方肌來說都是相當大的負擔。

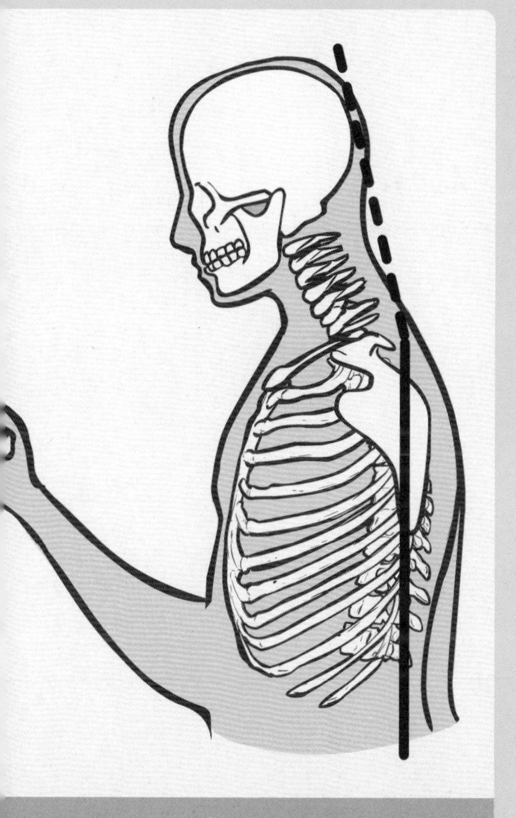

15度
約12公斤

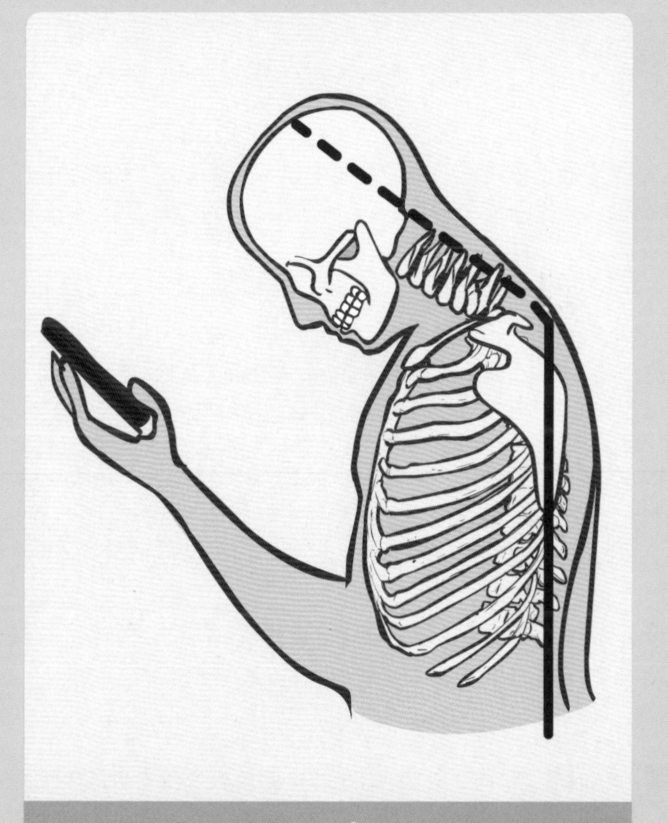

60度
約27公斤

改善身體柔軟度的伸展動作

身體的柔軟度由三大因素決定。第一個因素是「關節的構造」，因為關節的可動範圍大致取決於本身的構造。每個人的關節構造基本上都相去不遠。

第二個因素是「結締組織的性質」。結締組織即肌肉、肌腱、韌帶這些支撐關節構造與活動關節的組織。結締組織的柔軟度 — 容不容易拉開（伸展性）、容不容易縮回來（彈性），與年齡、性別、運動量都有關係。

第三個因素是「神經調節作用」。當肌肉被外力拉伸時，神經會對肌肉發出收縮指令來調節長度，避免過度伸展導致受傷。

影響身體柔軟度的因素

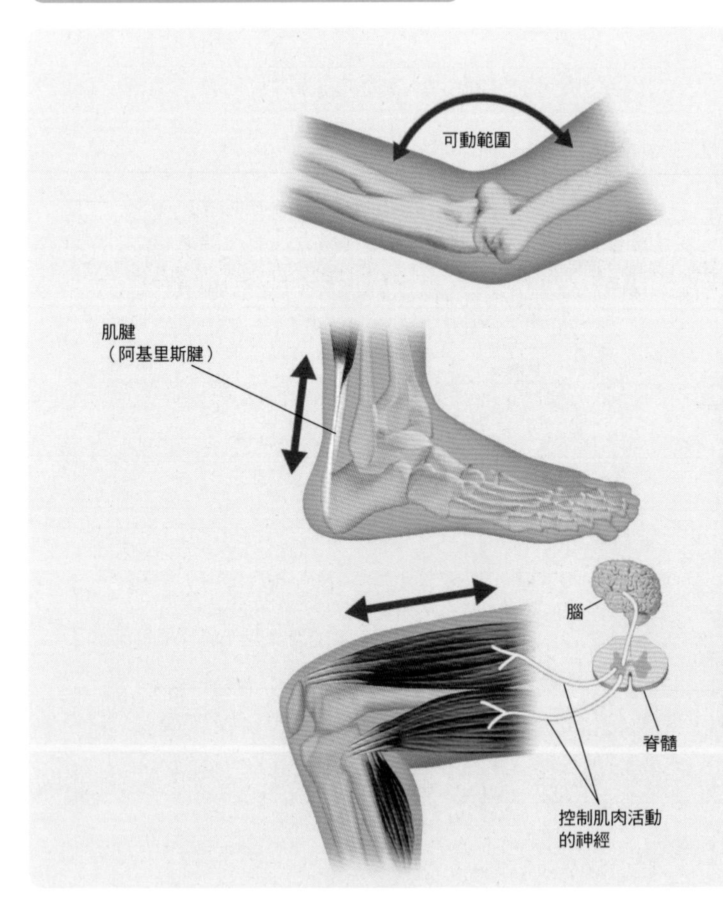

1.關節的構造
骨頭的形狀、韌帶的連接方式，決定了關節能夠活動的範圍與方向（可動範圍），而且基本上無法透過訓練加以改變。

2.結締組織的性質
觀察負責活動關節的肌肉是否容易伸張、相對於骨骼的長度，就能夠判斷該關節的可動範圍與靈活度。結締組織的性質可以透過伸展運動改變。

3.神經調節作用
運動神經會抑制肌肉伸長，保護肌肉不致過度拉伸。平時多伸展可以減少運動神經的命令，讓肌肉更放鬆並拓展活動範圍。

其中，第二、三點的結締組織性質與神經調節作用，可以透過伸展運動加以訓練。

伸展的效果

一般來說，伸展運動（拉筋）能有效提升身體的柔軟度。平時多拉筋可以改變結締組織的性質，舒緩神經的調節活動。拉筋時不要突然用力，或是勉強自己過度拉緊肌肉，否則肌肉會產生收縮運動（牽張反射：stretch reflex）試圖維持原本的姿勢。為避免肌肉出現牽張反射，伸展動作應盡量放慢。

此外，當肌肉使出較大的力量時，高爾肌腱器（Golgi tendon organ）也會做出反射動作，為了保護肌肉而放鬆肌肉。因此，有一種特殊的PNF※伸展法就是利用高爾肌腱器的反射作用，事先增加目標肌肉的張力以達到放鬆肌肉的效果。

※譯註：本體感覺神經肌肉促進術（proprioceptive neuromuscular facilitation）。

有效的伸展方式

伸展（靜態伸展）

1.不要突然施力
緩慢拉伸肌肉可以避免牽張反射，讓肌肉保持放鬆狀態，伸展效果會更好（高爾肌腱器的反射作用）。

2.每次30秒×3組以上
動作要維持15～30秒才有伸展的效果，反覆多做幾次效果會更好。

3.每週3天以上
養成定期伸展的習慣才能夠維持伸展效果。

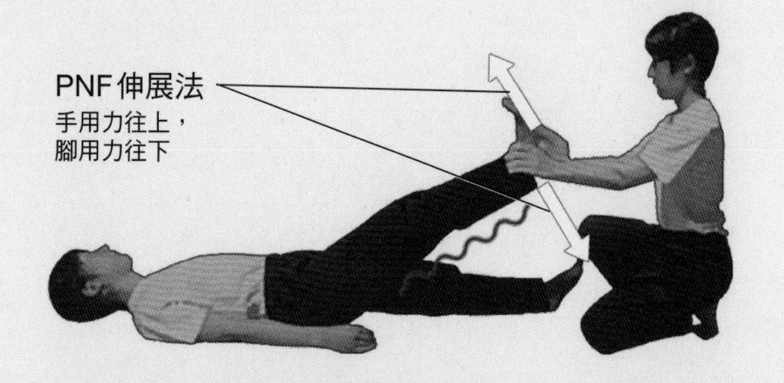

腳的位置不動，僅施力做伸展運動。這種技巧雖然效果不錯，但需要由專業物理治療師協助操作。

COLUMN

放鬆頸部周邊肌肉的伸展運動

以下介紹幾個伸展運動，可以放鬆因為長時間用電腦、滑手機而僵硬的頸部肌肉。伸展時不要突然施力或拉到很痛，緩慢地拉到微疼的程度才能有效放鬆肌肉。

伸展斜方肌上半部

可以伸展到涵蓋脖子、肩胛骨、背部一帶負責活動肩胛骨的斜方肌上半部。利用伸展膝蓋的力量帶動肩膀向下，同時脖子往斜前方低頭，就能伸展到斜方肌上半部。

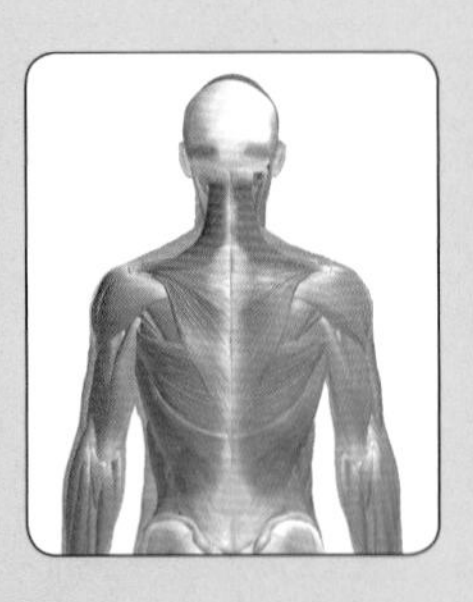

1

坐在矮凳上，彎曲右膝，左手抓住右腳腳踝。背打直，順著伸展膝蓋的力量將肩膀往下帶。

2

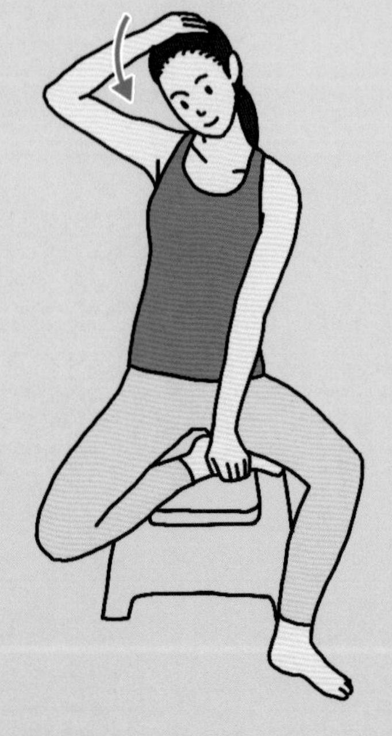

右手扶頭，稍微出力往斜前方壓。維持左手拉伸、肩膀下沉的姿勢再低頭，即可有效伸展斜方肌。

伸展頸部周圍肌群

可以伸展到脖子前後左右動作時使用的頭夾肌、胸鎖乳突肌等。輪流將頭倒往不同方向，即可伸展各個肌肉。

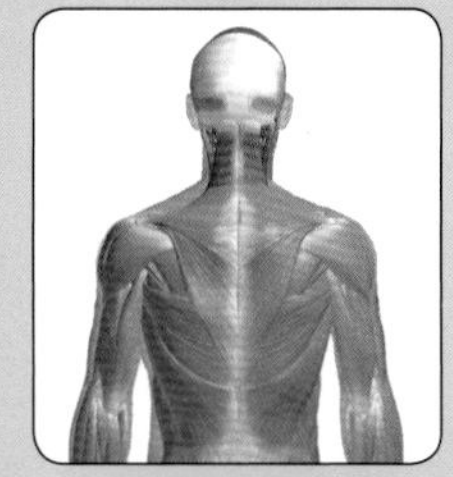

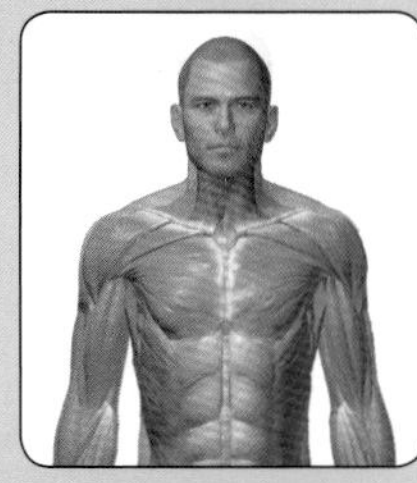

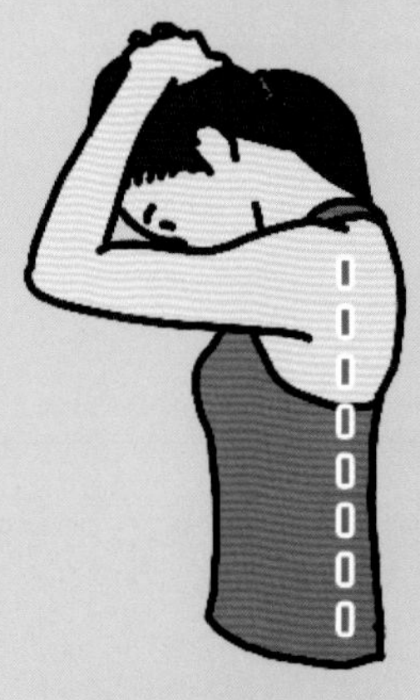

背打直，兩手放在後腦勺上端。手出力將頭往前壓。

單手抓住頭的對側上端，手出力將頭往側面拉伸。

雙手拇指靠攏頂住下巴內側並上推，讓頭部後仰。下巴稍微往前推出可以提升伸展效果。

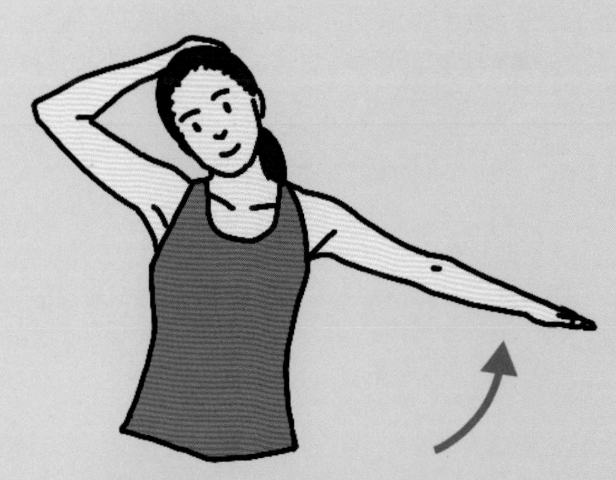

伸展脖子側邊時，另一隻手臂可以往側邊抬高，一併伸展提肩胛肌。

一手輕扶頭側上端的側邊，一手拇指頂住下巴內側，將頭後仰並稍微扭轉，即可伸展胸鎖乳突肌及其周圍肌肉。

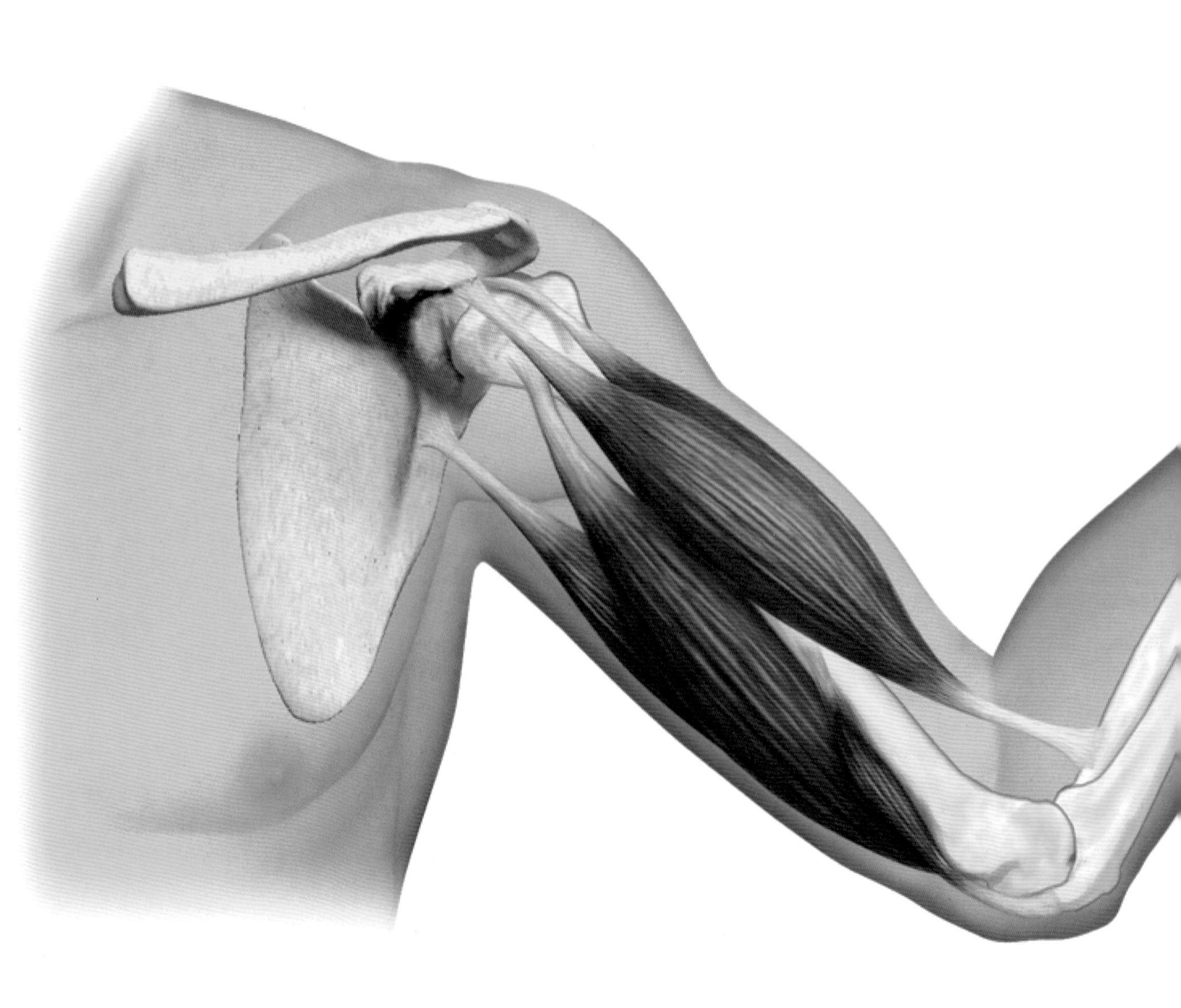

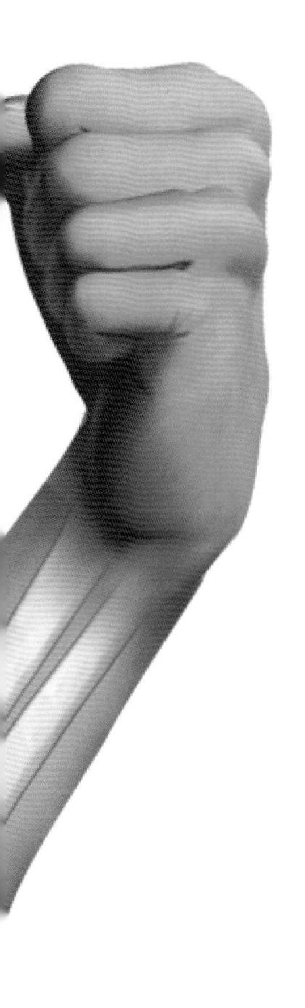

3

上肢肌肉

Muscles of arms and hands

控制肩、臂、手活動的肌肉

本章要介紹的是上臂、前臂和手腕以下（手部）等部位的肌肉。

上臂有負責彎曲、伸展肘關節的肌肉，其中最醒目的莫過於彎起手肘時會隆起的那塊二頭肌。二頭肌的正式名稱為「肱二頭肌」（M. biceps brachii），起始於肩胛骨，跨過

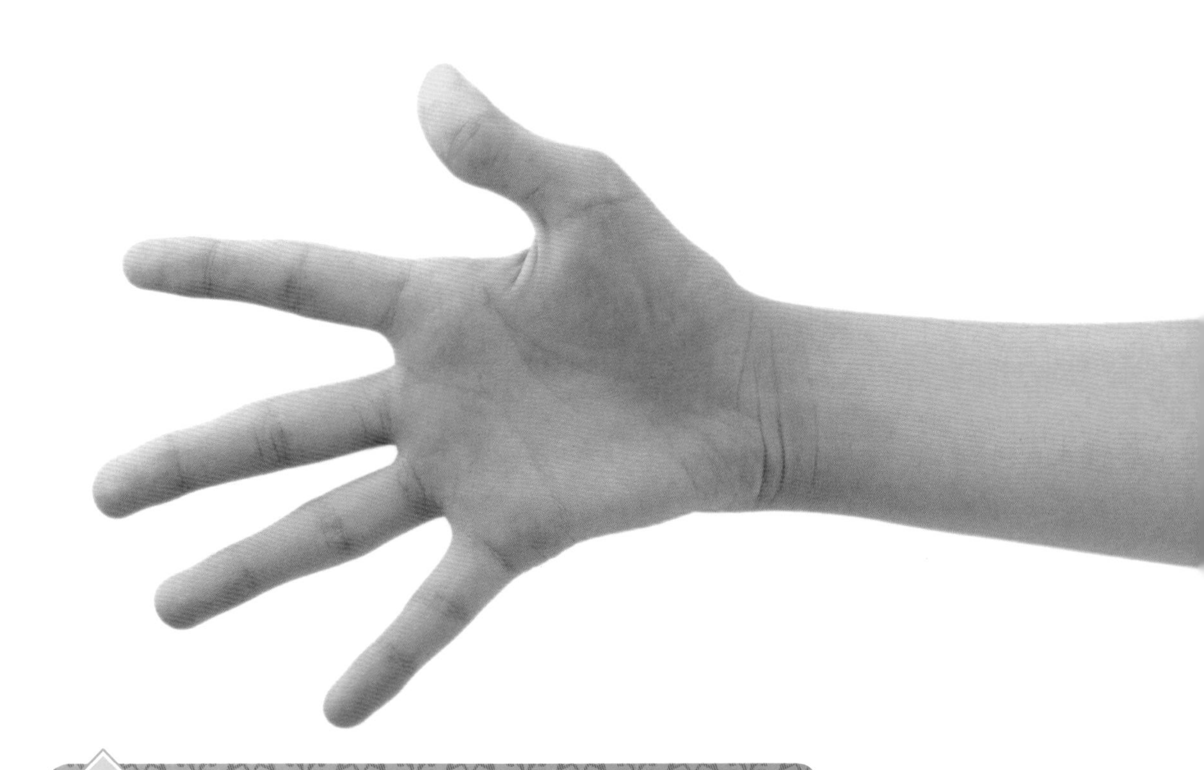

專欄 COLUMN 伏地挺身可以訓練胸肌

一般人大多認為伏地挺身是專門訓練手臂的動作，但其實還會鍛鍊到以胸前胸大肌為中心的肩膀三角肌前側，並非只有手臂外側的肱三頭肌。相較於以推為主的伏地挺身，以拉為主的引體向上更能訓練到背闊肌、三角肌後側和上臂二頭肌等。

肩關節與肘關節，連向前臂的骨頭。

手肘以下的前臂有許多細小的肌肉，例如主要負責活動手腕與手指的「屈指深肌」（M. flexor digitorum profundus）等。此外，手肘以下還可以做出扭轉的動作（轉臂並非手腕動作）。手臂往內扭轉的動作稱作旋前、往外扭轉的動作稱作旋後。前臂還有不少彎曲手肘、扭轉前臂時會用到的肌肉。

人類的手有許多控制精細動作的小肌肉。手指上的小肌群（內在肌：intrinsic muscles）負責操控各種細微動作，至於從前臂延伸的「屈指深肌」等大肌群（外在肌：extrinsic muscles）則能夠使出強勁的力量。屈指深肌始於前臂，連向拇指以外四根手指的第一、第二關節之間的骨頭。

人類的手臂與手

手臂肌肉的功能是彎曲及扭轉手肘、手腕、手指等。至於手部的精細動作則是由手指上的小肌肉負責。

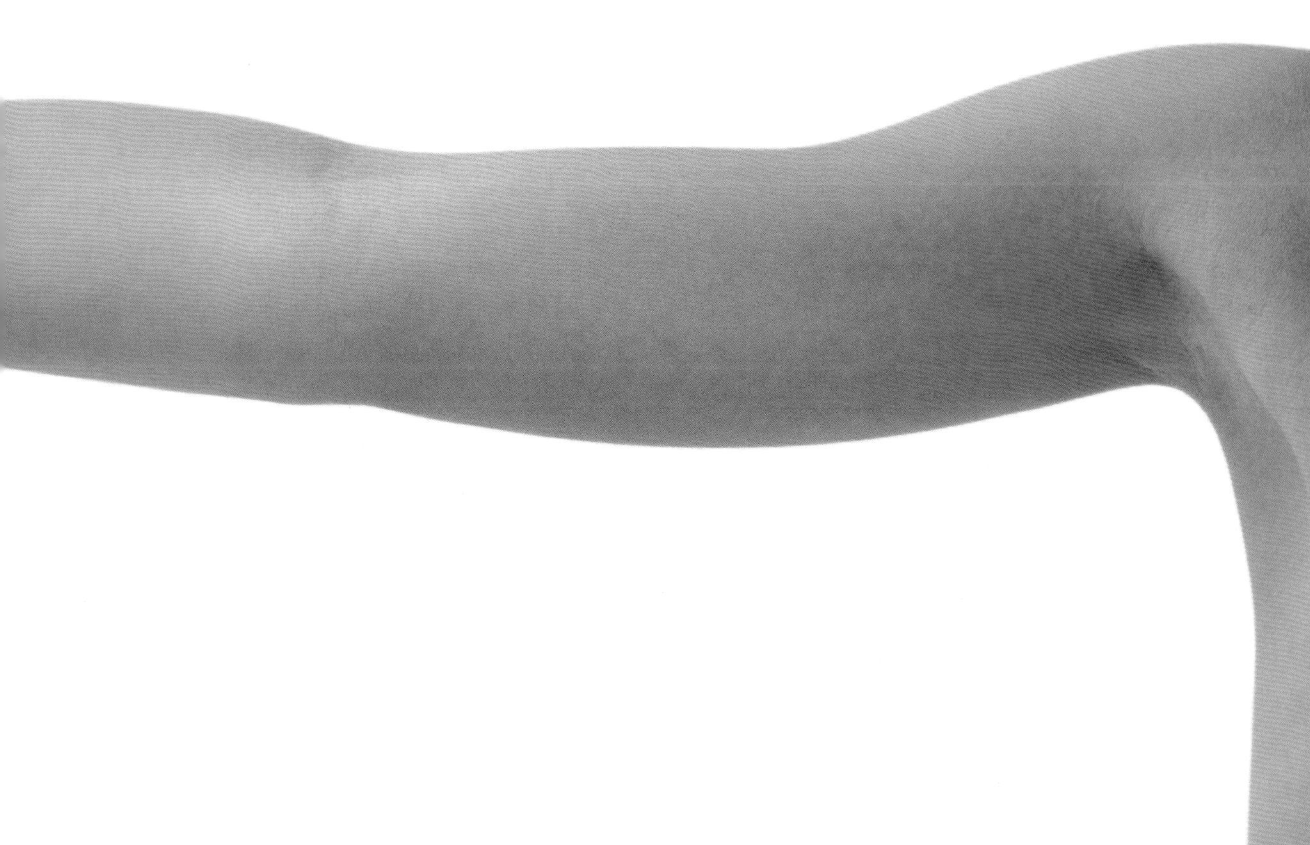

彎曲手肘的動作會用到許多肌肉

骨骼肌通常連接兩塊以上的骨頭，作用是以關節為活動軸旋轉骨頭、做出動作。關節活動的機制很複雜，比方說彎曲手肘主要用到的肌肉是肱二頭肌，但也需要其他肌肉配合才能完成動作。

除了肱二頭肌之外，其底下的「肱肌」（M. brachialis）與前臂的「肱橈肌」（M. brachioradialis）也會出力協助手肘彎曲。而且肱二頭肌亦橫跨在肩關節上，故負責活動肩膀的肌肉也會參與彎曲手肘的動作。此時，負責伸展手肘的肱三頭肌（M. triceps brachii）反而會呈現伸展狀態。

就像這樣，關節的活動需要許多肌肉相互協調來控制。即便是彎曲手肘這麼單純的動作，背後的運作機制也相當複雜。

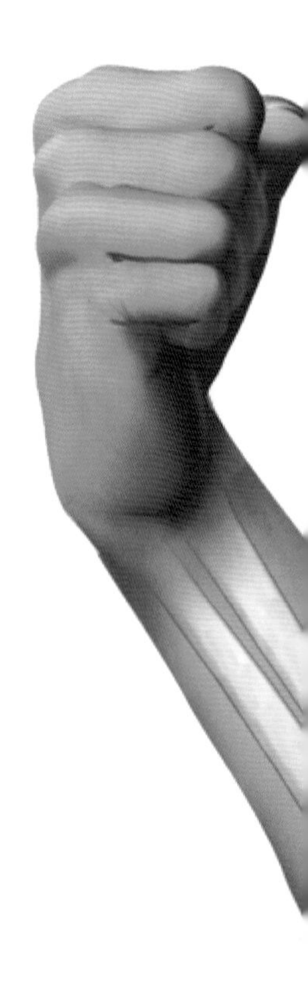

專欄 COLUMN 關節為什麼會痛？

所有骨頭在鄰近關節的部分都包著一塊名為「軟骨」的緩衝墊，可以避免骨頭與骨頭直接接觸、磨損。此外，骨頭間的縫隙也充滿了名為「滑液」（synovia）的潤滑液。

軟骨會隨著年歲增長而磨損，導致關節出現發炎、疼痛等症狀。疲勞與感染症也可能引發關節炎。

治療嚴重的關節炎時，通常會針對患部注射具消炎作用的類固醇（steroid）以及玻尿酸（hyaluronic acid，滑液的主要成分）。透過運動處方或攝取膠原蛋白（軟骨成分）也有助於減緩疼痛，但無法促進軟骨再生、達到根治效果。

重要的是，訓練肌肉時千萬別施加過多負擔，以免傷到關節。

彎曲手肘時
動作相反的肌肉

上臂有兩種肌肉會進行相對的活動。以彎曲手肘為例，彎曲的力量主要來自上臂前側的「肱二頭肌」收縮，此時後側的「肱三頭肌」則會伸展放鬆。

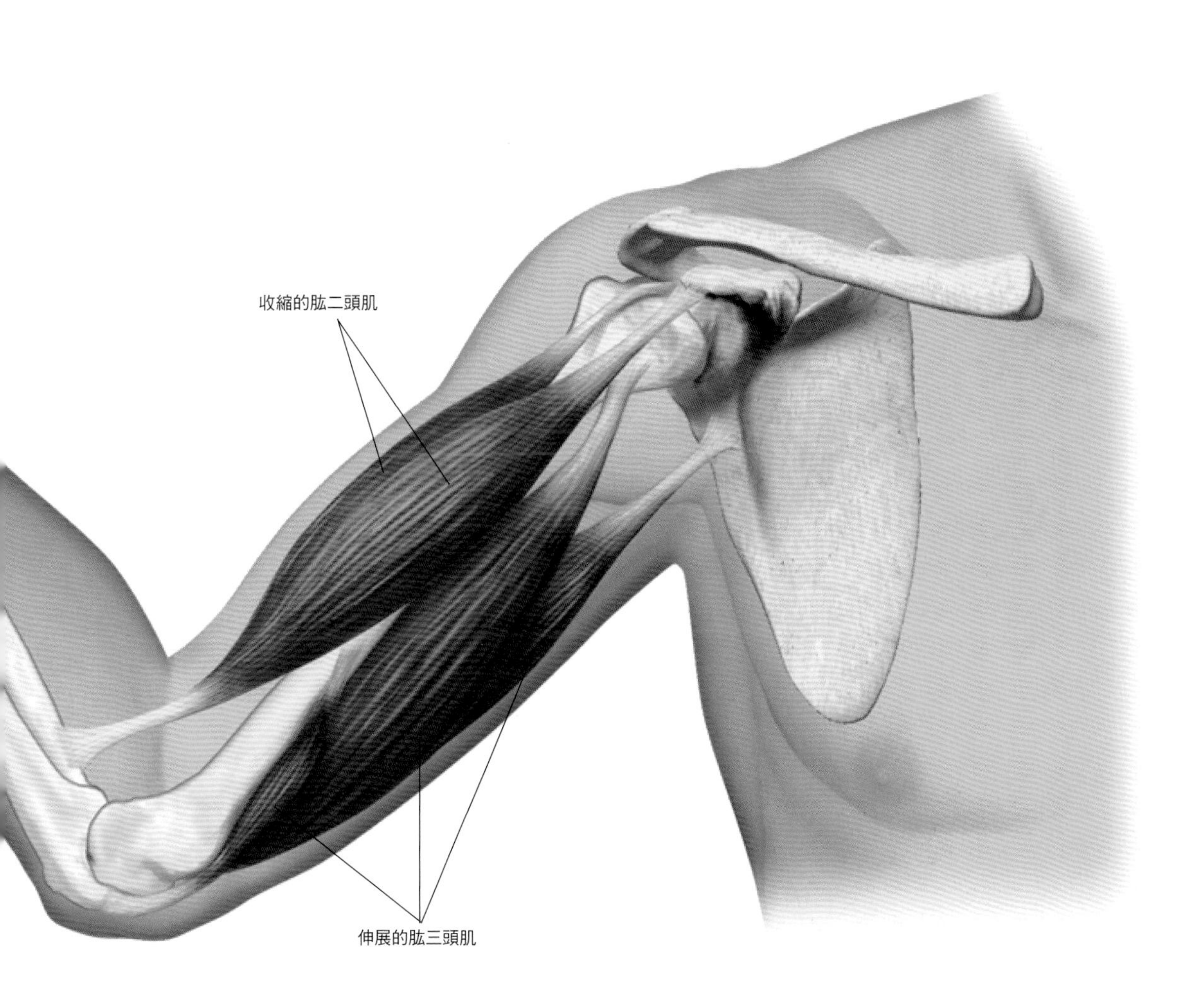

連接骨頭、活動身體的關節

骨頭與骨頭之間的連接部位稱作關節，人體約有260個關節。所有動作都是肌肉牽引關節活動的結果。

關節的造型形形色色，這些造型決定了關節能夠活動的方向（自由度）與角度（可動範圍）。假如活動某關節的肌肉太緊繃，也有可能限縮住原有的活動範圍，我們會形容這種狀態為身體太僵硬。

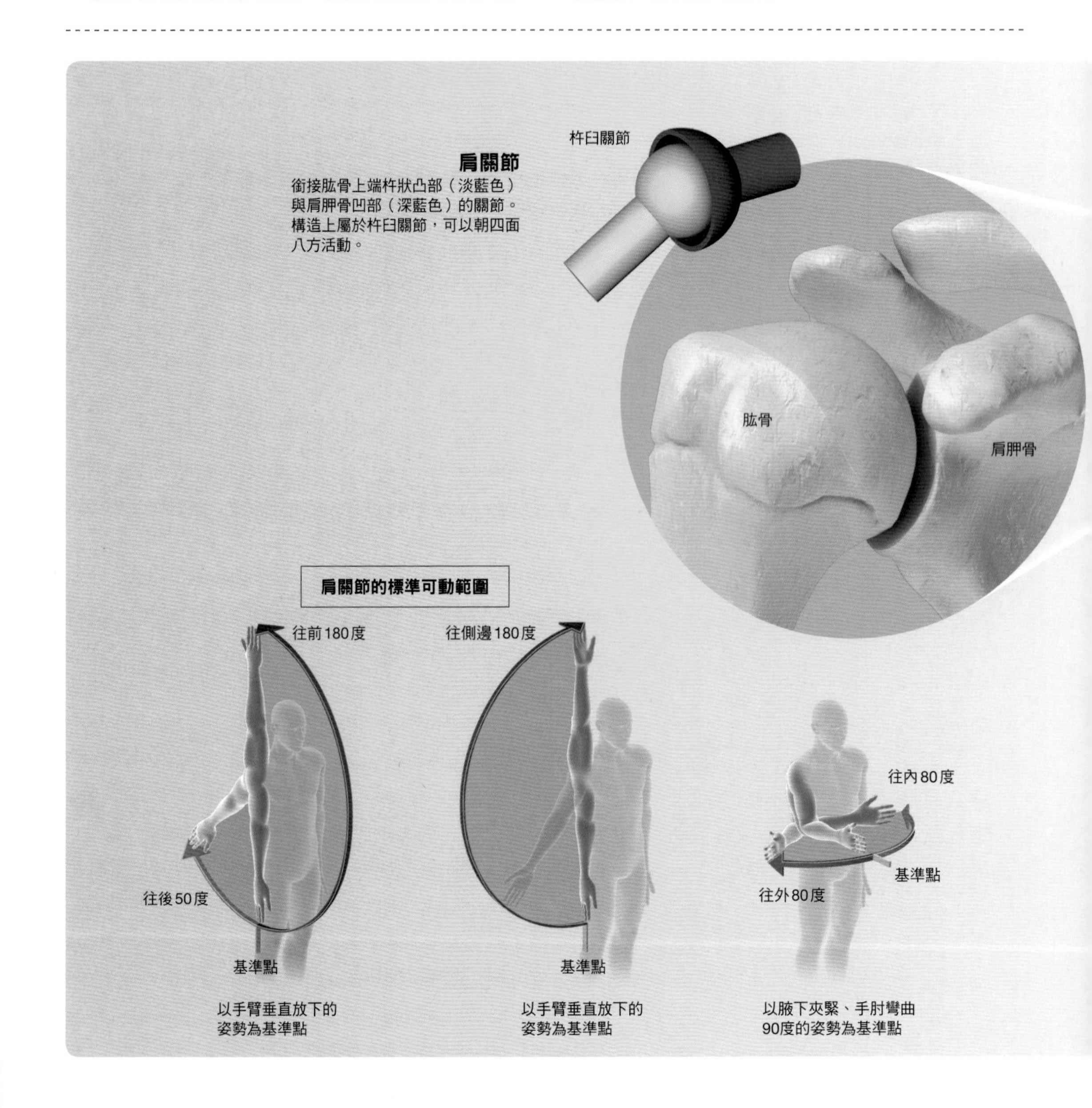

關節活動的方向取決於關節造型

肩關節與髖關節都屬於「杵臼關節」（spheroidal articulation，又稱球窩關節），由似杵的凸部與似臼的凹部組成，這種構造可以往四面八方活動。另一方面，膝、肘的關節屬於「樞紐關節」（hing joint，又稱絞合關節或屈戌關節），由圓柱狀的凸部與溝槽狀的凹部構成，像鉸鏈一樣只能單向活動。

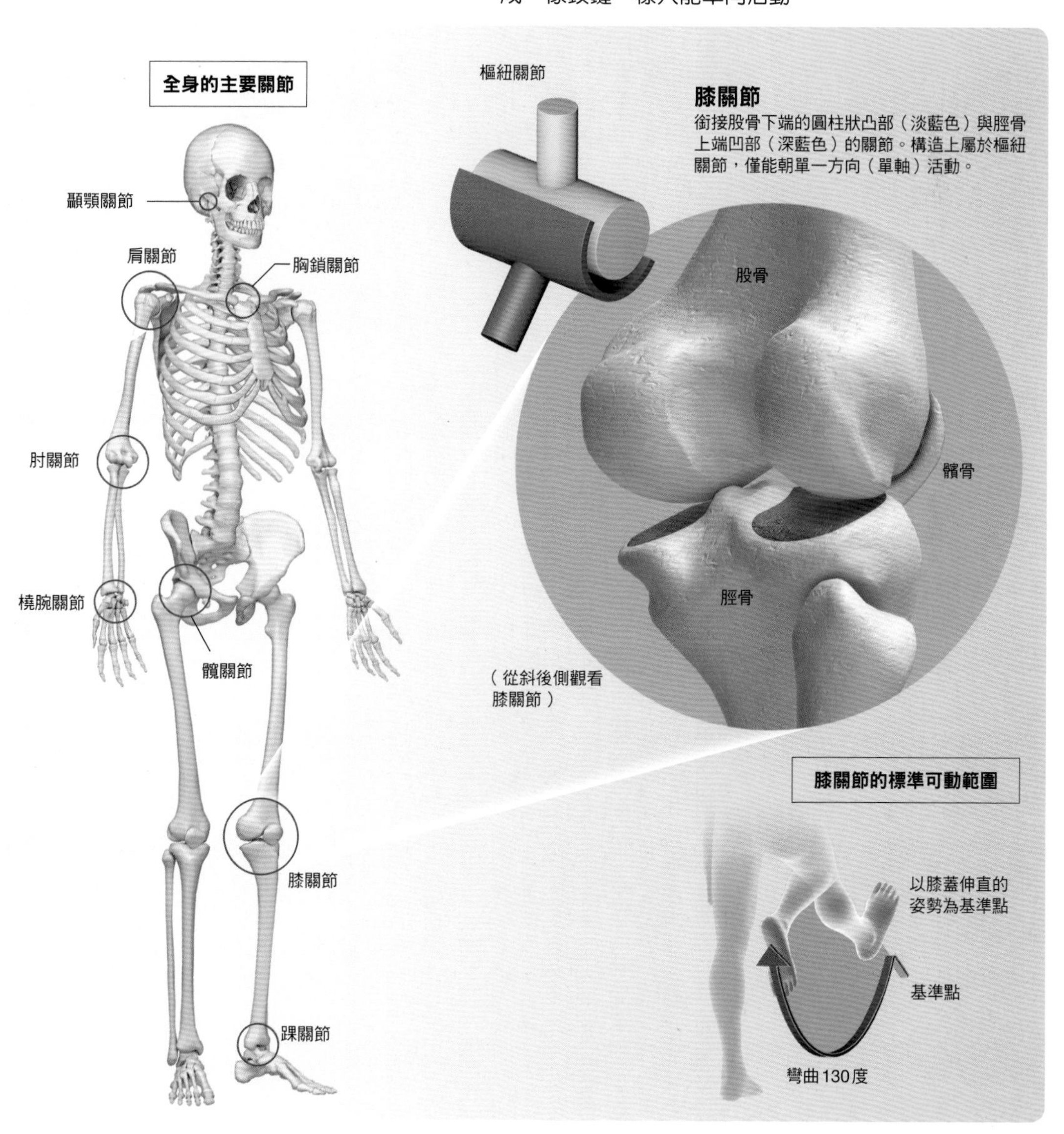

轉動手臂、抬起物品

活動肩膀與手臂的肌肉集中在上半身，其中又以位於肩膀兩側的三角肌（M. deltoides）最具代表性。三角肌最重要的功能在於牽引肩關節做出許多手臂動作，包含橫舉（肩膀外展）、前後擺動（肩膀屈曲、伸展）、橫舉後前後推拉（肩膀水平外展、水平內收）、扭轉（肩膀迴旋）等等。範圍橫跨肩胛骨的胸大肌及背闊肌也是掌控從肩膀驅動手臂揮舞的重要大肌肉。

附著於肩關節深處的小圓肌（M. teres minor）、棘下肌（M. infraspinatus）、棘上肌（M. supraspinatus）、髆下肌（M. subscapularis，又稱肩胛下肌）合稱為旋轉肌袖（rotator cuff，又稱旋轉肌群）。這些深層肌肉可以將肱骨拉向肩胛骨，維持關節穩定。

在需要奮力活動肩膀與手臂的多種競技運動中，胸大肌、背闊肌、三角肌擔任相當重要的角色。

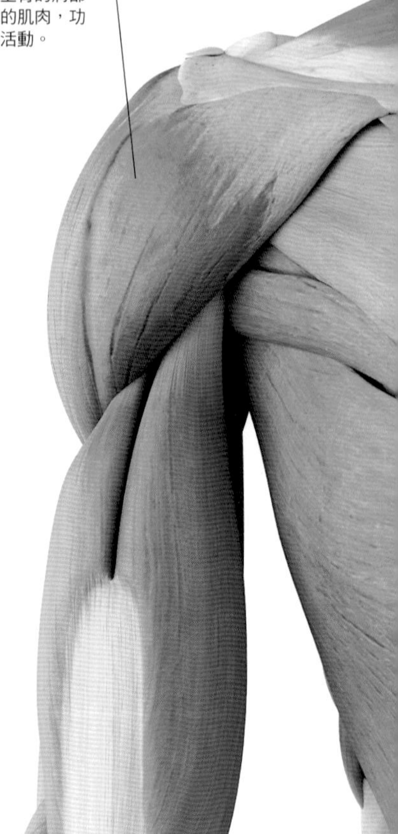

三角肌
始於鎖骨、肩胛骨，連向上臂的肩部肌肉。是上半身面積最大的肌肉，功能是控制肩膀往四面八方活動。

游泳選手的倒三角身材來自胸大肌與背闊肌

游泳時需要大幅旋轉肩膀手臂，才能產生巨大的推進力。擁有發達的胸大肌、背闊肌和三角肌，便會形塑出倒三角形的身材。

肩部肌肉

肩關節的動作不光是由肩膀周圍的三角肌及肩胛骨肌肉控制，胸大肌、背闊肌等位於胸背的肌肉也很重要。

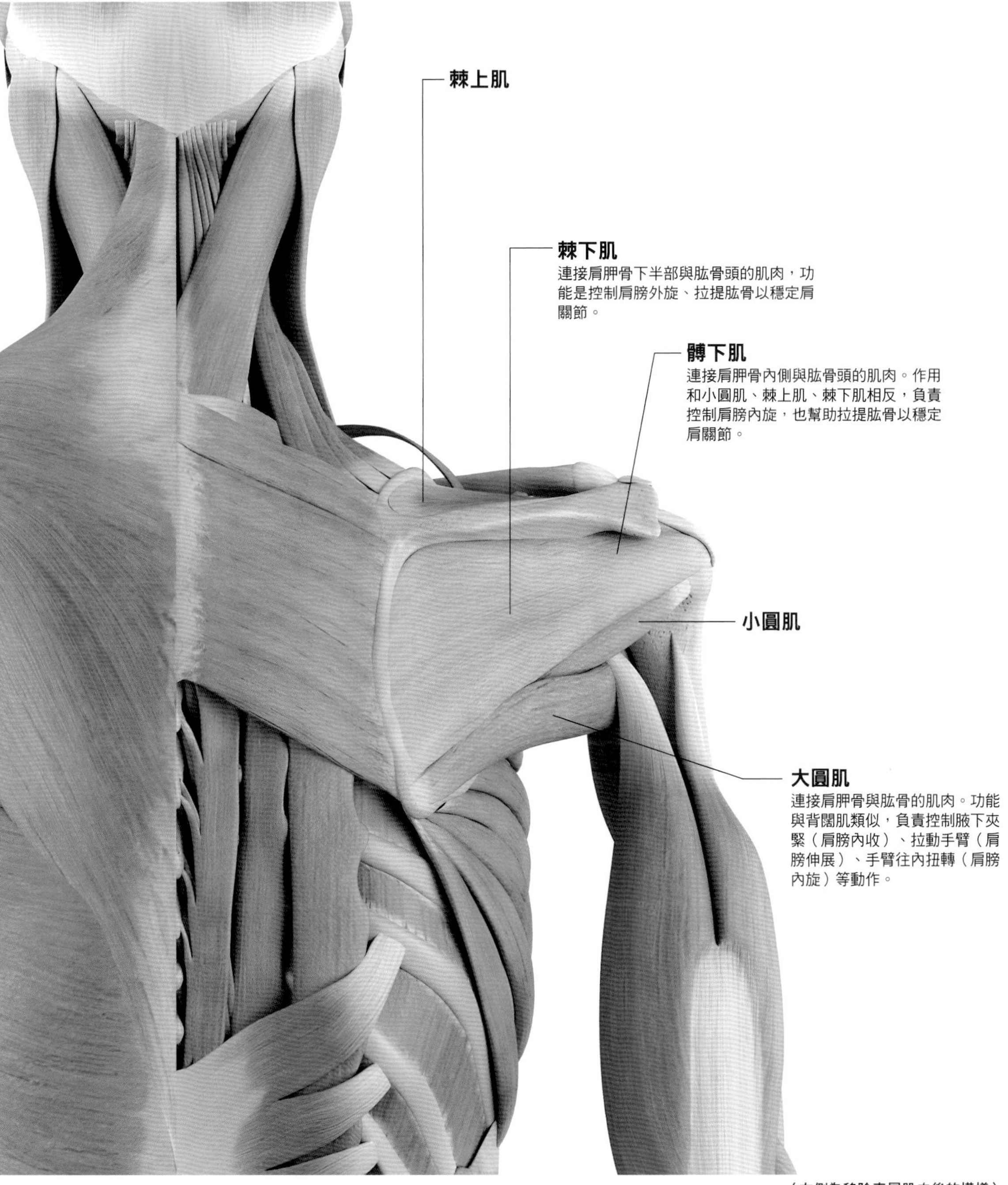

棘上肌
棘下肌
連接肩胛骨下半部與肱骨頭的肌肉，功能是控制肩膀外旋、拉提肱骨以穩定肩關節。
肩胛下肌
連接肩胛骨內側與肱骨頭的肌肉。作用和小圓肌、棘上肌、棘下肌相反，負責控制肩膀內旋，也幫助拉提肱骨以穩定肩關節。
小圓肌
大圓肌
連接肩胛骨與肱骨的肌肉。功能與背闊肌類似，負責控制腋下夾緊（肩膀內收）、拉動手臂（肩膀伸展）、手臂往內扭轉（肩膀內旋）等動作。

（右側為移除表層肌肉後的模樣）

COLUMN

運用三角肌的訓練與伸展動作

三角肌包覆於肩膀，有助於做出前後左右揮臂的動作。以下介紹幾種訓練和伸展三角肌的動作。

三角肌是上半身最大塊的肌肉，可分成三個部位：鎖骨外側的前束（anterior deltoid）、肩峰邊緣的中束（lateral deltoid）、肩胛棘下緣的後束（posterior deltoid）。可以藉由調整動作來鍛鍊不同的部位。

伸展動作

三角肌前束伸展

三角肌前束負責控制手臂前推的動作，因此將雙手交扣於背後並往後抬高手臂，即可達到伸展效果。

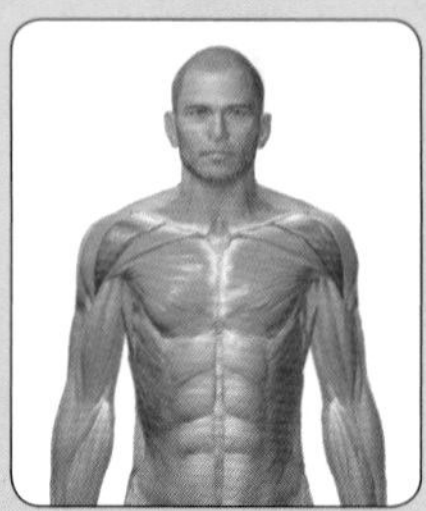

1

雙腳打開與肩同寬，雙手交扣於身體後方。

2

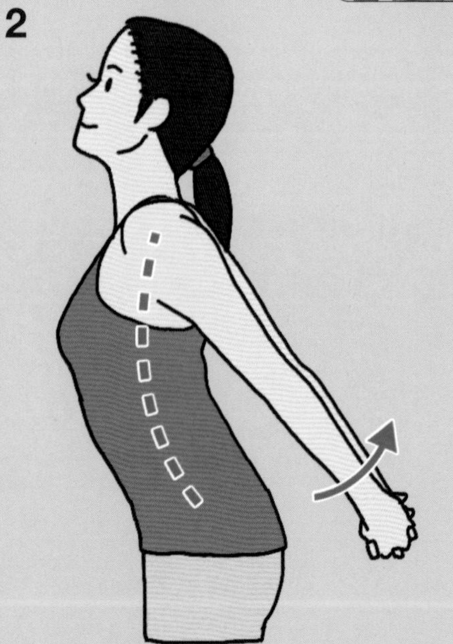

挺胸，將雙手交扣往後拉。此時應避免駝背。

訓練動作

肩上推舉

雙手握住寶特瓶上舉，可以訓練到三角肌前束與中束。

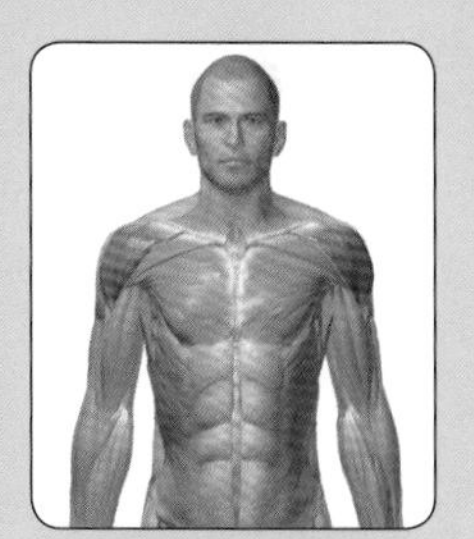

1

坐在矮凳上，雙手握住寶特瓶，擺在肩膀兩側。

2

背打直，將寶特瓶高舉過頭。往上舉時，想像寶特瓶從頭的兩側往頭頂上方畫一條弧線。

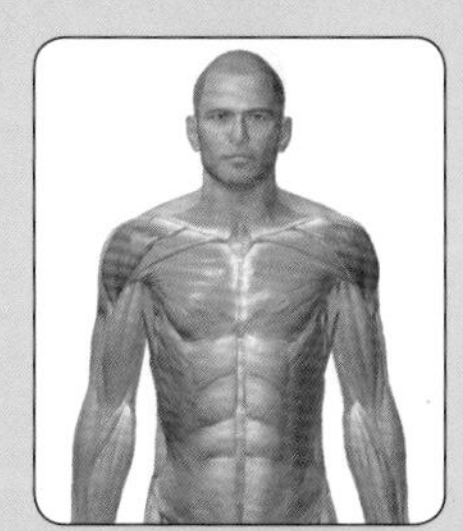

側平舉

站姿狀態下，將寶特瓶平舉至肩膀高度。可以有效鍛鍊到三角肌中束。

1

雙腳打開與肩同寬，雙手握住寶特瓶。

2

保持手肘微彎，往兩側抬起手臂至肩膀高度，注意不要聳肩。

健走有助於緩解肩頸僵硬

「肩頸僵硬」是指肩頸背部一帶的肌肉感覺硬邦邦、沉甸甸的，無論大人小孩都經常碰到這種肌肉不適的狀況。目前醫學上並未明確定義何謂肩頸僵硬，故肌肉緊繃、疲勞、不舒服、鈍痛等，通常也視為肩頸僵硬的症狀。

與肩頸僵硬相關的主要肌肉

一般認為肩頸僵硬是肩膀周圍肌肉血液循環不良、肌肉硬化所致。圖為幾種和肩頸僵硬有關的主要肌肉。

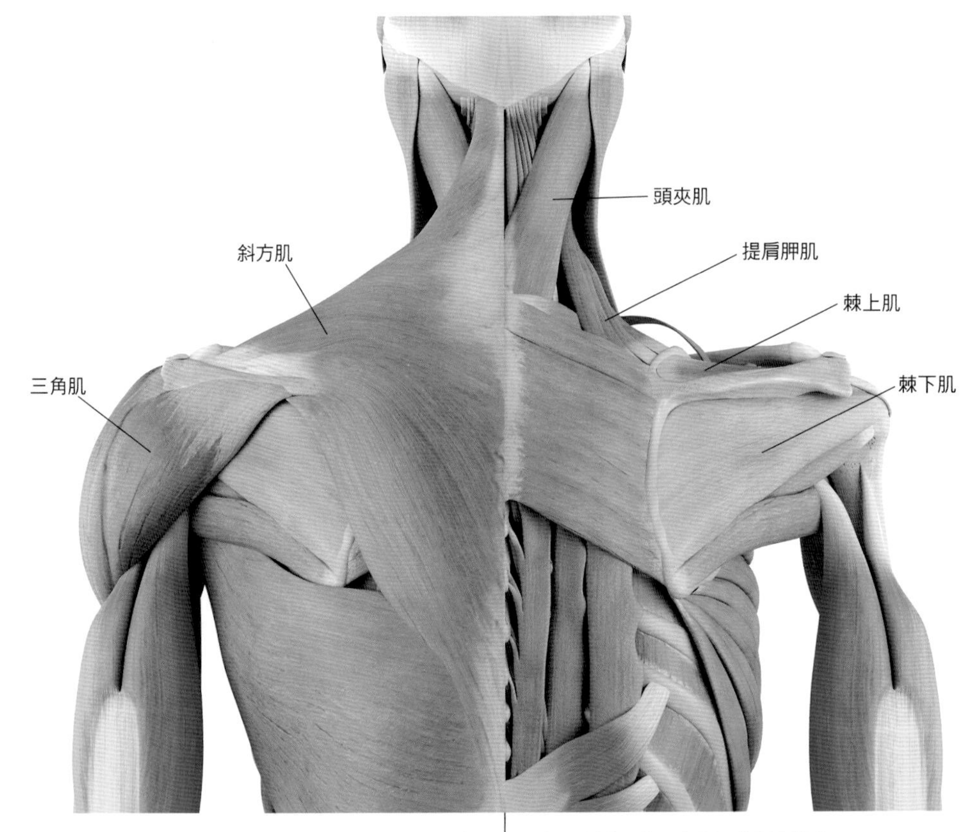

改善肌肉血液循環
緩解肩頸僵硬問題

肩頸僵硬大多發生於包覆肩關節的斜方肌，一般認為是局部血液循環不良導致肌肉僵化，才會引發前述症狀。

肩頸僵硬的肇因很多，而且往往都是多種原因共同造成，因此目前沒有一套標準的治療方式。一般來說，只要改善肌肉血液循環就能夠有效舒緩肩頸僵硬，所以像是健走這類能活動到肩膀周圍的全身運動就是一種好方法。

進行全身運動

肩頸僵硬的原因及機轉尚待查明，不過改善血液循環能有效緩解不適症狀。可以從到公園健走這類較輕鬆的運動開始著手。

使勁彎曲、伸展手肘

肩膀到手肘這一段手臂稱作上臂（肱）。上臂有主要負責屈伸手肘的肱二頭肌、肱三頭肌、肱肌等肌肉。

上臂正面的肱二頭肌兩端連著肩胛骨與肱骨，是橫跨肩關節與肘關節的雙關節肌（two-joint muscle）。其主要功能在於彎曲手肘，以及帶動手臂做出前舉（肩膀屈曲）、側抬後向前推出（肩膀水平內收）等動作。

上臂背面的肱三頭肌從肩胛骨、肱骨一路連向尺骨（前臂背面的骨頭），和肱二頭肌一樣是橫跨肩、肘關節的雙關節肌。肱三頭肌主要負責伸展手肘，還有控制將前舉的手臂放下來（肩膀伸展）等動作。

而被肱二頭肌包住的肱肌，功能也是彎曲手肘。

就投球動作而言，上臂肌肉反而是一種負擔

各項運動重視的肌肉都不一樣。舉例來說，我們經常形容速球型投手「臂力很強」，但其實投球動作主要是靠背闊肌及胸大肌牽引手臂扭轉（肩膀內旋）、揮動肩膀與手臂，過程中幾乎用不到上臂肌肉。對投手來說，上臂肌肉太壯碩反而是一種負擔。

上臂肌肉

負責彎曲手肘的肱二頭肌和伸展手肘的肱三頭肌互為拮抗肌（antagonistic muscle，一個動作中呈現相反運動狀態的肌肉），兩者會共同完成手肘的屈伸動作。負責伸展手肘的肱三頭肌是上臂最大、最有力的肌肉。

肱二頭肌

即彎肘時手臂上隆起的那塊肌肉。由於肌肉的一端分成短頭與長頭，故稱為二頭肌。彎肘提物時就會用到肱二頭肌。

肱三頭肌

由於肌肉的一端分成長頭、外側頭、內側頭，故稱為三頭肌。靠近腋下的長頭連著肩胛骨，內、外側頭連著肱骨。拿鐵鎚敲打這類需要伸展手肘的動作會用到肱三頭肌。

肱肌

位於肱骨正面，連接肱骨與尺骨。屬於單關節肌，僅參與彎曲肘關節的動作。

肱橈肌

自由自在活動手腕

前臂是指手肘到手腕之間的部位。前臂肌肉有大量負責活動手腕與手肘的肌肉，其中，負責握拳、讓手腕往手心方向彎曲的肌肉主要分布在前臂內側；負責開掌、讓手腕往手背方向彎曲的肌肉主要分布在前臂外側。

前臂內側還有負責彎曲手腕與手指的屈指深肌、屈指淺肌（M. flexor digitorum superficialis）、掌長肌（M. palmaris longus）等。另一方面，外側還有負責伸展手腕與手指的伸指總肌（M. extensor digitorum communis）等。

前臂肌肉不僅有助於在平時各種狀況下靈活運用手腕，運動時也能發揮強勁的力量，例如排球扣球時的手腕動作、騎馬時握緊韁繩的動作等。

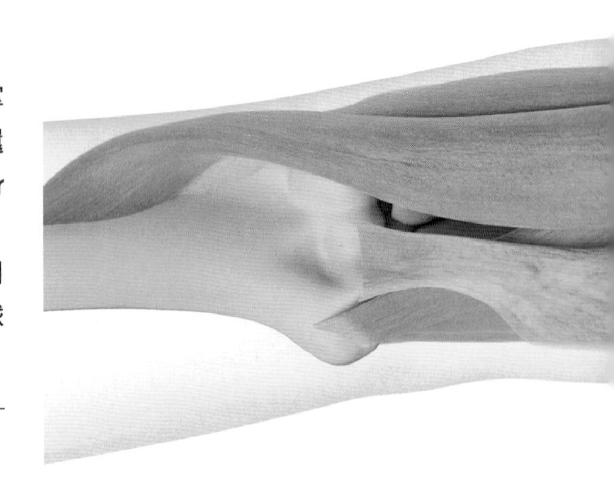

排球的扣球動作

扣球時必須運用手腕的靈活度，在手掌觸球瞬間下壓手腕，才能擊出強而有力的一球。

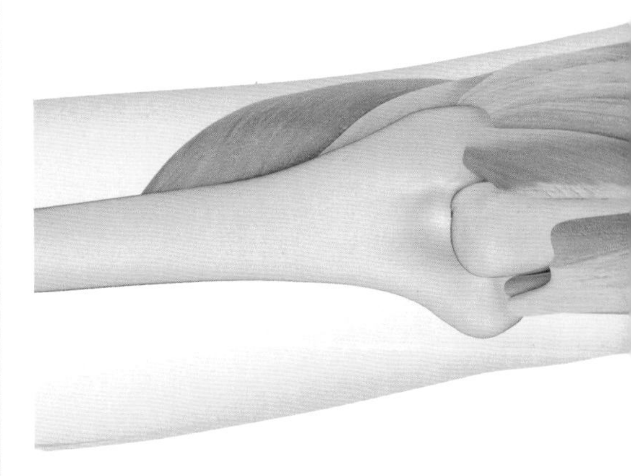

前臂肌肉

前臂的伸肌與屈肌互為拮抗肌，共同控制手腕各種細膩的動作。

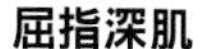

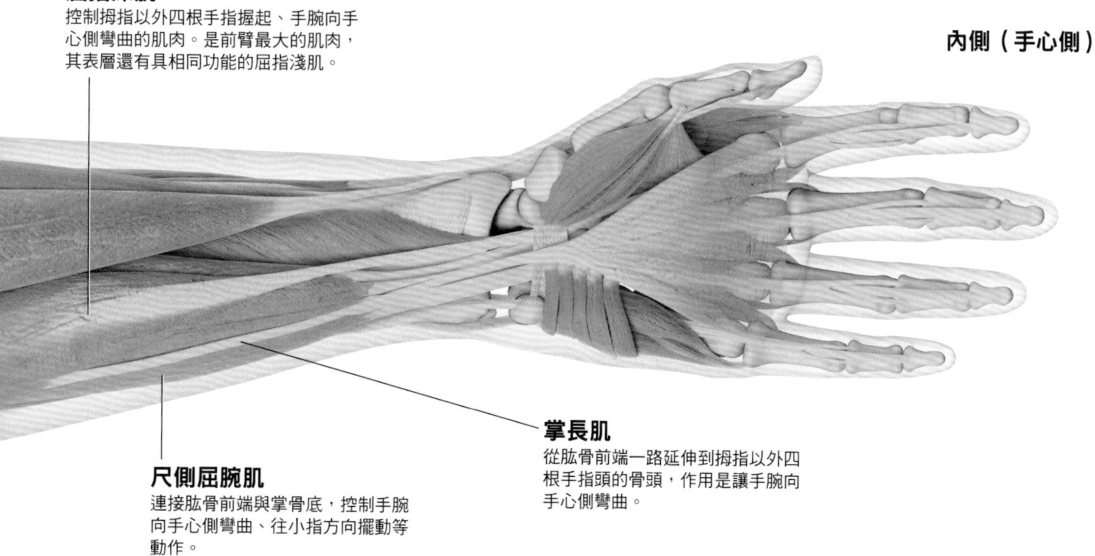

內側（手心側）
屈指深肌
控制拇指以外四根手指握起、手腕向手心側彎曲的肌肉。是前臂最大的肌肉，其表層還有具相同功能的屈指淺肌。
尺側屈腕肌
連接肱骨前端與掌骨底，控制手腕向手心側彎曲、往小指方向擺動等動作。
掌長肌
從肱骨前端一路延伸到拇指以外四根手指頭的骨頭，作用是讓手腕向手心側彎曲。

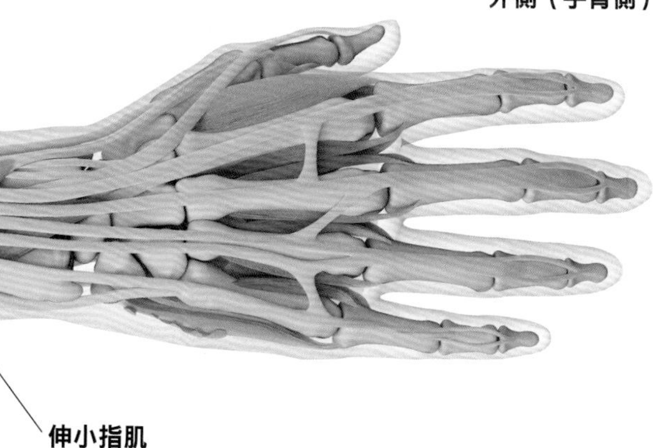

外側（手背側）
尺側伸腕肌
連接肱骨前端與掌骨底，控制手腕向手背側彎曲、往拇指方向擺動等動作。
伸指總肌
從肱骨前端一路延伸到拇指以外四根手指頭的前端，主要功能是伸展手指、讓手腕向手背側反彎。
伸小指肌
從肱骨前端一路延伸到小指前端，主要功能是伸展小指。

COLUMN

根據肌肉性質選擇合適的訓練

上臂正面有圓鼓鼓的肱二頭肌，背面則有肱三頭肌。

肱二頭肌屬於梭肌（平行肌），特色是肌束又大又長，且收縮速度快。不過垂直於收縮方向的單位截面積肌纖維數量較少（較細）。

肱三頭肌屬於羽狀肌，肌束較短，但垂直於收縮方向的單位截面積肌纖維數量較多。因此，在相同體積的情況下，羽狀肌通常較粗而有力。

就上述肌肉特徵而言，平行肌應適合活動範圍較大的訓練動作，羽狀肌則適合負重較大的重量訓練。

伸展肱三頭肌

手肘上舉過頭後彎曲，可以拉伸肱三頭肌。肱三頭肌的範圍橫跨肩、肘兩處關節，所以深深彎曲肘關節再活動肩關節，即可達到伸展效果。

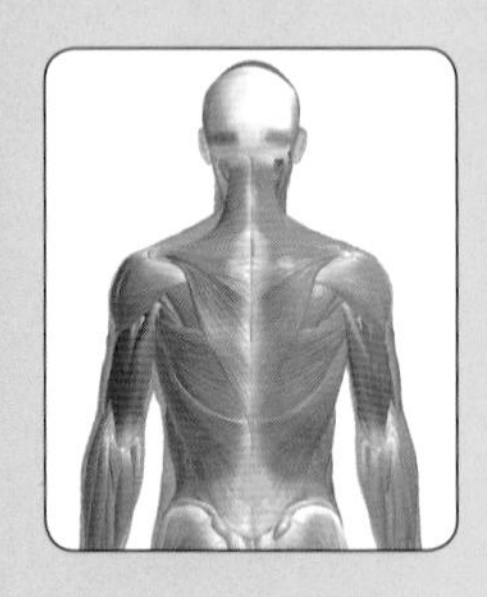

1

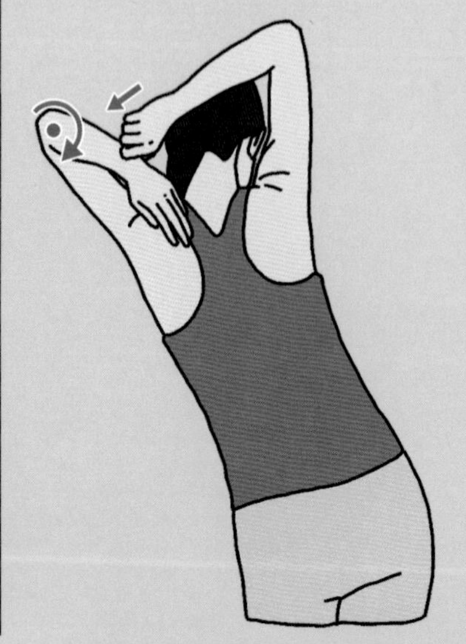

一手高舉過頭後彎曲手肘，另一隻手壓緊彎曲手的手腕，讓手肘彎到極限。

2

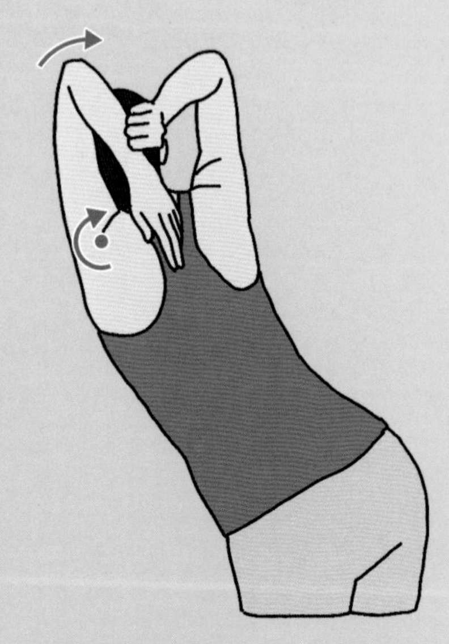

保持手肘深深彎曲的狀態，將手臂往頭的方向推，伸展肱三頭肌。

板凳撐體

以自身體重為負重，借助矮凳反覆屈伸手肘，即可訓練肱三頭肌。

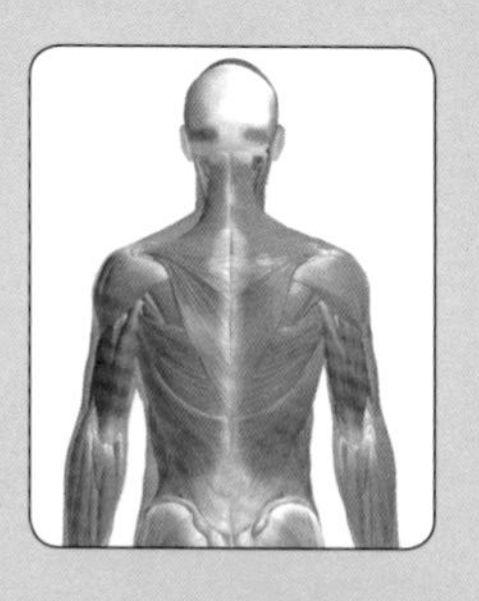

1

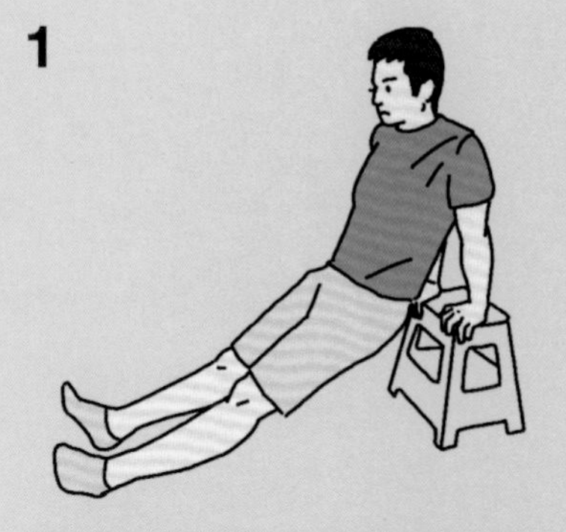

雙手擺在身後的矮凳上，雙手間距與肩膀同寬。兩腳膝蓋保持伸直。

2

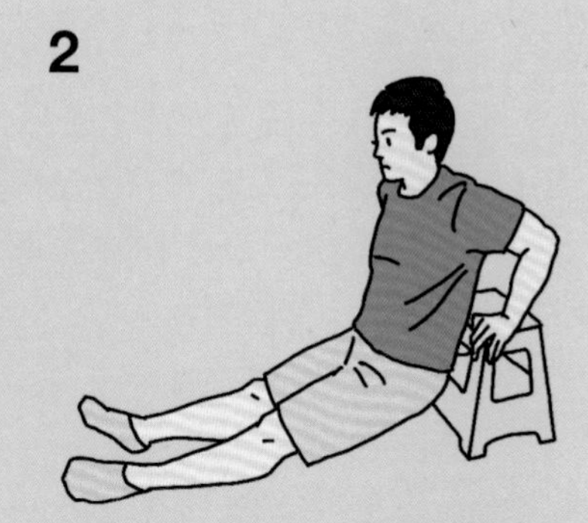

保持上半身筆直，彎曲手肘讓整個身體往下沉。接著慢慢伸直手肘，回到原本的位置。

二頭彎舉

彎曲手肘、舉起啞鈴後再放下，就可以訓練到肱二頭肌、肱肌、肱橈肌等肘部屈肌。

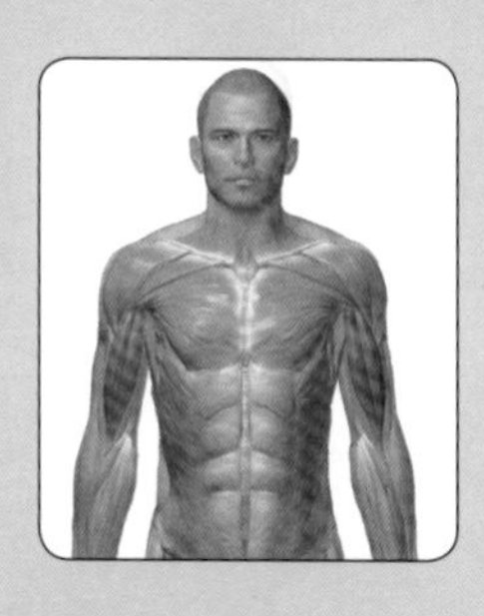

1

直立站穩腳步，雙手手掌朝前並握住寶特瓶。

2

單手彎肘舉起寶特瓶，感覺從小指頭的部分施力舉起。

3

緩慢放下寶特瓶，換另一隻手彎舉。動作時應固定手肘位置，不要前後搖擺。

COLUMN

組成肌肉的蛋白質

肌肉是由大量蛋白質構成，而蛋白質又是由大量「胺基酸」（amino acid）聚合而成。自然界存在數百種胺基酸，構成人體的蛋白質只有其中的20種（20種由遺傳密碼決定的胺基酸）。在這20種胺基酸中，有11種是人體可自行合成的「非必需胺基酸」（nonessential amino

富含蛋白質的食物

肉類、豆類、花椰菜、抱子甘藍都含有豐富的蛋白質。

acid），剩下9種則是只能透過飲食攝取的「必需胺基酸」（essential amino acid）。

建構肌肉的蛋白質約有20%屬於「支鏈胺基酸」（branched chain amino acid，BCAA），也就是纈胺酸、白胺酸以及異白胺酸這三種胺基酸。研究認為支鏈胺基酸可以促進蛋白質合成肌肉，以及避免激烈運動後肌肉蛋白質分解，除此之外還有提高肌耐力的效果。

透過飲食攝取蛋白質

想要補充組成肌肉所需的蛋白質，最簡單的方法就是「吃肉」。

一般認為，食用哺乳類動物的肉更能有效促進肌肉生長，因為其中的胺基酸成分與人體肌肉較為接近。話雖如此，黃豆等植物性蛋白質對身體也有益處。為了健康著想，最好還是多吃不同的食物以攝取各種蛋白質。

胺基酸的種類

組成生物身體的胺基酸共有20種，包含人體可自行合成的非必需胺基酸，以及只能透過飲食攝取的必需胺基酸。

非必需胺基酸	必需胺基酸
酪胺酸（tyrosine）	異白胺酸（isoleucine）
半胱胺酸（cysteine）	白胺酸（leucine）
天門冬胺酸（aspartic acid）	離胺酸（lysine）
天門冬醯胺酸（asparagine）	甲硫胺酸（methionine）
絲胺酸（serine）	苯丙胺酸（phenylalanine）
麩胺酸（glutamic acid）	蘇胺酸（threonine）
麩醯胺酸（glutamine）	色胺酸（tryptophane）
脯胺酸（proline）	纈胺酸（valine）
甘胺酸（glycine）	組胺酸（histidine）
丙胺酸（alanine）	
精胺酸（arginine）	

COLUMN

為什麼不能攝取過多蛋白質

蛋白質是由胺基酸構成。胺基酸含氮，在燃燒提供能量的過程中會產生毒性強烈的氨，而人體會藉由將氨轉化成尿素來排除。

假如攝取過多蛋白質，我們的身體就需要產生更多尿素，才能將大量累積的氨排出體外。

這個過程會造成相關器官的負擔，包含負責

各種食品的蛋白質含量

節錄自日本文部科學省公布之食品成分表（2020年版第8次修訂）中食品所含的蛋白質。

食品名稱	每100公克的蛋白質含量（公克）
和牛腿（烤）	27.7
豬里肌（烤）	39.3
雞柳（水煮）	29.6
鰤魚（烤）	26.2
竹筴魚乾（烤）	24.6
牛奶	3.2
水煮蛋	12.5

將氨轉化成尿素的肝臟、協助將尿素排出體外的腎臟。

再者，尿素本身雖然無毒，但研究也指出胺基酸生成氨的過程可能會對許多內臟造成不好的影響。

因此，攝取過量的蛋白質對人體來說並不是件好事。

蛋白質建議攝取量

根據日本厚生勞動省公布的資料，30歲至49歲的成年人一天應攝取60公克的蛋白質。至於維持肌肉量所需的蛋白質分量，應按照本身體重來計算，體重幾公斤就該攝取幾公克的蛋白質。運動員則需攝取2倍的分量。

即使攝取過量蛋白質，肌肉的合成量也幾乎不會改變。我們吃下的蛋白質僅有一部分會用於增肌，剩下的可能都會成為熱量來源，產生危害身體的氨。有在食用營養補充品的人更應多加注意蛋白質含量，以免不小心攝取過頭。

勿攝取過量

胺基酸含有氮，攝取過量蛋白質恐對肝腎造成負擔，甚至對其他內臟帶來不好的影響。

手指靈活屈伸才能順利握物

每根手指都有許多細小肌肉，有助於做出細膩的手部動作。手心側的肌肉以負責彎曲手指的屈肌為主，手背側則以負責伸展手指的伸肌為主。

比較特別的是拇指。拇指與其他手指方向相對且經常獨立活動，因此肌肉組成更為複雜。除了屈肌（彎曲手指的肌肉）和伸肌（伸展手指的肌肉）之外，還有兩對一長一短的外展肌讓拇指得以做出遠離食指的動作（外展），以及能藉由食指及拇指做出捏起動作（內收）的內收肌等等。

手部肌肉分成內在肌群與外在肌群。手掌與手指上的內在肌群負責控制細微的動作；從前臂連向指尖的外在肌群擁有較長的肌腱，負責出力。

人類的手可以從事精密作業

人類的拇指不只與其他四根手指方向相對，也擁有獨立於其他手指的發達肌肉。因此，透過拇指與其他四根手指頭合作，就能做出其他動物模仿不來的細膩動作。

手部肌肉

屈拇短肌（M. flexor pollicis brevis）與屈拇長肌（M. flexor pollicis longus）、伸拇短肌（M. extensor pollicis brevis）與伸拇長肌（M. extensor pollicis longus）皆為一長一短的肌肉組合，合力完成同一項動作。活動拇指以外四根手指的肌肉大多相連在一起，例如伸指總肌。

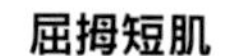

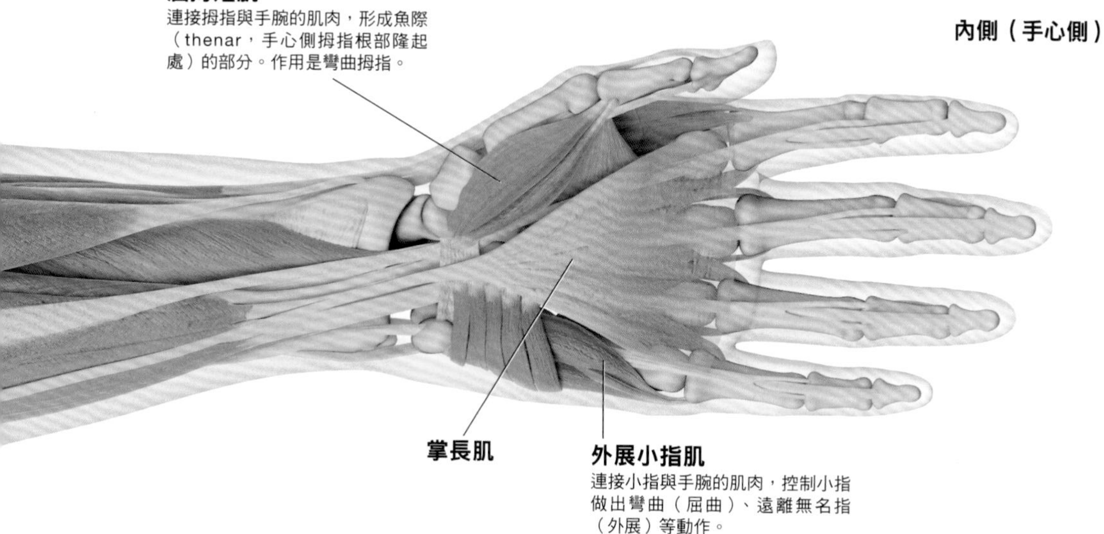

內側（手心側）
屈拇短肌
連接拇指與手腕的肌肉，形成魚際（thenar，手心側拇指根部隆起處）的部分。作用是彎曲拇指。
掌長肌
外展小指肌
連接小指與手腕的肌肉，控制小指做出彎曲（屈曲）、遠離無名指（外展）等動作。

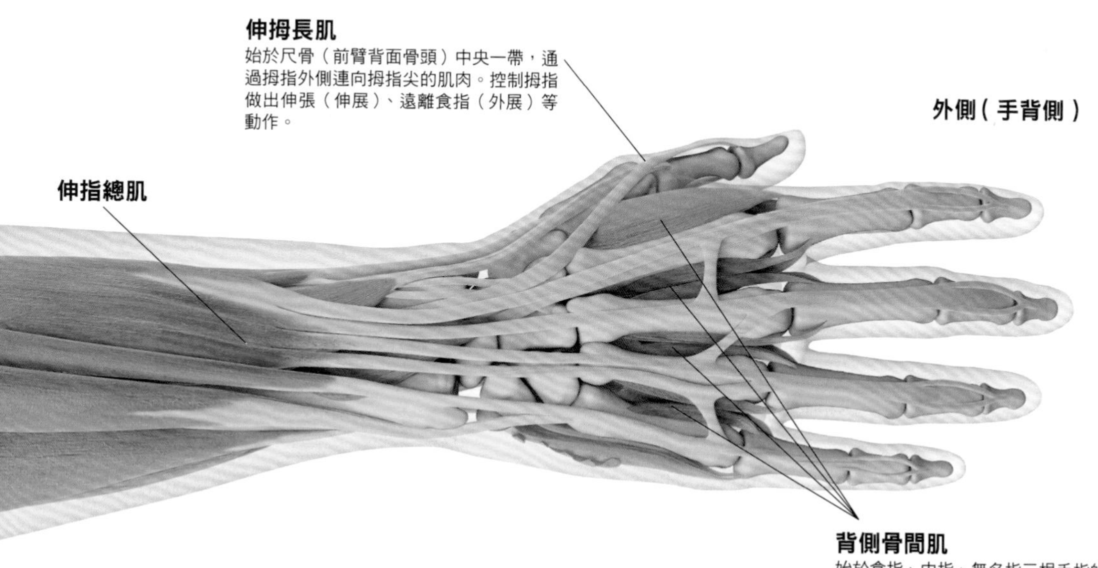

外側（手背側）
伸拇長肌
始於尺骨（前臂背面骨頭）中央一帶，通過拇指外側連向拇指尖的肌肉。控制拇指做出伸張（伸展）、遠離食指（外展）等動作。
伸指總肌
背側骨間肌
始於食指、中指、無名指三根手指的掌骨中間，在指骨基部附近將相鄰指骨連在一起的肌肉。控制開掌等動作。

翻轉手腕其實是肘關節的動作

手腳的肌肉不僅能夠屈曲、伸展關節，還能扭轉骨頭。肘關節活動牽引前臂扭轉的動作稱為「旋前」(pronation)與「旋後」(supination)。

旋前為肘關節帶動前臂往內翻，亦即當我們直立且雙手自然下垂時，手掌朝向身體背面的狀態；旋後為肘關節帶動前臂往外翻，亦即當我們直立且雙手自然下垂時，手掌朝向身體正面的狀態。這兩個動作乍看之下是手腕扭轉的活動，但其實動到的部位是肘關節。

前臂的兩根骨頭（尺骨與橈骨）在旋前時會相互交叉，旋後時會相互平行。

參與旋前動作的肌肉有旋前圓肌（M. pronator teres）、旋前方肌（M. pronator quadratus）、橈側屈腕肌（M. flexor carpi radialis）。參與旋後的肌肉則有肱二頭肌、旋後肌（M. supinator）、肱橈肌。

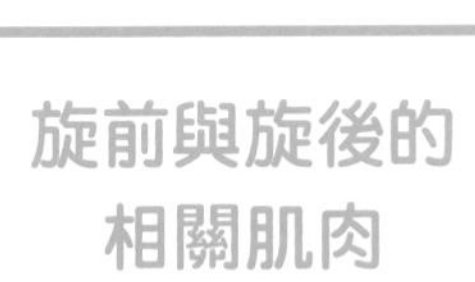

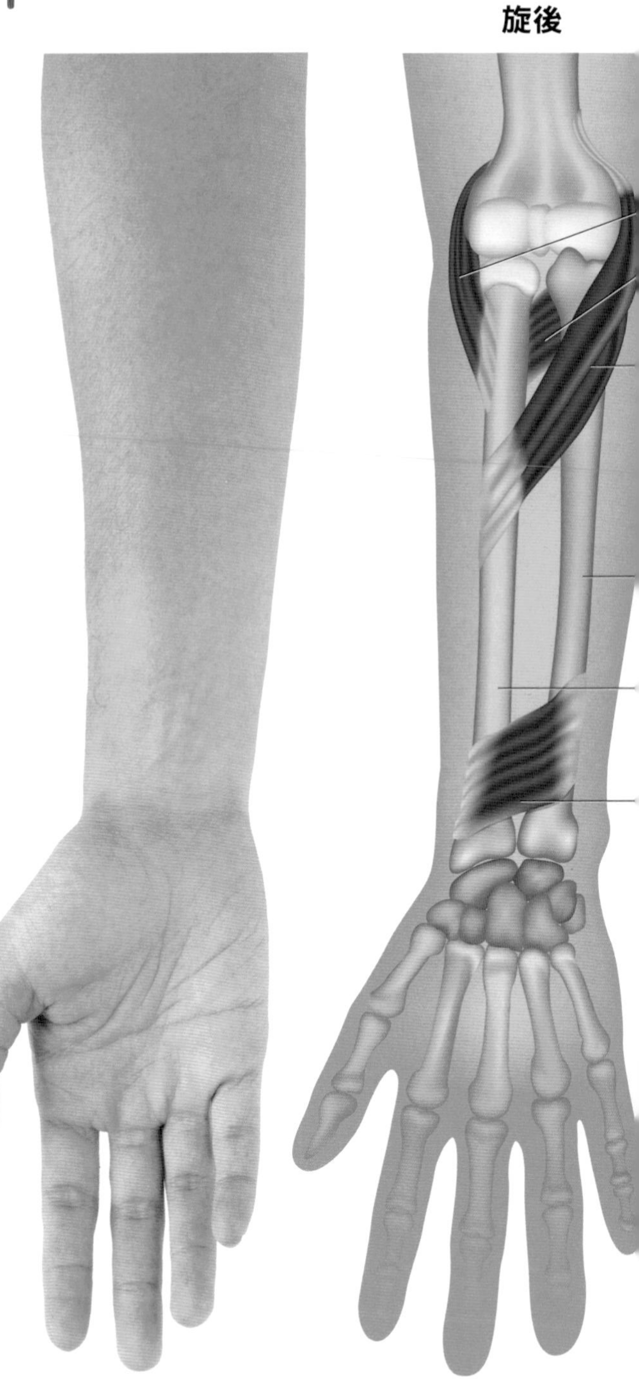

手肘旋後狀態（左）與旋前狀態（右）的骨頭與相關肌肉示意圖。

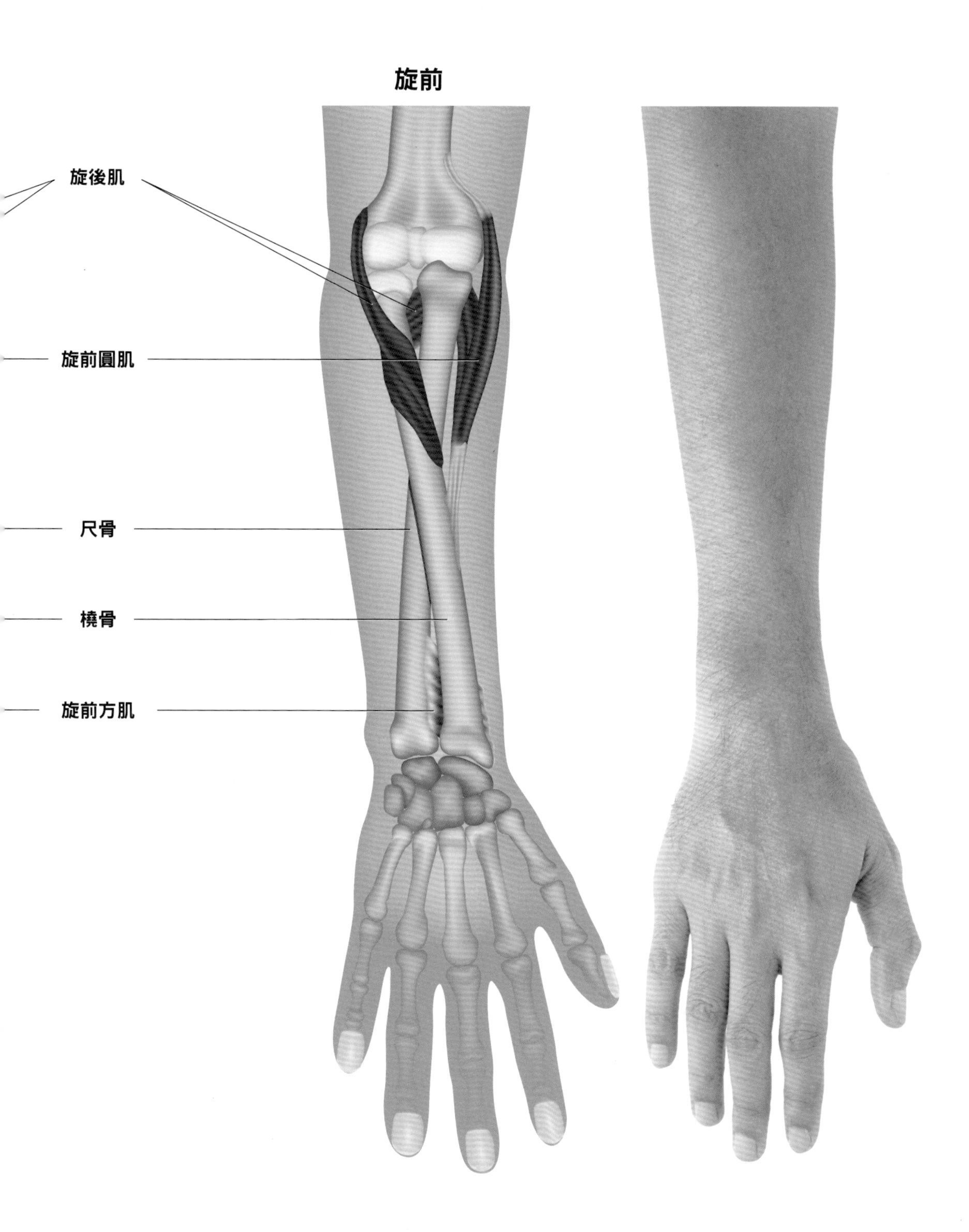
旋前
旋後肌
旋前圓肌
尺骨
橈骨
旋前方肌

COLUMN

世界各國流傳的大力士傳說

許多國家都有關於神力英雄的傳說，例如古希臘就流傳著這麼一則故事。

克羅托內的大力士米洛

約莫西元前6世紀時，古希臘殖民地克羅托內（Crotone）有一位戰無不勝的角力選手，人稱克羅托內的大力士「米洛」（Milo）。米洛於大小賽事的角力項目連戰連勝，甚至於古代奧運創下6連霸的佳績，足足24年都不曾跌落王座。

據說米洛幼時便經常揹著牛犢行走，鍛鍊肌肉。儘管牛犢日日成長、體重年年增加，米洛依舊日復一日地揹著那頭牛走來走去，最後鍛鍊出一副扛著成牛依然健步如飛的強健體魄。

傳說米洛還曾經在房屋倒塌時撐住屋頂，救了知名數學家畢達哥拉斯（Pythagoras，前582左右～前496左右）一命。這名留下無數美談的大力士，最後是在試圖徒手劈開樹木時，因手臂卡在樹幹裡動彈不得，不幸遭到獅子襲擊而身亡。如今表現他英姿的雕像由法國羅浮宮館藏。

熊本的橫手五郎

日本傳說中也有一位有辦法扛起牛隻的大力士。這人名叫橫手五郎，1585年生於現今的熊本縣。據說他5歲時就能獨力扛起一袋米，還曾在知名武將加藤清正出巡時扛走一頭擋路的牛，讓隊伍順利通過。

五郎的下場十分悽慘。加藤清正其實是五郎的殺父仇人，當年謀殺了其父木山彈正。五郎一心報仇，於是以工人身分潛入當時正在建造的熊本城。雖然五郎力大無窮且工作勤奮，復仇計畫卻不幸敗露，最後慘遭活埋在井底。

熊本縣阿蘇市有一座祭祀五郎的神社，名叫橫手阿蘇神社。

遭獅子襲擊的米洛

收藏於羅浮宮的米洛雕像示意圖。作者為法國畫家暨雕刻家普傑（Pierre Puget，1620～1694）。

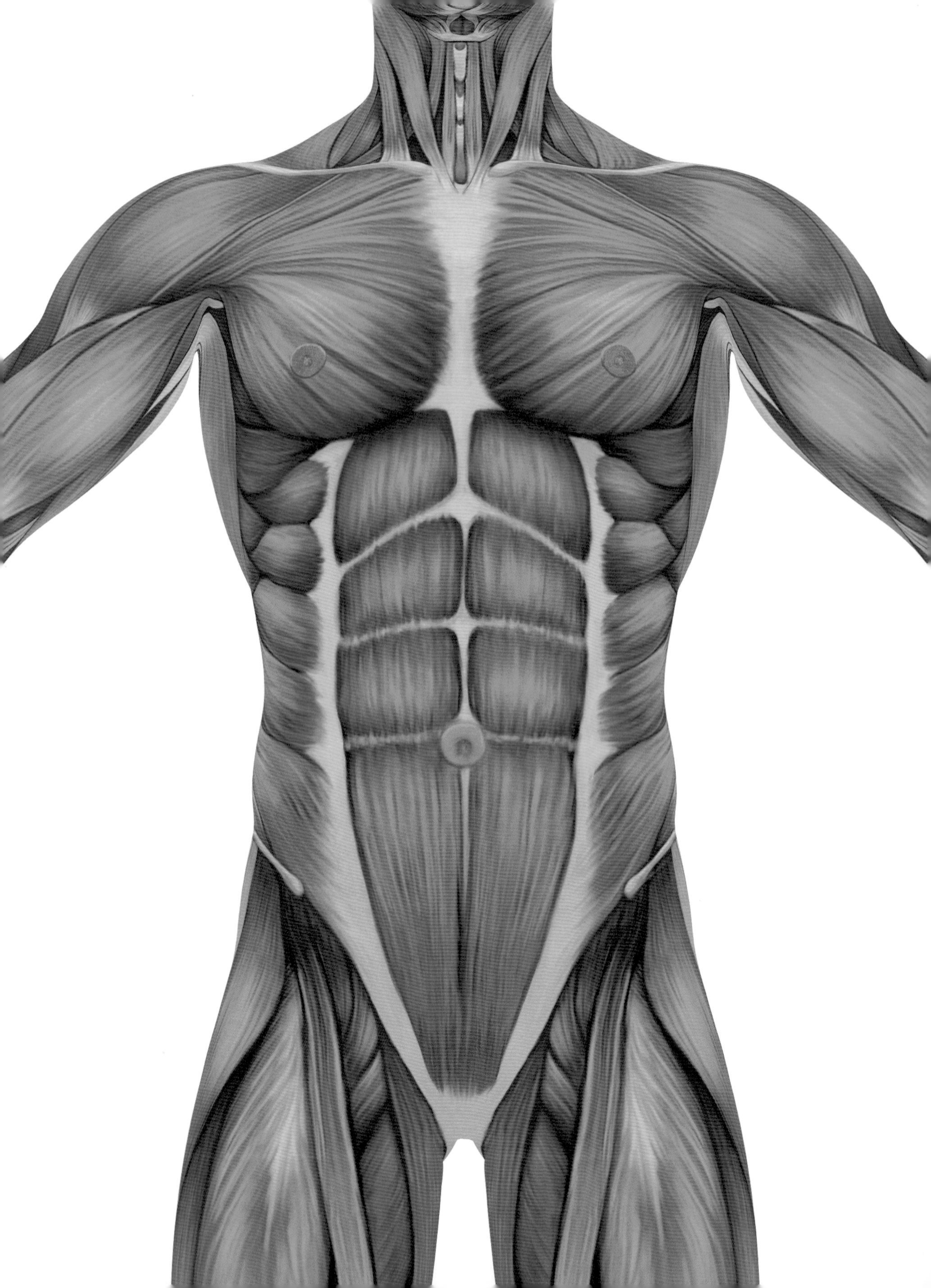

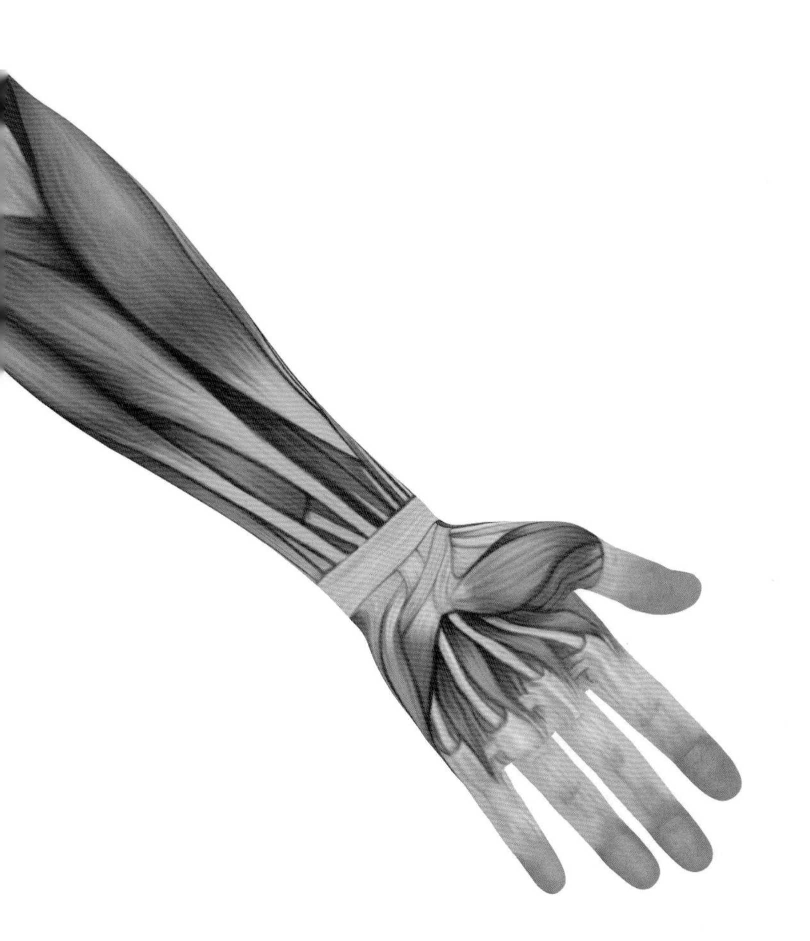

4
軀幹的肌肉
Muscles of body

活動身體、維持姿勢的肌肉

肩關節是由包覆於三角肌內的一群小肌肉共同支撐，這些肌肉合稱為旋轉肌袖。這種位於身體深處，主要負責支撐關節的肌肉稱作深層肌肉。

象徵健壯體態的厚實胸膛正式名稱為「胸大肌」（M. pectoralis major），作用是活動肩膀

維持姿勢的軀幹肌肉

軀幹是由身體正面的腹部肌群與背面的背部肌群共同支撐。塊塊分明的腹直肌雖然是健美的象徵，但背部肌群才是主要負責支撐身體姿勢的肌肉。

與手臂。腹肌也是比較顯眼的軀幹肌肉之一，正式名稱為腹直肌（M. rectus abdominis），作用是讓軀幹做出前彎的動作。

背部上有「斜方肌」、下有「背闊肌」（M. latissimus dorsi）。背闊肌是人體面積最大的肌肉，善加訓練即可塑造出倒三角形的體態。脊椎背面有一群稱作豎脊肌（M. erector spinae）的肌肉，從背後支撐著脊椎。

上半身肌肉的退化速度沒有下半身肌肉那麼快。在所有軀幹肌肉中，又以幫助維持軀幹姿勢的背部肌群特別重要。姿勢不良恐會影響內臟運作，或是造成脊椎不正常彎曲，所以我們應當好好鍛鍊軀幹的肌肉才能防患未然。

使出肩關節與肩胛骨的力量

胸部肌肉的主要作用是活動肩關節與肩胛骨，其中，位於表層的胸大肌幾乎蓋住了整片胸口。胸大肌不僅在手臂前推（肩膀水平內收、屈曲）的動作上發揮關鍵作用，也能牽引肱骨向內扭轉（內旋）。

除此之外，被胸大肌覆蓋的胸小肌（M. pectoralis minor）負責牽引肩胛骨下放、旋轉（下旋）。腋窩底下的前鋸肌（M. serratus anterior）則是肩胛骨前推（外展）時會用到的重要肌肉。

胸部肌肉還包含從胸部連向背部的外肋間肌（external intercostals）與更深層包住肋骨的內肋間肌（internal intercostals）等等。

擲鉛球

鉛球選手主要是運用肩膀水平內收的力量做出投擲動作，所以手臂肌肉和胸大肌格外發達。胸大肌在投球、揮網球拍等肩膀內旋動作上都扮演著重要的角色。

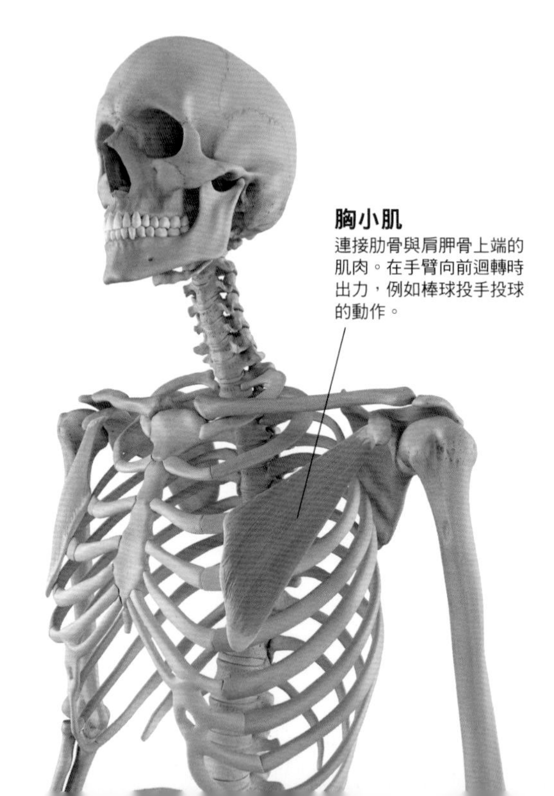

胸小肌
連接肋骨與肩胛骨上端的肌肉。在手臂向前迴轉時出力，例如棒球投手投球的動作。

胸部肌肉

胸大肌依肌纖維走向分成三個部分：上部的肌纖維是從鎖骨往斜下連向肱骨，中間部分為水平延伸，下部則由下往斜上延伸，每個部分的活動方向有所不同。外肋間肌與內肋間肌有輔助呼吸的作用，故也稱作呼吸肌。

胸大肌
從鎖骨、胸骨、腹直肌連向肱骨，構成胸膛的肌肉。也是胸部最大的一塊肌肉。

前鋸肌
連接肋骨與肩胛骨內側的肌肉，主要負責將肩胛骨往前推出。功能在於活動肩膀，帶動手臂向前伸出，例如拳擊的出拳動作。

外肋間肌（深層）
填滿肋骨間隙的肌肉。可以牽引肋骨上提，幫助吸氣。

內肋間肌（深層）
填滿肋骨間隙的肌肉，位置比外肋間肌更深。作用和外肋間肌相反，負責牽引肋骨下降，幫助吐氣。

COLUMN

鍛鍊 胸部肌肉

胸部和肩膀的肌肉大約從50歲就會開始退化，因此建議45歲左右開始加強訓練上半身的肌肉。

伏地挺身可以鍛鍊到胸部的胸大肌、包覆肩關節的三角肌前束，以及上臂背面的肱三頭肌。如果有機會上健身房，仰臥推舉也是不錯的選擇。

雖然胸大肌的肌纖維走向不一，不過仰臥推舉和伏地挺身都能鍛鍊到胸大肌整體。若打算個別鍛鍊胸大肌的不同部分，可以調整臥推板的角度來改變推舉方向。

這種牽動到好幾種肌肉的運動稱作複合動作（compound movement），比方說仰臥推舉會同時訓練到胸大肌、三角肌、肱三頭肌等。假如想分開刺激個別肌群，選擇單關節訓練動作為佳。

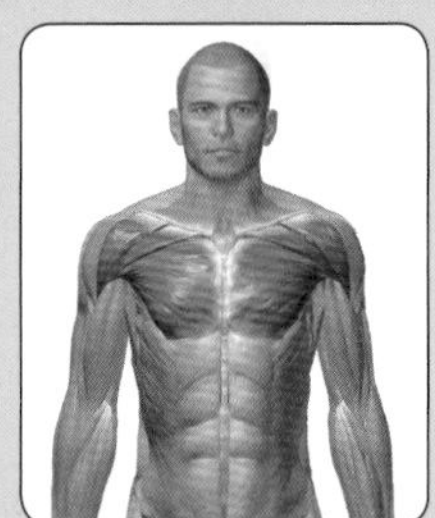

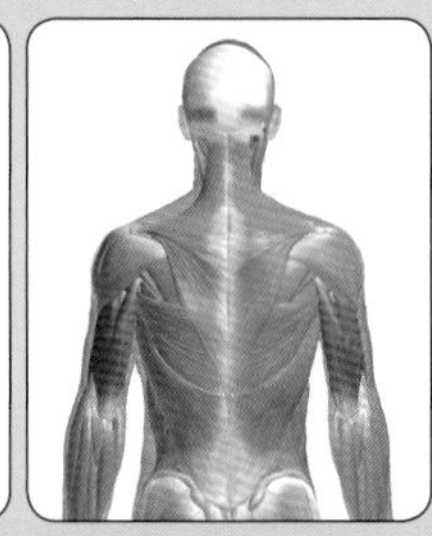

伏地挺身

可以訓練到胸大肌、三角肌前束、肱三頭肌等肩關節周圍的肌肉。

1

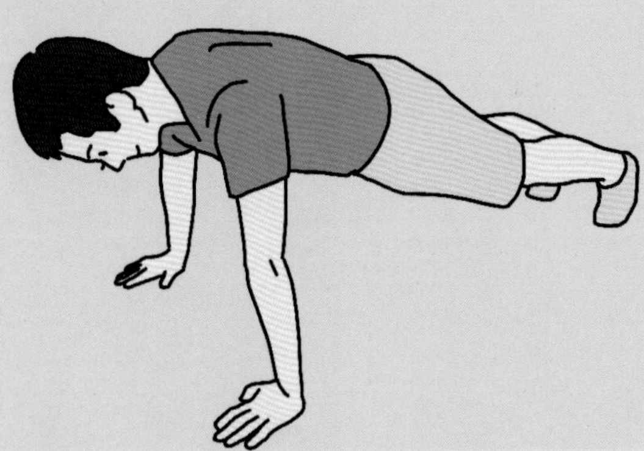

雙手撐地，兩手打開的幅度比肩膀再寬一些，可以加大活動範圍。身體維持一直線。

2

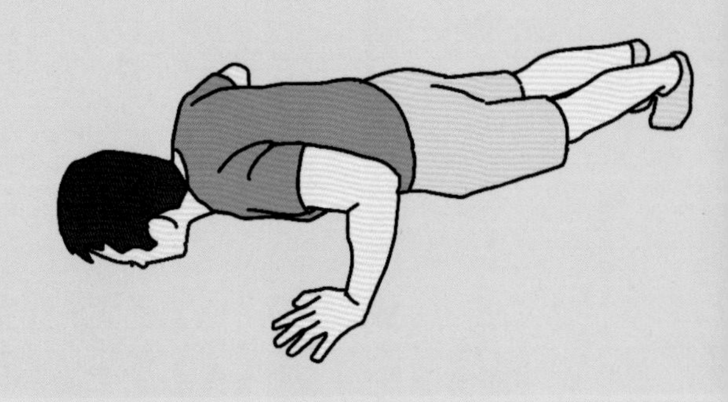

手肘彎曲，身體往下直到胸口觸地。維持腰背打直，撐起身體回到原本的動作。若覺得做起來太勉強，膝蓋跪地可以減輕負擔。訓練時一定要盡可能將身體放到最低，上圖的動作還不夠確實，應該要再低一點。

高強度間歇運動可以改善耐力

可以透過需要爆發力的運動來提升耐力。這種方法必須要進行短跑這類極度耗能的全身運動，而非伏地挺身這類僅會動到身體局部的運動。

例如間歇衝刺之類不出幾分鐘就會感到疲勞的動作。需要在短時間內發揮肌肉爆發力的高強度訓練動作，可以同時訓練到爆發力與中長距離慢跑所需的肌耐力。

做高強度動作時，肌肉會迅速且強勁地發力。運動初期，能量的供給來源是以短跑時運作的無氧系統為主，但是多做幾組間歇動作之後，有氧系統中的攝氧量會達到上限（有助於提升長距離耐力）。同時，無氧系統代謝出來的乳酸堆積量也會達到極限，促使身體習慣更多乳酸堆積的狀態（有助於提升中距離耐力）。

日本立命館大學田畑泉博士開發的「TABATA訓練法」是以20秒運動、10秒休息為一組，在短時間內反覆操作以達到訓練功效。該訓練法因為能有效提升有氧、無氧兩種供能系統的上限而聞名，不過訓練過程非常激烈，因此操作前應確實暖身、結束後也要確實收操，以免受傷。再者，由於該訓練法會對血管和關節造成負擔，慢性病患者最好先諮詢醫生，確認自己適不適合操作。

同時訓練有氧、無氧能量供給系統

間歇式循環運動與休息的TABATA運動可以同時訓練有氧與無氧能量供給系統，提升我們長時間運動的耐力。

前彎上半身、幫助呼吸

腹部有一塊上下連片的腹直肌，也就是俗稱的腹肌。腹直肌由上至下可以分成四段，當腹部的脂肪減少、肌肉增大，腹直肌的分段就會清楚顯現，形成所謂的「六塊肌」。

腹直肌收縮時，可以讓上半身做出前彎的動作（軀幹屈曲），除了有助於從仰躺狀態起身之外，還可以牽引肋骨向下以幫助吐氣。

而在運動方面，競技體操中雙腳騰空前舉（L-Sit）、排球扣球等需要身體前屈的動作，都會用到這塊肌肉。

腹部肌肉除了腹直肌之外，還有位於肋骨下方的橫膈膜，可透過上下活動來協助進行腹式呼吸。

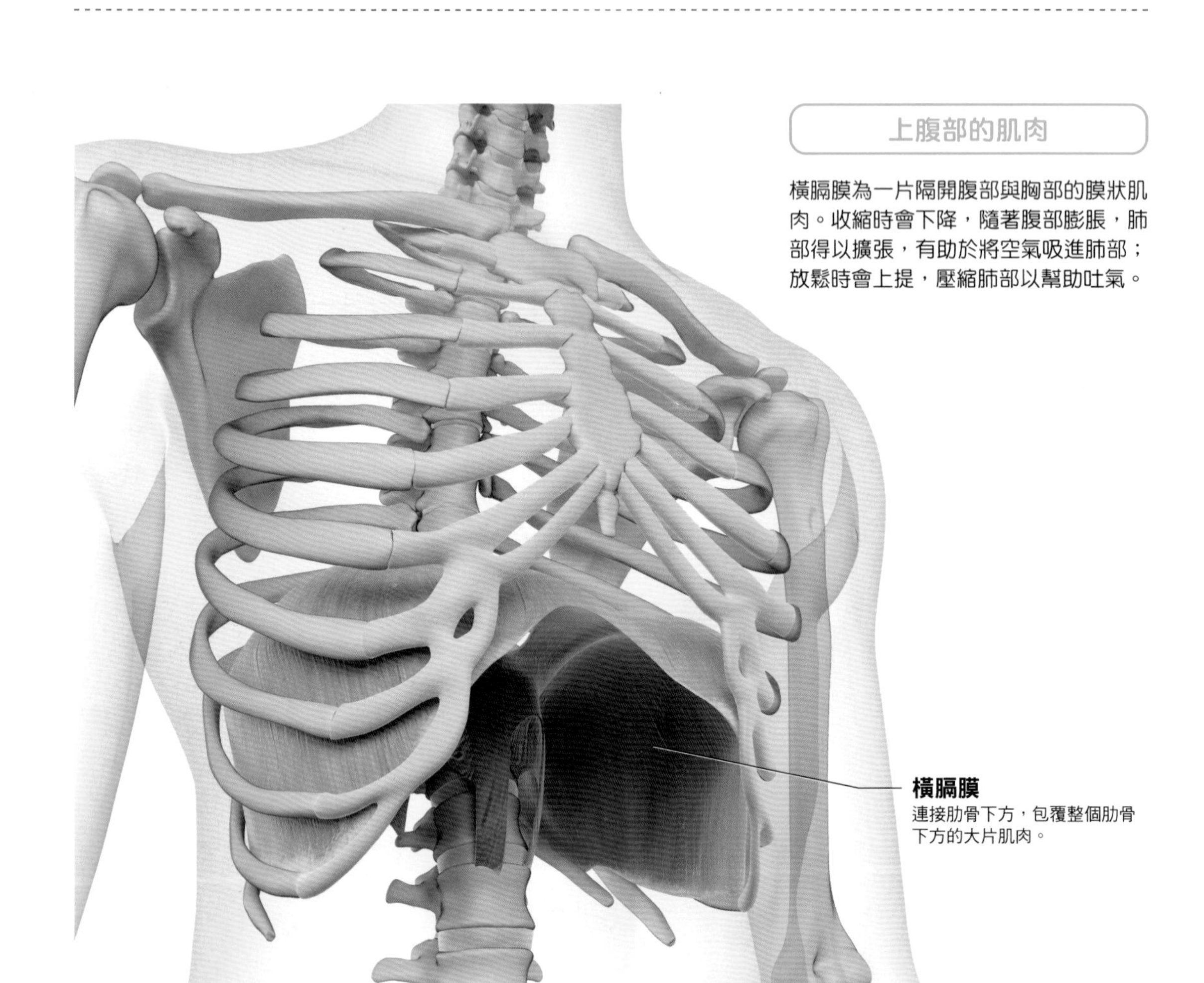

橫膈膜
連接肋骨下方，包覆整個肋骨下方的大片肌肉。

上腹部的肌肉

橫膈膜為一片隔開腹部與胸部的膜狀肌肉。收縮時會下降，隨著腹部膨脹，肺部得以擴張，有助於將空氣吸進肺部；放鬆時會上提，壓縮肺部以幫助吐氣。

腹部肌肉

腹直肌收縮時，會拉下胸廓（肋骨內側）、擠壓肺部，幫助吐氣。腹直肌也具有保護內臟的功能。

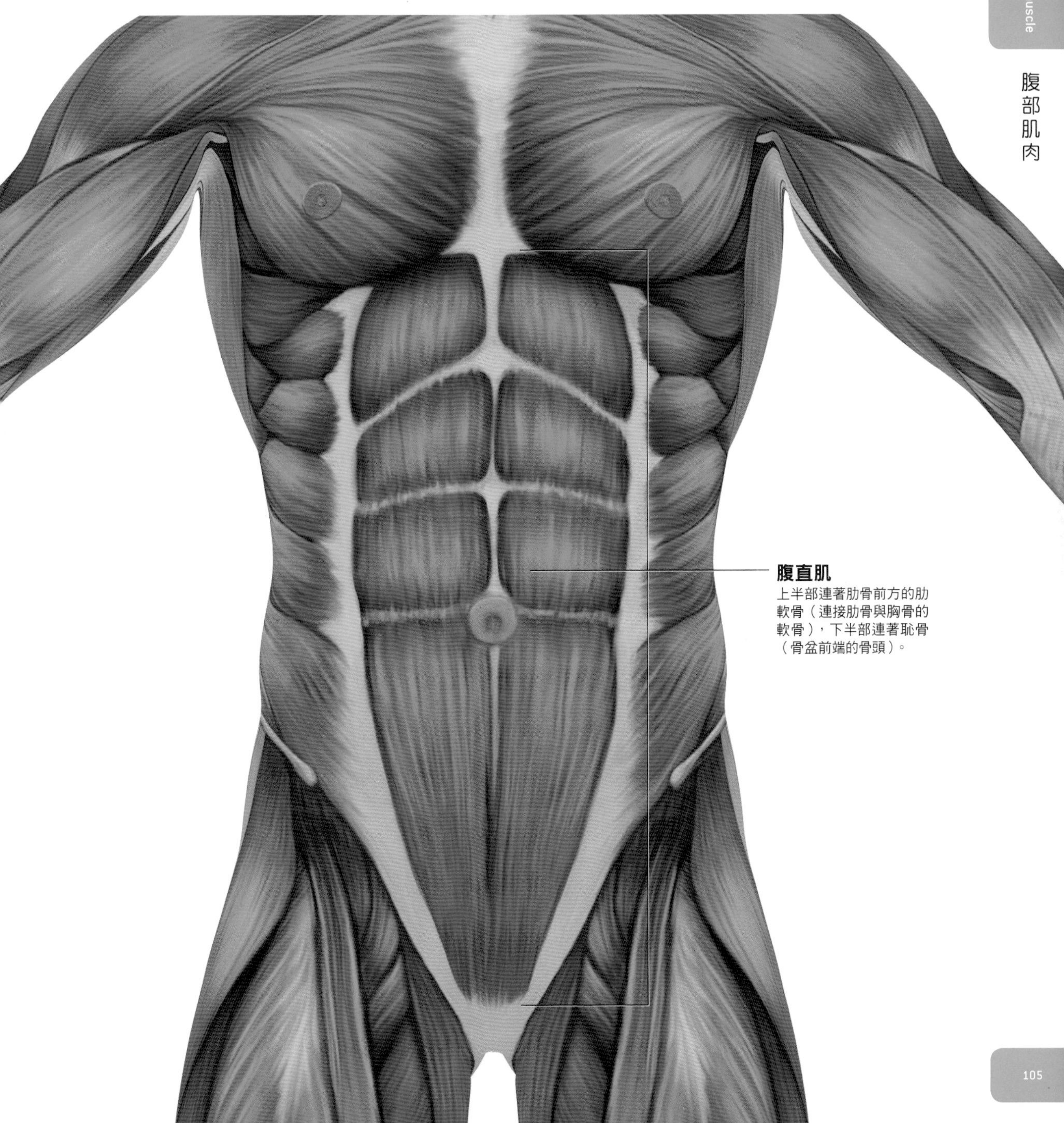

腹直肌
上半部連著肋骨前方的肋軟骨（連接肋骨與胸骨的軟骨），下半部連著恥骨（骨盆前端的骨頭）。

彎曲、扭轉上半身

側腹的肌肉大致分成三層。最表層為腹外斜肌（M. obliquus abdominis externus），從肋骨側面往斜下連向身體正面。在腹外斜肌的內側有腹內斜肌（M. obliquus abdominis internus），肌纖維始於髂骨（骨盆上半部）並呈扇形展開。這兩種肌肉的肌纖維走向不同，提供不同方向的收縮力量，共同讓身體做出前彎（屈曲）、扭轉（迴旋）、側彎（側屈）等動作。

這些肌肉平常有助於從平躺狀態起身、扭轉上半身等動作，舉凡球類、格鬥技等多種運動也會頻繁使用到。棒球的揮棒、投球以及網球的揮拍動作，也是會運用到側腹肌肉的代表性範例。

比腹內斜肌更深層的地方還有肌纖維橫向排列的腹橫肌（M. transversus abdominis），主要的作用是讓肚子內縮、進行腹式呼吸。

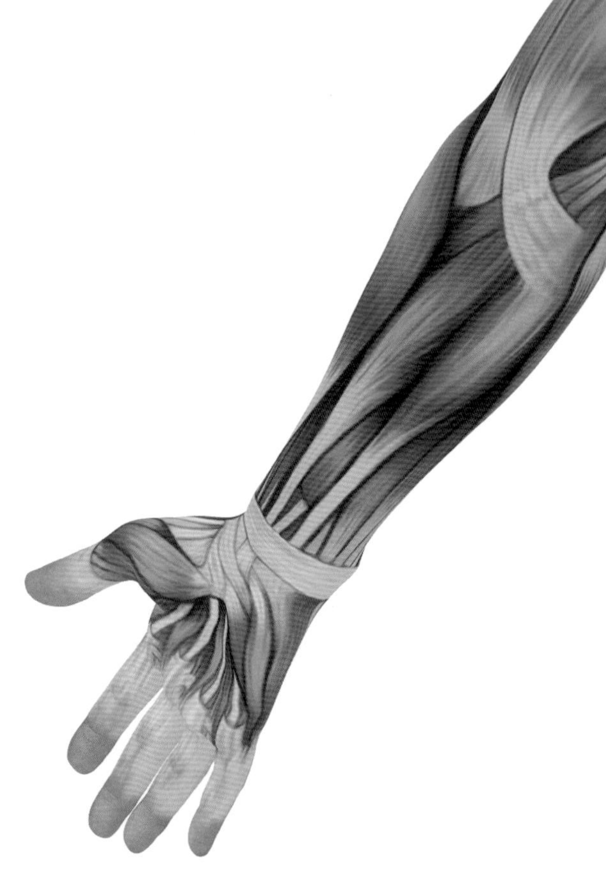

網球的揮拍動作

打網球時，必須迅速且激烈地扭轉身體才能擊出強勁的一球。這些動作有賴於腹外斜肌與腹內斜肌的支撐。

側腹肌肉

相較於參與彎曲、扭轉脊椎等活動的腹外斜肌和腹內斜肌，腹橫肌與脊椎活動沒有關聯。腹橫肌的功能在於協同腹直肌收縮，增加腹部壓力（腹壓），藉此推動腹式呼吸，亦有助於順利排便等。

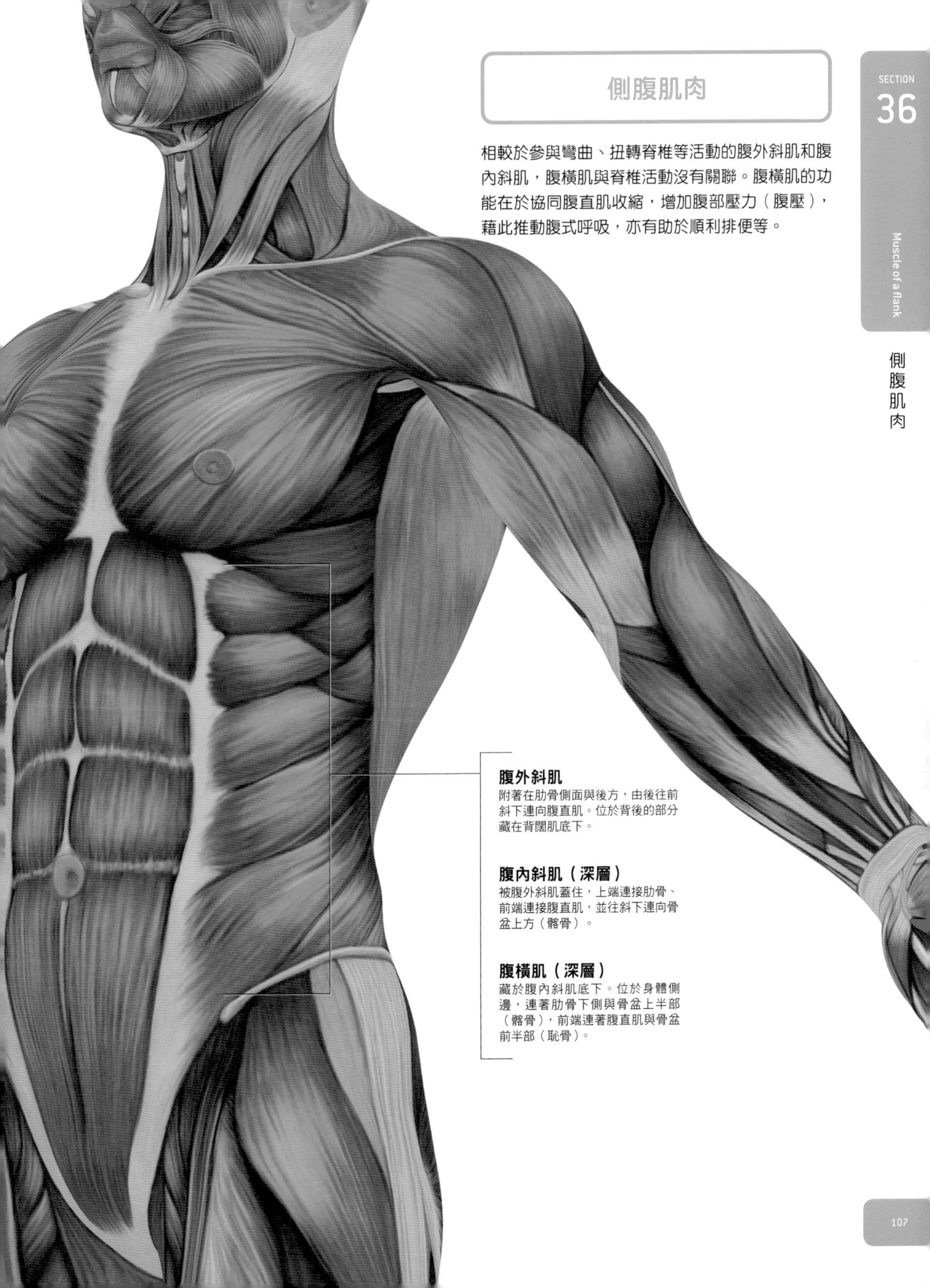

腹外斜肌
附著在肋骨側面與後方，由後往前斜下連向腹直肌。位於背後的部分藏在背闊肌底下。

腹內斜肌（深層）
被腹外斜肌蓋住，上端連接肋骨、前端連接腹直肌，並往斜下連向骨盆上方（髂骨）。

腹橫肌（深層）
藏於腹內斜肌底下。位於身體側邊，連著肋骨下側與骨盆上半部（髂骨），前端連著腹直肌與骨盆前半部（恥骨）。

COLUMN

鍛鍊腹部時須注意呼吸

腹部的肌肉（腹肌）分成好幾層。位於表層的腹直肌經過訓練，能形成線條明顯的六塊肌。腹直肌兩旁有腹外斜肌、腹內斜肌，內部還有腹橫肌，再深層就是內臟了。

腹橫肌與腹直肌也有支撐內臟的功能。有些人之所以會下腹凸出（鮪魚肚），除了皮下脂肪、內臟脂肪的堆積或彎腰駝背等姿勢不良所致之外，也和腹橫肌、腹直肌的退化有所關聯。因此，必須要勤加鍛鍊腹橫肌與腹直肌以強化它們支撐內臟的力量，才能在平時好好派上用場。

訓練腹肌時，也別忘了運用腹橫肌。只要動作時提高腹部的緊繃程度，自然就能連帶訓練到腹橫肌。

比方說在進行仰臥起坐或捲腹時，起身之際可以用力吐氣，運用呼吸來帶動身體蜷曲。如此一來，就能夠同時鍛鍊到腹直肌與腹橫肌。

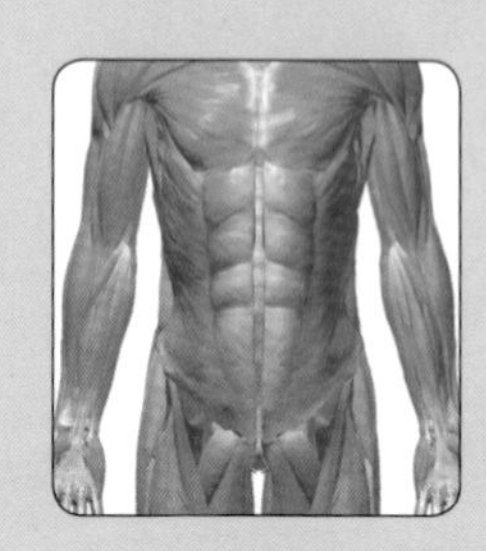

仰臥起坐

主要訓練腹部正面的腹直肌，但也可以訓練到深層的髂腰肌。記得要蜷曲整個背來帶起上半身，而不是靠髖關節（大腿基部），才能有效鍛鍊腹直肌。

1

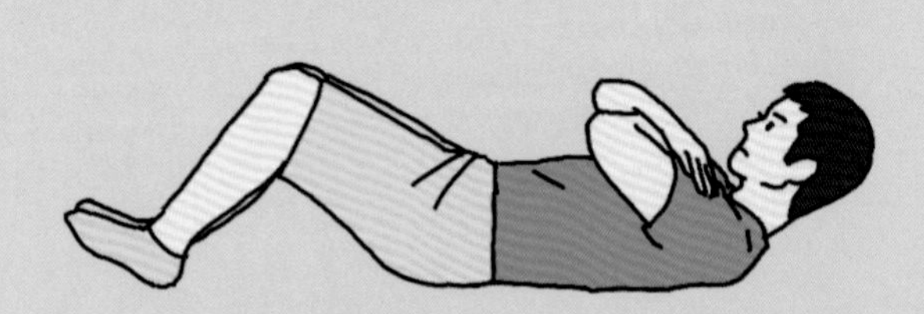

平躺在地且膝蓋微彎，雙手交叉抱於胸前。

2

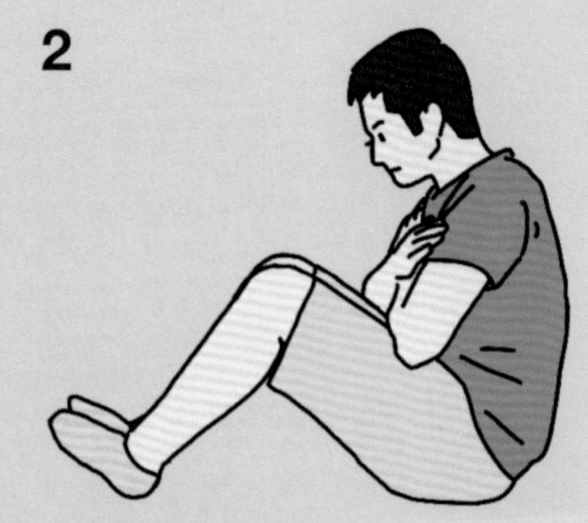

盡可能蜷曲背部帶起上半身，再慢慢回到（1）的姿勢。

捲腹

可以訓練腹直肌。須注意的地方和仰臥起坐一樣，髖關節（大腿基部）不動，運用背部蜷曲帶起上半身。

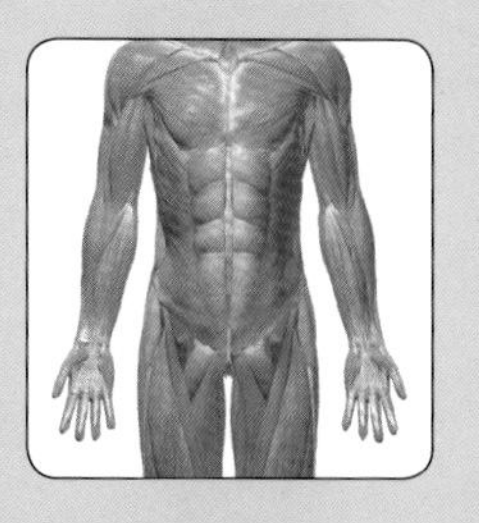

1

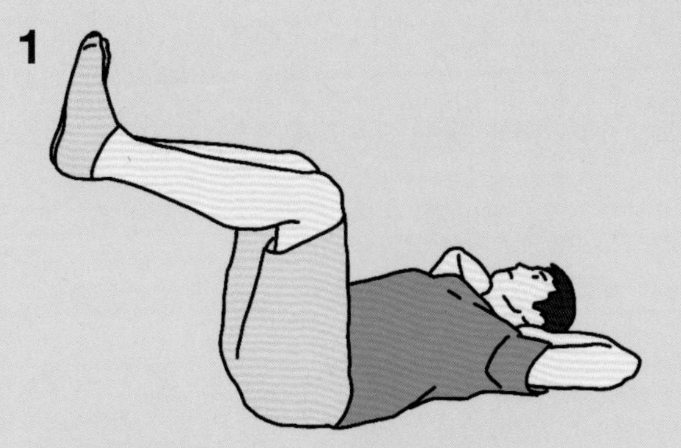

平躺在地，雙腳併攏上舉，膝蓋呈現直角。

2

雙手抱頭，蜷曲背部帶起上半身，肩胛骨離地。動作停滯1秒，再慢慢躺回地上。

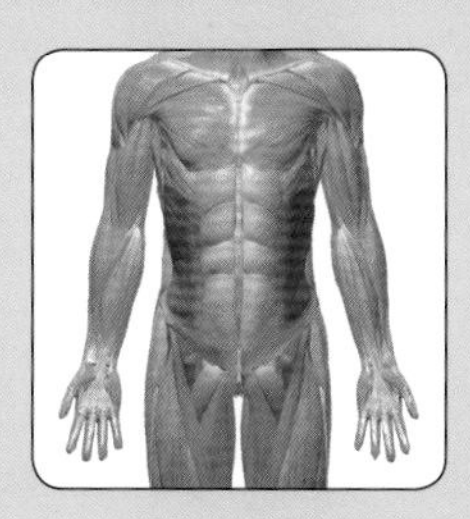

俄羅斯轉體

可以鍛鍊到負責側彎、扭轉身體的腹外斜肌與腹內斜肌。坐在地上且膝蓋微彎，維持全身平衡並左右扭轉上半身。扭轉時不是只有手在動，要整個上半身扭轉到側邊。

1

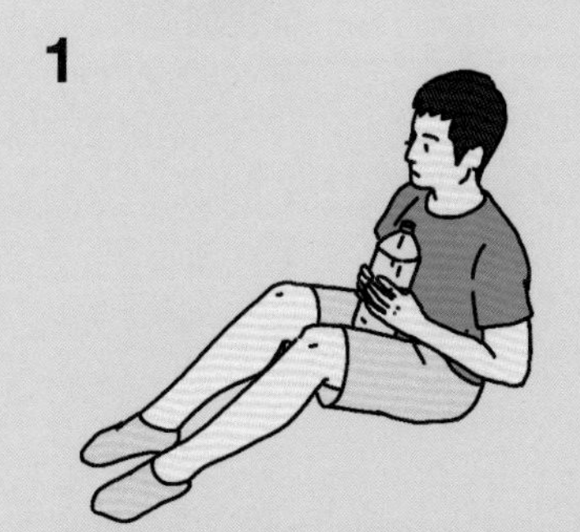

坐在地上且膝蓋微彎，腳底貼地，雙手握住寶特瓶。

2

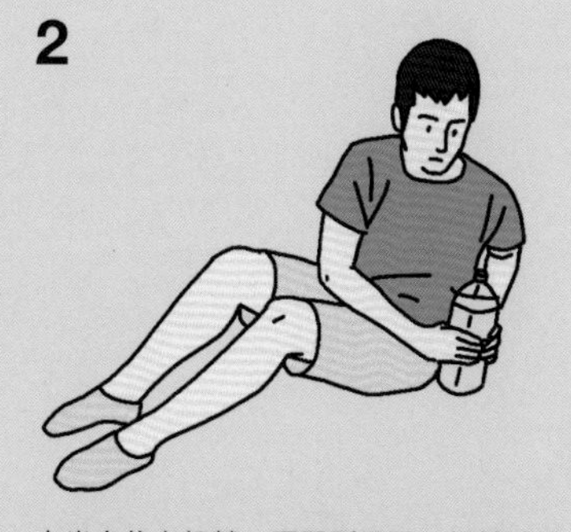

上半身往左扭轉，再回到正面。扭轉時記得穩定上半身與腳的平衡。

3

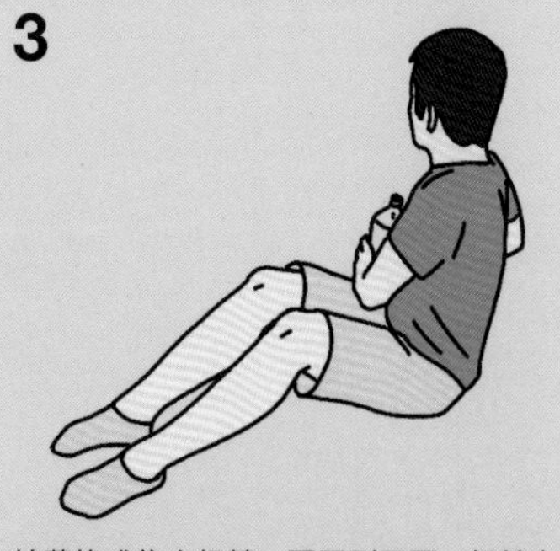

接著換成往右扭轉，再回到正面。扭轉身體時不是只有手在動，必須整個肩膀大幅轉向側邊。

活動手臂、肩膀做出拉扯動作

背部表層上有斜方肌、下有背闊肌，皆為覆蓋面積較大的肌肉。

斜方肌依肌纖維方向又分成上斜方肌、中斜方肌、下斜方肌。上斜方肌的範圍涵蓋脖子到肩胛骨，負責抬起肩胛骨（上舉）、仰起頭部（伸展）；中斜方肌跨在肩胛骨上橫向延伸，負責拉近兩邊的肩胛骨（內收）；下斜方肌從肩胛骨底部往上延伸，負責控制肩胛骨向上扭轉（上旋）。斜方肌也是我們將面前的物體拉近時，負責驅動肩膀動作的重要肌肉。

另一方面，背闊肌掌控著手臂由前、由側往身體方向拉近（肩膀伸展、內收），以及驅動肩關節來牽引肱骨向內扭轉（肩膀內旋）等動作。這塊肌肉在我們旋轉手臂拉近物體時，發揮了重要的功能。

背部還有其他的肌肉，例如負責拉近肩胛骨（內收）的大菱形肌（M. rhomboides major）、小菱形肌（M. rhomboides minor）等等。

柔道的組手

柔道比賽中，雙方會抓住彼此（組手），嘗試破壞對手的平衡或使出摔擲動作。此時非常仰賴斜方肌和背闊肌的活動，有助於運用手臂和肩胛骨來拉扯對手。划船時也需要靠這些肌肉發揮充沛的力量。

背闊肌
覆住下背部大半面積，連接肱骨、胸椎與髂骨等的肌肉。是人體面積最大的肌肉，發達時會形成倒三角形的身材。

背部肌肉（表層）

上背部深層有從肩胛骨往橫向延伸的大、小菱形肌，表層有一塊蓋住這些肌肉的斜方肌。斜方肌始於下背部近胸椎處並向上延伸，且有一部分藏在背闊肌底下。

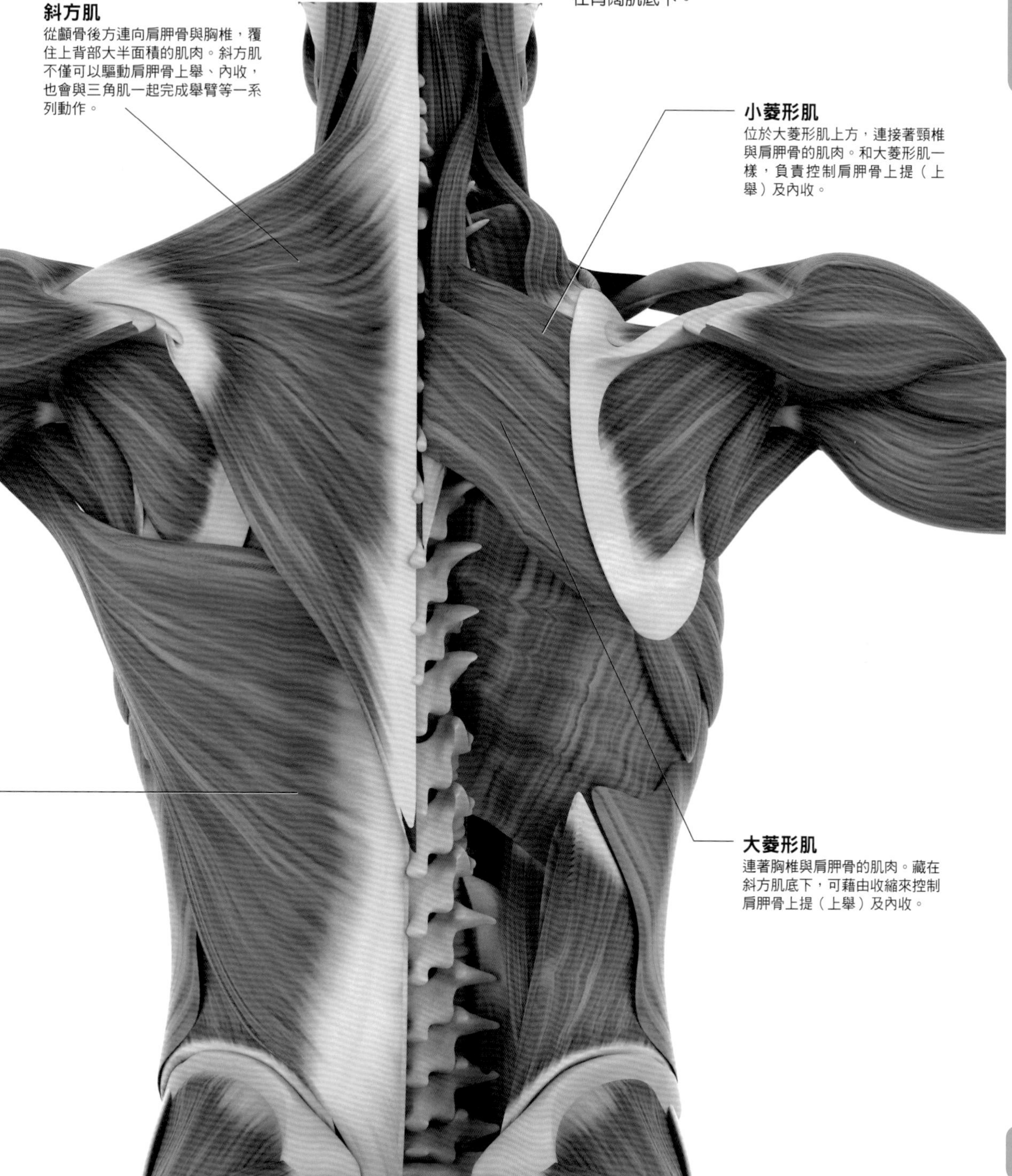

斜方肌
從顱骨後方連向肩胛骨與胸椎，覆住上背部大半面積的肌肉。斜方肌不僅可以驅動肩胛骨上舉、內收，也會與三角肌一起完成舉臂等一系列動作。

小菱形肌
位於大菱形肌上方，連接著頸椎與肩胛骨的肌肉。和大菱形肌一樣，負責控制肩胛骨上提（上舉）及內收。

大菱形肌
連著胸椎與肩胛骨的肌肉。藏在斜方肌底下，可藉由收縮來控制肩胛骨上提（上舉）及內收。

伸展脊椎、支撐身體

許多負責支撐、活動脊椎的肌肉都集中在腰後至背部一帶，例如棘肌群、最長肌群、髂肋肌群。這些肌肉又統稱為豎脊肌群。

髂肋肌群是位置最靠外側的豎脊肌群，依連接部位又分成項髂肋肌（M. iliocostalis cervicis）、胸髂肋肌（M. iliocostalis thoracis）、腰髂肋肌（M. iliocostalis lumborum）。最長肌群夾在髂肋肌群和棘肌群之間，同樣依連接部位區分成頭最長肌（M. longissimus capitis）、頸最長肌（M. longissimus cervicis）、胸最長肌（M. longissimus thoracis）。位於最內側的棘肌群亦可分成頸棘肌（M. spinalis cervicis）、胸棘肌（M. spinalis thoracis）。

這些肌肉相互協調並共同支撐脊椎，也幫助脖子及脊椎做出挺直（伸展）、側彎（側屈）等動作。

至於從背部一路延伸至腰部的腰方肌（M. quadratus lumborum），則是有助於側彎腰（側屈）的重要肌肉。

體幹肌力訓練

無論做什麼運動都需要豎脊肌群來幫忙支撐上半身，其功能相當重要。近年來愈來愈多人重視鍛鍊豎脊肌群及其周邊肌肉，以培養穩定支撐軀體的肌肉力量。

背部肌肉（深層／豎脊肌群）

脊椎共有24塊可以活動的骨頭（頸椎、胸椎、腰椎），這些骨頭就是一般所謂的軀幹。豎脊肌群具備支撐軀幹的功能，能保持脊椎側觀呈現S型曲線。人類之所以能夠以雙腳站立，也是多虧有S型脊椎穩定撐起了上半身。

項髂肋肌
連接頸椎與肋骨，控制脖子伸展、側屈等動作。

胸棘肌
連接胸椎與腰椎的肌肉。功能同腰髂肋肌與胸最長肌，控制脊椎的伸展、側屈等動作。

胸最長肌
豎脊肌群中最大的肌肉。從胸椎及腰椎上方一路延伸至腰椎下方及骨盆，控制脊椎的伸展、側屈等動作。

腰髂肋肌
豎脊肌群中，大小僅次於胸最長肌的大肌肉。連接肋骨與骨盆，控制脊椎伸展、側屈等動作。

腰方肌
連接最底下的肋骨與髂骨（骨盆上半部），控制腰部側屈與伸展的重要肌肉。

COLUMN

鍛鍊背部肌肉可以端正儀態

人類靠雙腳行走，因此需要一股力量從背後拉住上半身，才能維持直立的姿勢。提供這股力量的就是背部肌肉。

人上了年紀以後容易駝背，原因就是背部肌肉漸漸失去了拉住身體的力量。再者，當背部肌肉退化導致上半身前傾，亦有可能影響到內臟的運作。

鍛鍊腹肌也有助於維持姿勢

雖然我們主要仰賴背肌支撐脊椎、維持姿勢，但光是這樣仍不夠充足，還需要身體正面的腹肌群以及連接骨盆與下肢的髂腰肌協助。

年紀愈大，脊椎的骨質疏鬆狀況往往愈嚴重，甚至會逐漸變形。一旦脊椎變形，再怎麼鍛鍊肌肉也難以回復原本的儀態了。

為避免上述情形發生，過了55歲以後開始以正確方式鍛鍊背肌與腹肌群為佳。

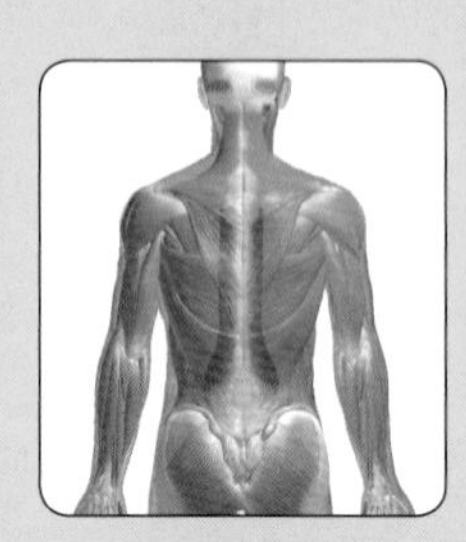

背部伸展訓練

可以訓練到背部中央的豎脊肌群。先讓背部放鬆隆起，接著用力往上挺起，抬高雙手雙腳。建議在矮凳上操作，動作幅度才會比趴在地上來得大。如果覺得做起來太吃力，可以先試著活動上半身就好。

1

矮凳上放個軟墊，肚子靠在軟墊上，身體整個縮起來。

2

背部用力挺起，雙手雙腳高舉，再慢慢放下。

引體向上

主要會鍛鍊到下背部連片的背闊肌和大圓肌，拉動手臂時會用到的肌肉。垂掛在單槓上，再將身體整個往上拉。

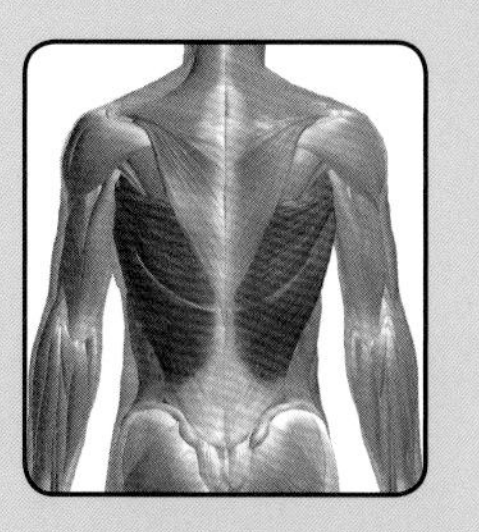

1

雙手打開至肩寬的1.5倍左右，握緊單槓。身體自然垂掛，膝蓋微彎。

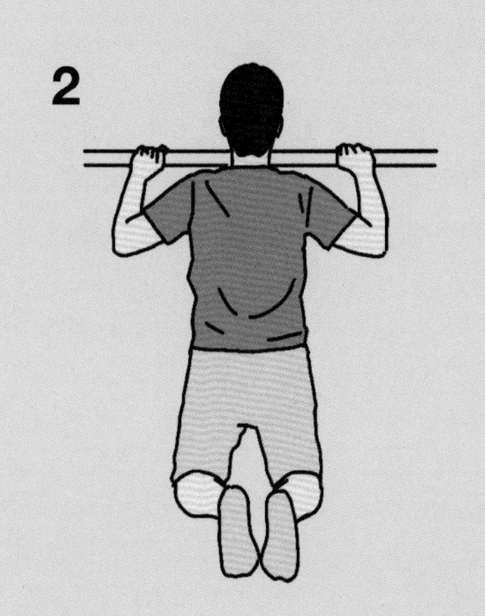

2

挺胸、肩胛骨內夾，拉動手臂帶動身體向上，再慢慢放下。如果做起來太吃力，也可以輕輕蹬地往上跳，再靠手臂力量慢慢放下身體。

仰臥划船

又稱仰臥懸垂臂屈伸。主要會鍛鍊到背部兩側的背闊肌和大圓肌，以及脖子至上背部一帶的斜方肌、上臂前側的肱二頭肌。訓練時請挑選較穩定的桌子，小心別摔倒！

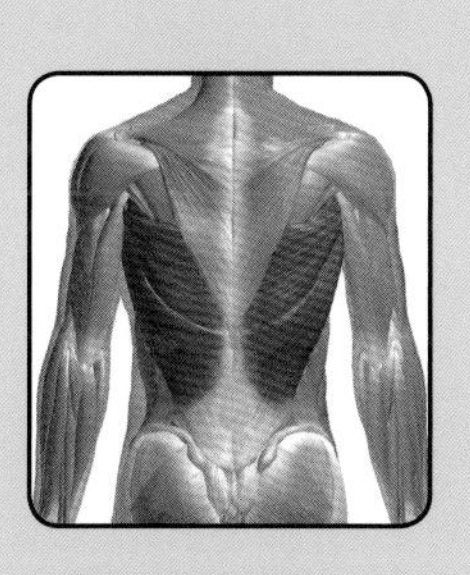

1

上半身鑽進桌子底下，膝蓋微彎，身體成仰姿。雙手抓緊桌子邊緣，兩手距離比肩膀再寬一點。

2

背部用力挺起，肩胛骨內夾，上半身往上拉。感覺是肚子靠近手，而不是胸部靠近手。

※：選擇有四個桌腳、穩定度夠且強度十足的桌子進行訓練為佳。

整隻腳向前揮出

腰部肌肉除了腰髂肋肌、胸最長肌等支撐與彎曲脊椎的豎脊肌群之外，還有負責活動髖關節的腰大肌（M. psoas major）、腰小肌（M. psoas minor）、髂肌（M. ilicus），這三種肌肉合稱為髂腰肌（M. iliopsoas）。

髂腰肌主要負責合力控制整隻腳向前揮出的動作（髖關節屈曲）。日常生活中走路、上樓梯，運動時慢跑、短跑、跳躍、踢球等會大幅活動到下半身的動作，乃至於仰臥起坐當中坐起來的過程，都會使用到髂腰肌。

除了上述肌肉之外，腰部還有由下而上支撐骨盆內器官的尾骨肌（M. coccygicus）、提肛門肌（M. levator ani）等骨盆底肌。

踢足球

髂腰肌激烈收縮時會產生強大的力量，有助於做出前擺腳的動作，例如傳球和射門等。

腰部肌肉

髂腰肌的範圍包含腰際、骨盆內側至股骨一帶，是快速奔跑時會用到的重要肌群，比如田徑短跑選手的髂腰肌往往特別發達。

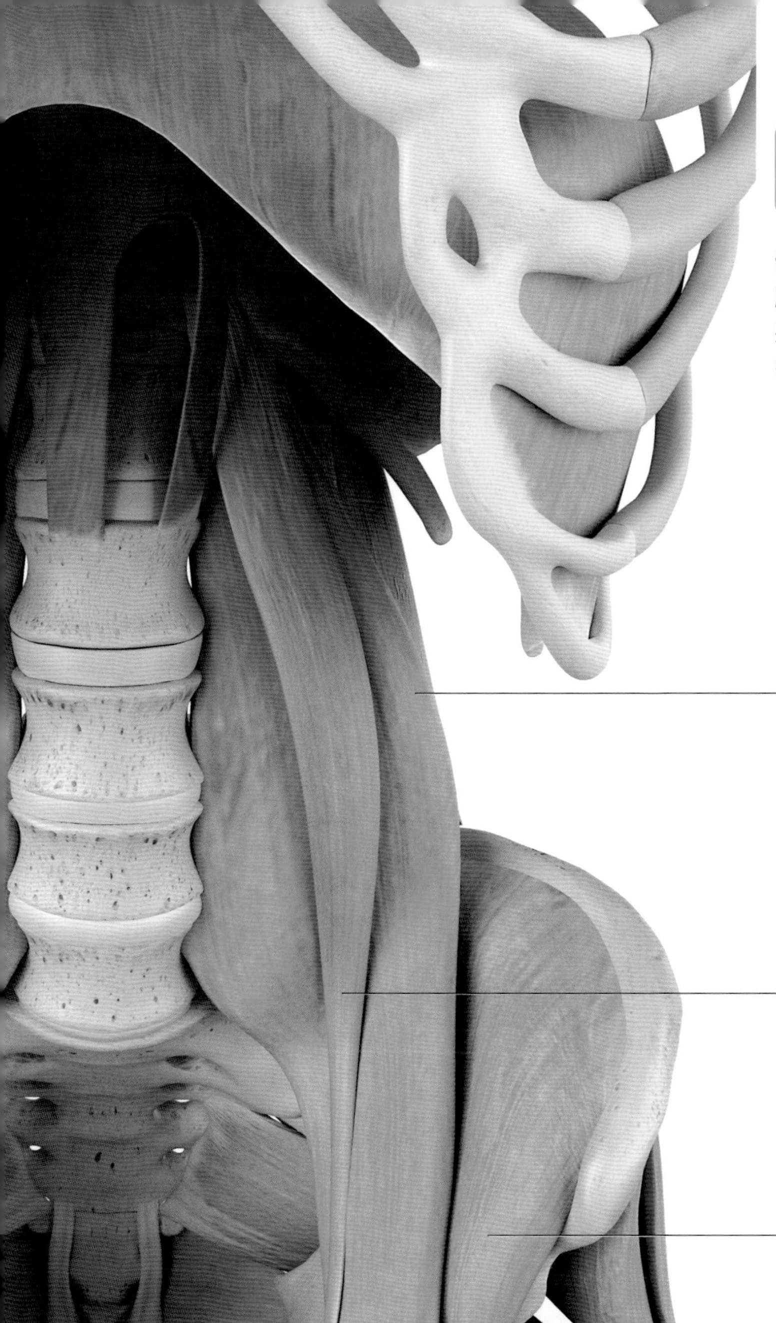

腰大肌

從腰椎旁邊穿過髂骨（骨盆）內側，連向股骨內側基部的肌肉。整隻腳往前揮出（髖關節屈曲）時，腰大肌使出的力量是所有髂腰肌中最大的。

腰小肌

腰大肌的分支，作用是輔助腰大肌和髂肌。腰小肌是一種特殊的肌肉，僅不到50%的人擁有。

髂肌

連接髂骨內側至股骨內側基部的肌肉。當整隻腳往前揮出（髖關節屈曲）時，髂肌會和腰大肌合作使出強大力量。此外，髂肌也負責控制髖關節往外扭轉（外旋）的動作。

COLUMN

好好鍛鍊
容易退化的腰部肌肉

人體眾多肌肉之中，腰腿肌肉是退化速度較快的一群。尤其髂腰肌、臀大肌、股四頭肌、腓腸肌，都是平常站立、行走時一定會用到的肌肉。

但是光靠健走、跳健康操這種低強度的運動，無法有效防止上述四種肌肉退化。我們需要透過一些日常生活中較難碰到的高負荷肌力訓練，才能確實鍛鍊這些肌肉並延緩退化。

以下介紹幾種鍛鍊腰臀肌肉的動作。

平時鍛鍊髂腰肌的方法

腰大肌是連接腰椎、骨盆（髂骨）和股骨的肌肉，一旦退化恐讓人動不動就絆倒，還會因為推出腰椎的力量減弱，造成骨盆後傾而形成駝背。

除了以下幾個訓練動作，平常也有一些能簡單鍛鍊髂腰肌的方法，例如「通勤上樓梯時一次爬兩階」、「走路時步伐加大且屁股稍微往下坐」。這些都是平常走路時可以做到的動作，不妨積極嘗試看看。

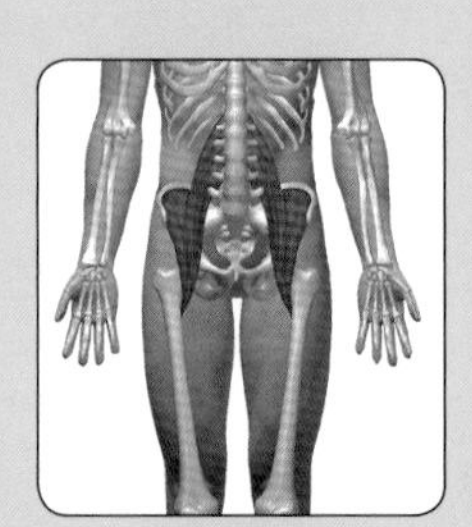

伸展髂腰肌

單膝跪地，腰部向前推出，即可伸展髂腰肌。由於髂腰肌主要在舉腳向前時發揮作用，因此兩腳輪流向後拉伸，便能達到伸展效果。

1

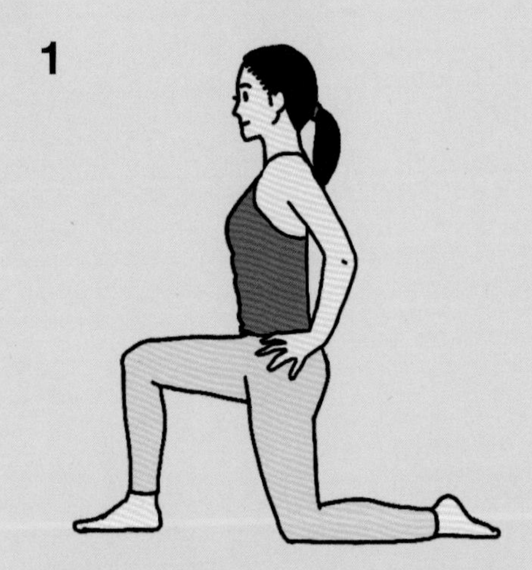

雙膝跪地後，往前伸出其中一隻腳踩穩。後腳膝蓋底下可以墊一塊毛巾。兩手叉在腰後。

2

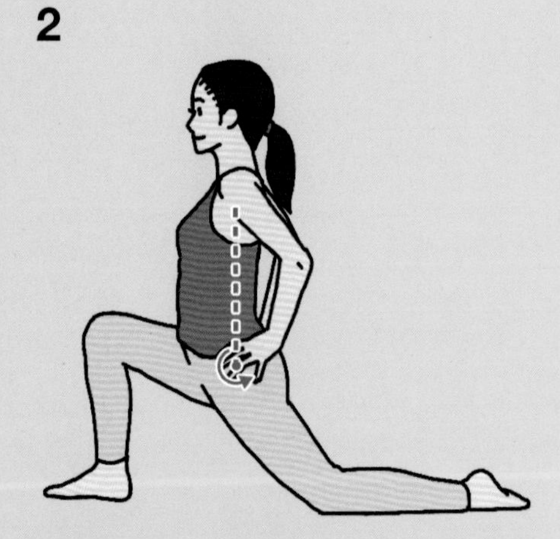

將背打直，雙手保持叉腰動作，腰部向前推出。雙手由後方往前出力，幫助腰部再往前推，可以增加伸展效果。

保加利亞分腿蹲

主要會訓練到位於臀部表層、負責活動髖關節的臀大肌。單腳站立除了可以增加負荷，還能讓臀大肌受到的刺激多於股四頭肌。

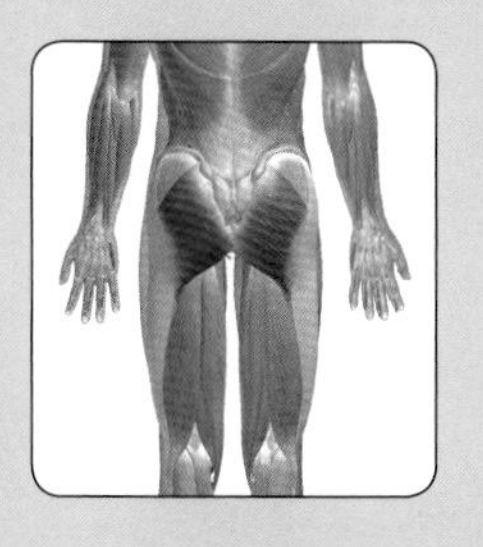

1

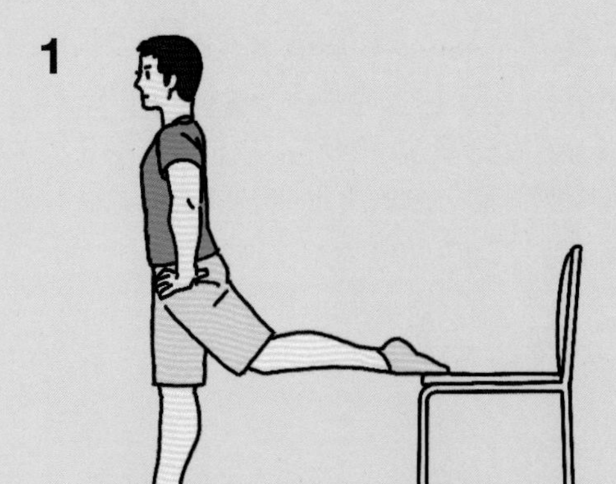

站在椅子前方，其中一隻腳往後放到椅子上。雙腳前後盡量打開，雙手叉腰。

2

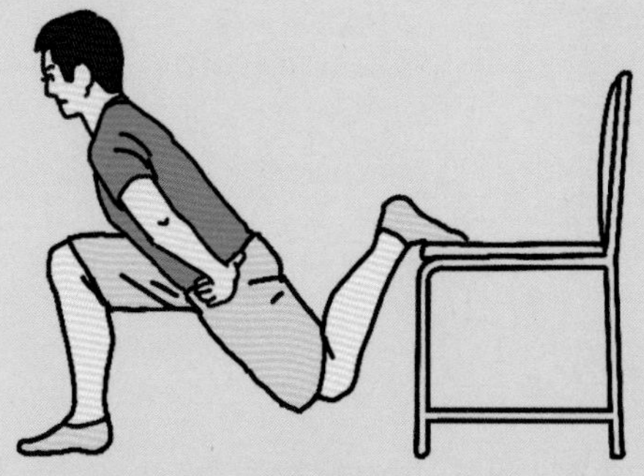

屁股往後退，上半身大幅前傾、深蹲，感覺肚子靠近大腿。小腿保持直立，膝蓋不要往前凸出。此時，感覺是靠屁股後退的力量帶動身體往下蹲，而非靠前腳膝蓋彎曲。蹲到底後，回到原本姿勢。

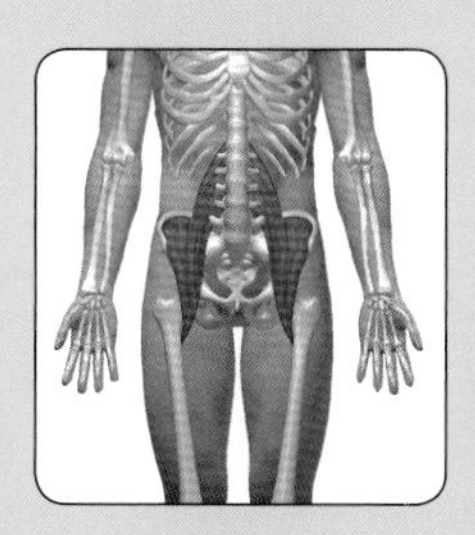

負重屈膝上舉

可以訓練到深層的髂腰肌。鍛鍊的對象不是腹部肌肉，因此不必刻意蜷起背部。操作時背部盡量打直，感覺只靠髖關節的活動提起膝蓋。如果覺得做起來太輕鬆，手可以施力壓向膝蓋。

※：建議每種訓練項目各做3組（每組10次左右）。
※：項目中的矮凳可以用椅子或床來代替。
※：寶特瓶使用裝滿水的2公升容器為佳。

1

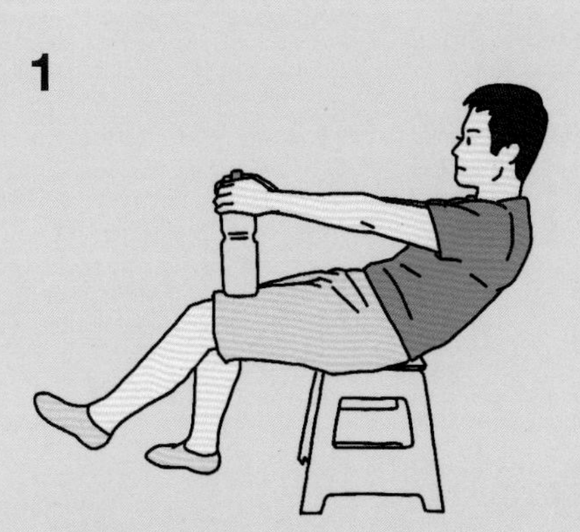

坐在矮凳上，保持骨盆平躺，上半身往後倒。將寶特瓶放在其中一邊的大腿近膝蓋處。

2

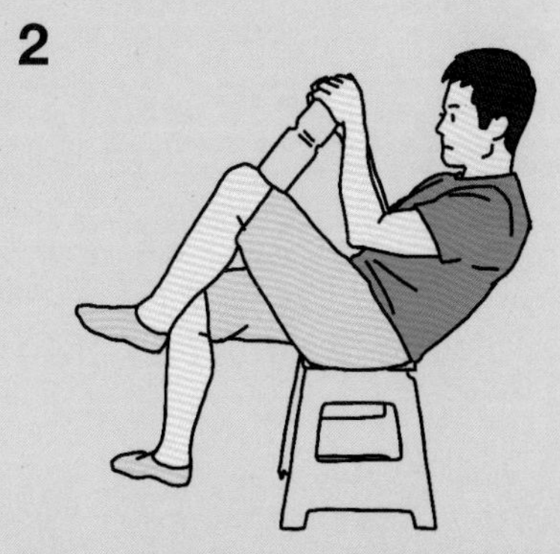

感覺用大腿的力量慢慢舉起寶特瓶，再回到原本的姿勢。手搭在寶特瓶上就好，不要出力輔助上舉。

在體內深處支撐關節的肌肉

深層肌肉（inner muscle）是指位於身體深處的肌肉。以先前介紹過的肌肉為例，負責支撐肩關節的旋轉肌袖（小圓肌、棘下肌、棘上肌、髆下肌）和腹肌最深處的腹橫肌即屬於深層肌肉。此外，骨盆附近也有一些穩定髖關節的深層肌肉（梨狀肌等）。

相對於深層肌肉，靠近身體表面的肌肉稱作淺層肌肉（outer muscle）。深層肌肉的主要功能在於穩定關節的活動軸，並支援控制關節活動的淺層肌肉。深層肌肉與淺層肌肉協同作用，我們才得以順暢地做出各種動作。

負責平衡身體的淺層肌肉

一般人可能以為身處在搖搖晃晃的地方時，是靠深層肌肉維持身體平衡，其實不然。

維持平衡是一種「動作」，因此需要淺層肌肉活動關節來控制。穩定動作與穩定關節活動軸是不同的機制。

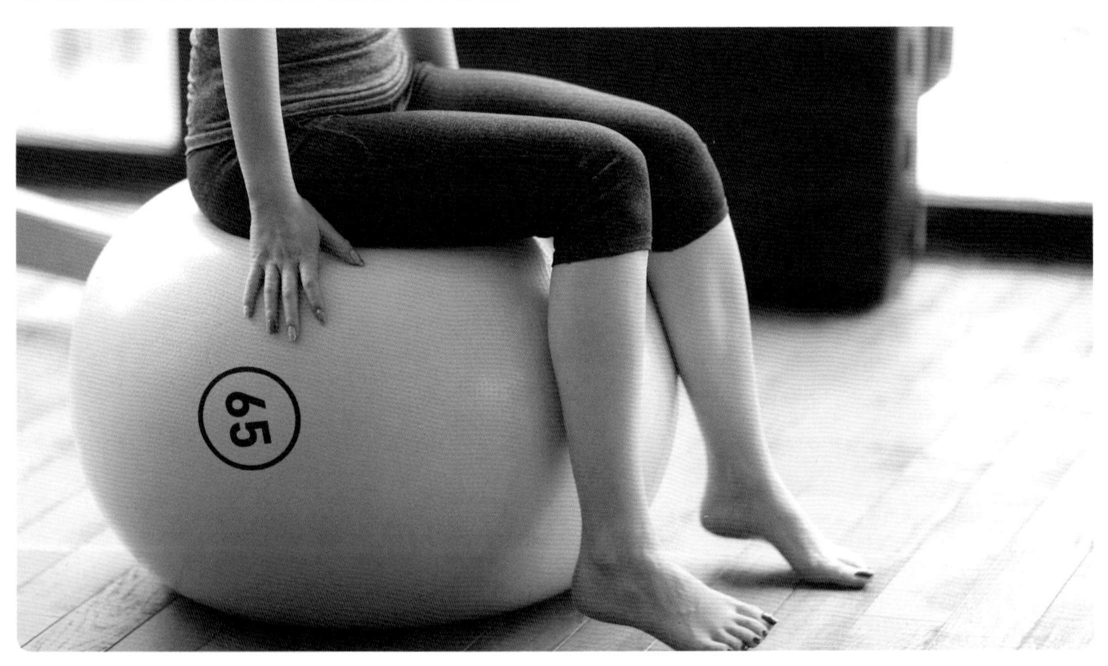

伸展旋轉肌袖

旋轉肌袖是具有穩定肩關節作用的深層肌肉，以下介紹兩個伸展動作。

伸展旋轉肌袖（外旋肌群）

可以伸展到肩關節周邊肌肉中參與肱骨外旋活動的棘下肌、小圓肌、棘上肌。將一隻手臂擺在身體後方，接著另一隻手扳住彎曲手的手肘往前拉。由於上述肌肉是在肱骨外旋時發揮作用，因此反過來向內扭轉即可達到伸展效果。

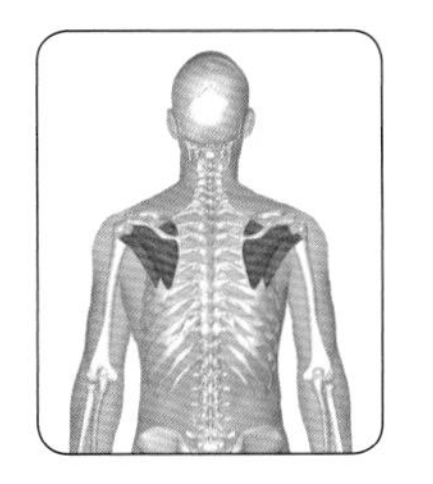

1

一邊手臂擺在身體後側，手腕貼著腰。腋下打開，手肘遠離身體。

2

另一隻手扳住彎曲手的手肘往前拉。手腕保持緊貼在腰上，不要隨著手肘拉扯而離開。

伸展旋轉肌袖（內旋肌群）

可以伸展到肩關節周圍肌肉中參與肱骨內旋活動的髆下肌。一手撐著牆壁，保持手肘位置固定並扭轉上半身。由於髆下肌是在肱骨內旋時發揮作用，因此反過來向外扭轉即可達到伸展效果。

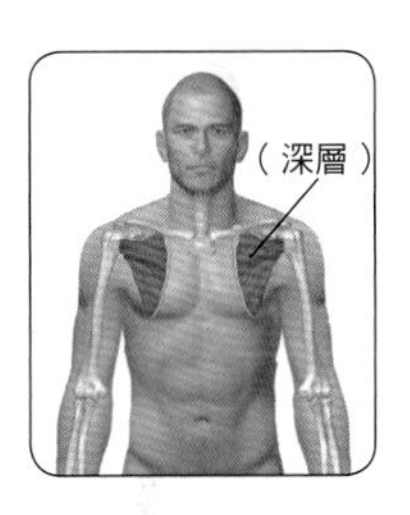

1

一隻手掌心貼牆，另一隻手伸過來壓緊手肘。

2

藉由旋轉上半身讓手臂外旋。動作時要按好手肘，不要讓手肘跑到身體後面。

COLUMN

提高軀幹柔軟度的伸展運動

前面陸續介紹過胸、腹、腰的訓練及其重要性，本章最後要講解的是腹部與背部的伸展動作。

一般來說，伸展和增加體能、減肥沒有直接關係，但可以增加關節的柔軟度、促進肌肉血液循環，還有放鬆身體的效果（所以瑜珈有不少伸展動作）。現代人久坐的工作型態容易導致上半身肌肉僵化，適時伸展方能保持身體健康。

伸展豎脊肌群

坐在地上拱背，即可伸展到脊椎背後的豎脊肌群。感覺是以心窩為支點拱起背部，而非活動髖關節往前趴。

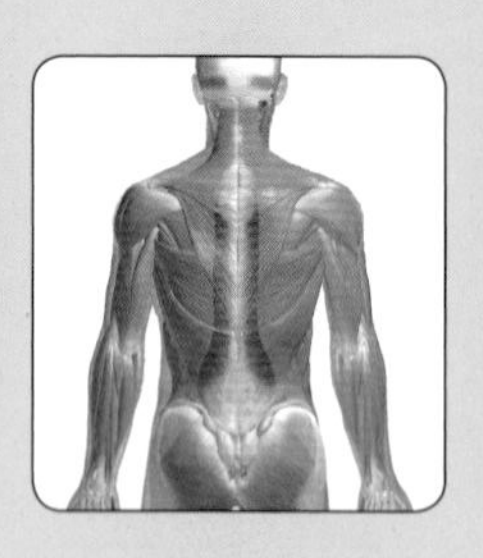

1

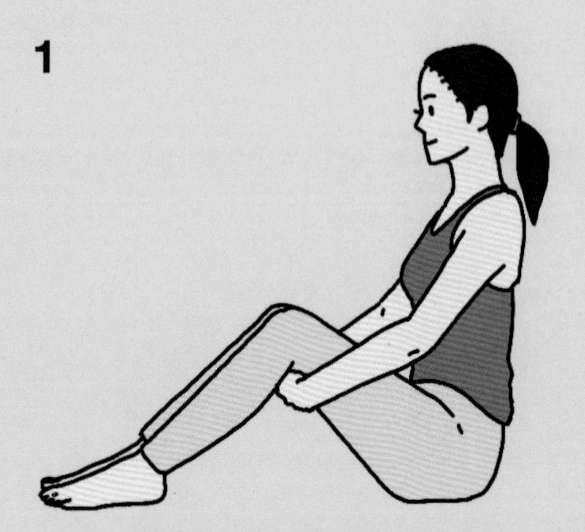

坐在地上、兩腳前伸，膝蓋微彎。雙手抱在膝蓋底下。

2

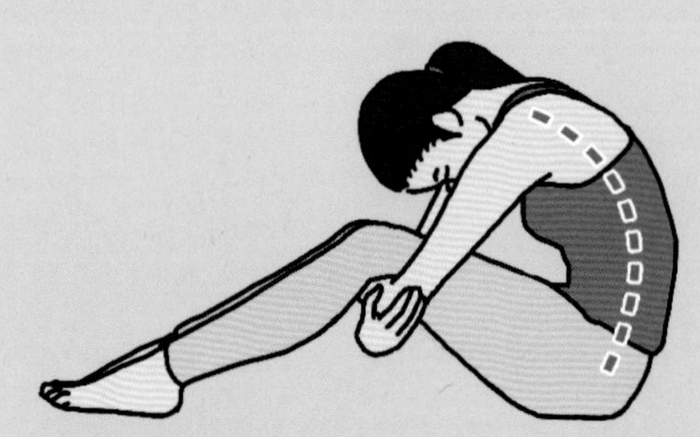

膝蓋底下的雙手互抓，拱起背部。感覺只有背往後弓，而非以髖關節為支點傾倒上半身。

伸展腹直肌

可以伸展到心窩下方負責拱背的腹直肌。趴在地上，以雙手撐地挺起上半身。挺身時吸氣會有更好的伸展效果。

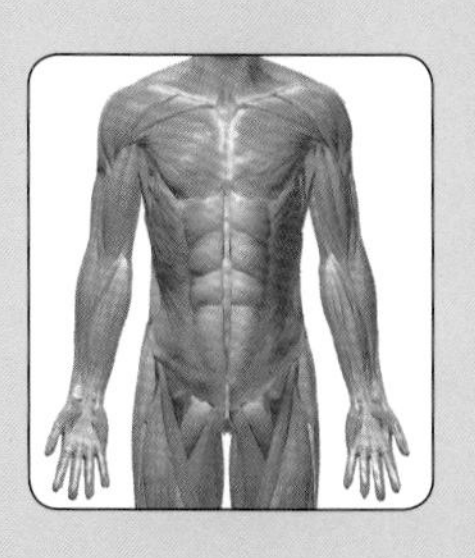

1

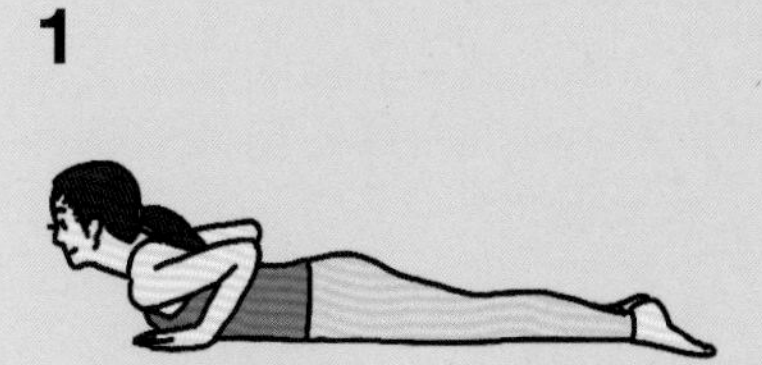

趴在地上，雙臂夾緊，手掌置於胸旁地面。雙腳微微打開。

2

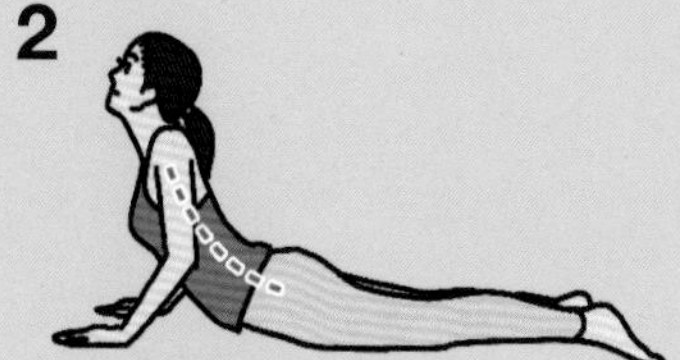

雙手慢慢伸直，撐起上半身，背部反拱（不至於感到疼痛的程度）。

3

在背部反拱的狀態下深吸，可以打開胸廓，進一步伸展腹直肌。

伸展腹內、外斜肌

可以伸展到側腹的腹內斜肌與腹外斜肌。平躺在地，一隻腳往上抬起後倒向身體對側。由於這兩種肌肉會在軀幹扭轉、側彎時發揮作用，因此往反方向扭轉軀幹即可達到伸展效果。

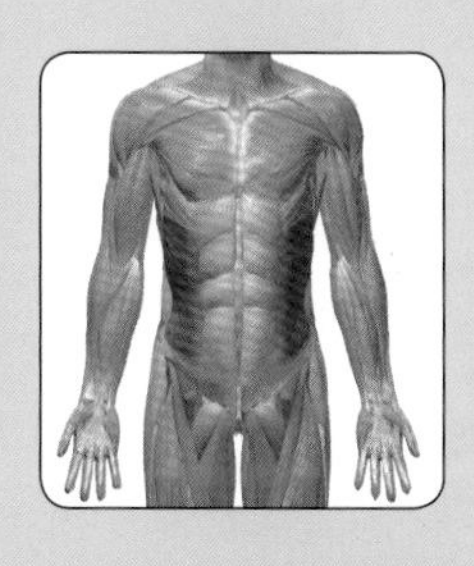

1

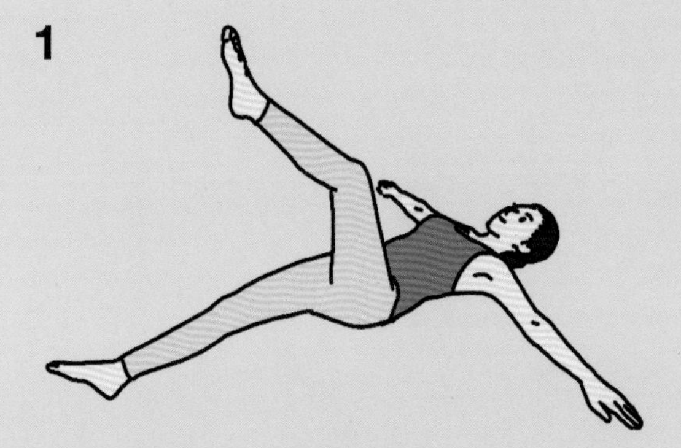

仰躺在地，雙手張開，一隻腳舉向天花板。

2

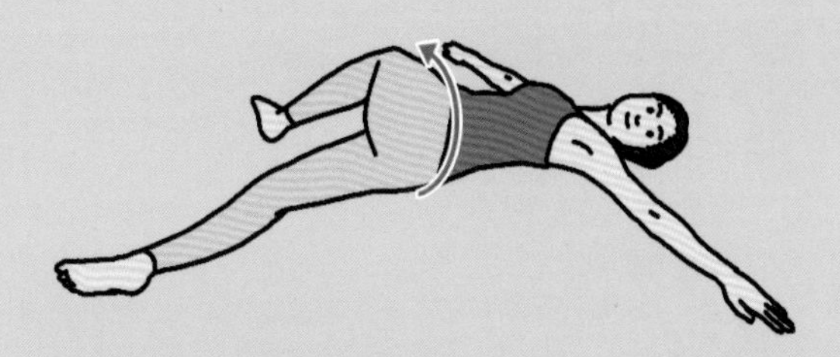

轉腰，舉起的那隻腳放到身體另一側。此時，注意兩邊肩膀不要離開地板。

透過通電來檢測人體組成狀況

「身體組成分析儀」(body composition analyzer)已逐漸成為現代家庭體重計的主流選擇，除了可以像一般體重計一樣量體重，還能測量體脂肪率、肌肉量、體水分率等身體組成成分。究竟這種儀器是根據什麼原理運作的呢？

肌肉易導電，脂肪不易導電

家用身體組成分析儀是藉由對人體通電（交流電）來測量身體組成。儀器輸出的電流非常微弱，僅有數十微安培（1微安培＝100萬分之1安培），身體不會有任何感覺。但體內裝有心律調節器（pacemaker）這類醫療電子儀器的人則不能使用身體組成分析儀，否則恐會造成儀器故障。

脂肪含水量低，電阻很高。相對地，肌

透過通電來測量體脂肪率的原理

人體脂肪幾乎不導電，但脂肪以外的組織（肌肉、骨頭等）倒是具有不錯的導電性。可以將身體想像成如右圖所示，由脂肪及脂肪以外組織所構成的雙層圓筒，而電流只能在圓筒內側（脂肪以外的組織）流通。

通道（脂肪以外的組織）愈狹長，電流愈不容易通過，所以即便身高與體積完全相同，脂肪較多的體型也比較不利於電流流動。一般家用身體組成分析儀就是根據該原理，藉由偵測電阻差異來分析體脂肪率。

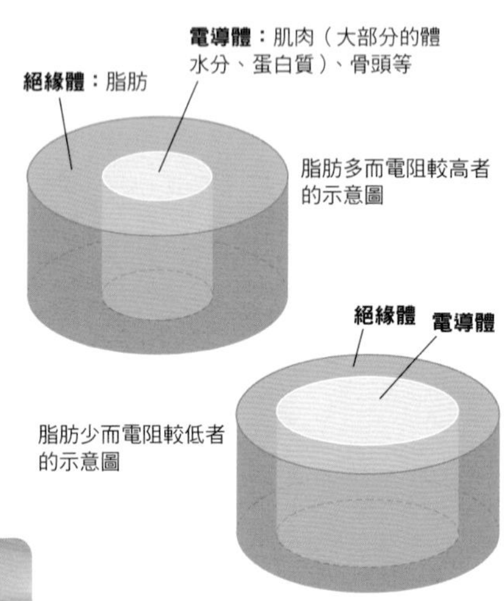

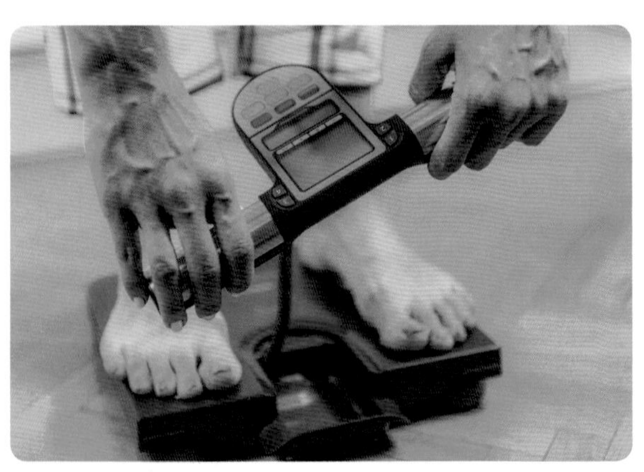

肉、骨頭等脂肪以外的成分因為富含水分，所以電阻很低。身體組成分析儀就是根據不同組織間的電阻差異來測量體脂肪率。

不僅如此，只要調整送進體內的交流電頻率（電流方向每秒內改變的次數），還能改變電流在身體組織內的流向。據說現在最新型號的身體組成分析儀已經能夠更精準地辨別「體水分量」與含有大量水分的「肌肉量」了。

測量數值受到身體水分以及體溫變化等的影響

分析身體組成之際，必須特別注意測量當下的身體條件。體內的水分含量、分布狀況、體溫、體重，都會隨著測量前的活動與當天的身體狀況而改變，進而影響到儀器所偵測的電阻。比方說在激烈運動過後，身體的水分與體溫會劇烈變動，因此就算在運動前後分別測量，我們也無法從數值的變化來準確分析該運動的減脂效果。

再者，測量時的姿勢也會影響電流在體內的路徑，造成測量誤差。此外，各家廠牌採用的計算方式有所差異，因此同一個人使用不同廠牌的身體組成分析儀，測出來的數值也不盡相同。

改變電極組合，即可分析各部位的身體組成

身體組成分析儀一般是以雙手雙腳這四個地方為電極，不過我們可以任意改變輸出電流與測量電壓的成對電極組合，藉此分析特定部位的身體組成。沒有電流通過的部分，就算與測量電壓的路徑重疊，也不會對電壓數值造成影響。因此，可以只測量電流路徑與電壓路徑重疊部分的身體組成。

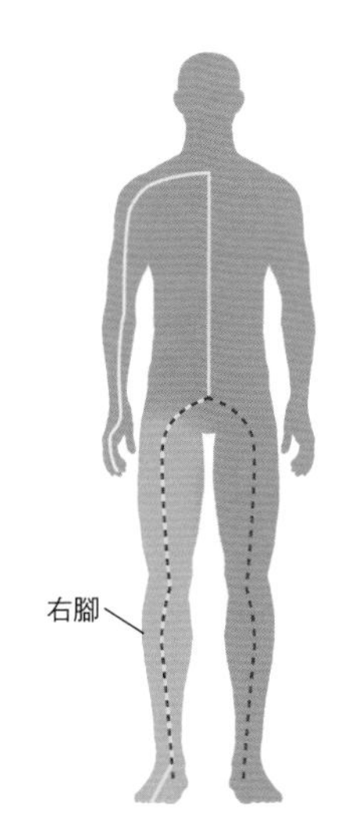

電流路徑

測量電壓的路徑

分析的部位（電流路徑與測量電壓之路徑的重疊部位）

分析右腳組成的情況
讓電流在右手與右腳的電極間（右臂、軀幹、右腳）流通，測量右腳與左腳電極間的電壓，即可分析右腳的組成。

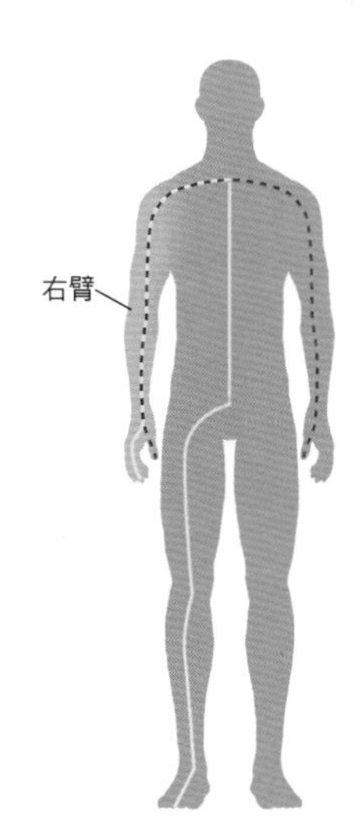

分析右臂組成的情況
讓電流在右手與右腳的電極間流通，測量右手與左手電極間的電壓，即可分析右臂的組成。

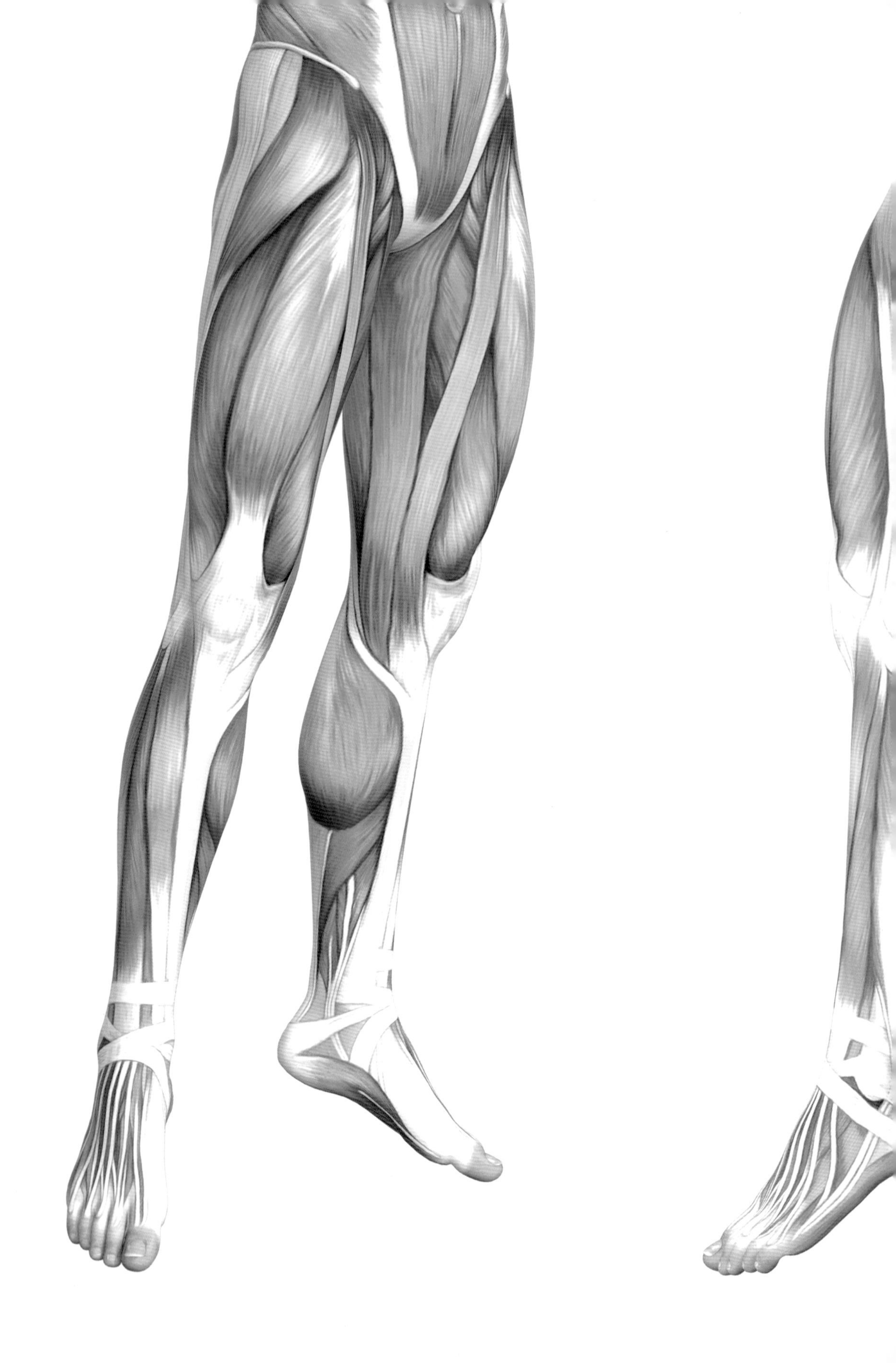

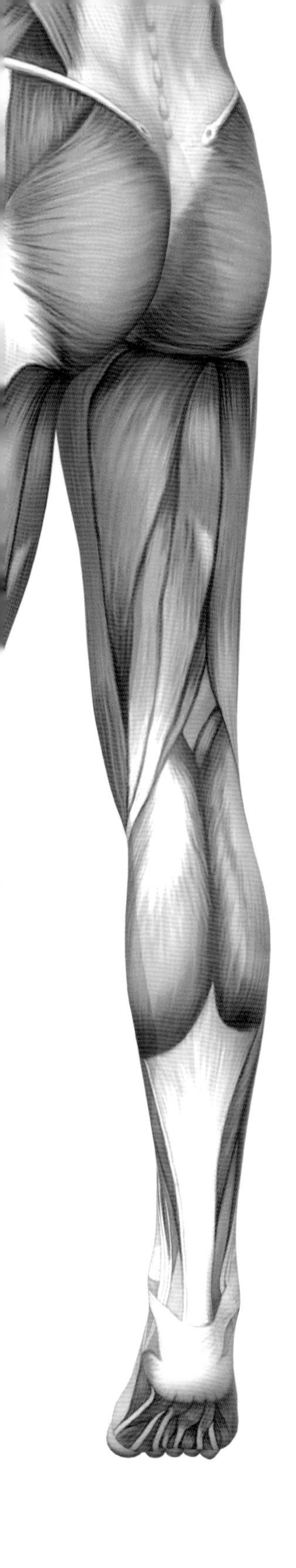

5
臀部與下肢肌肉

Muscles of legs and hip

控制基本動作的下半身重要肌肉

下半身的肌肉掌管站立、行走等日常生活中的基本動作。這些肌肉容易隨著年紀退化，嚴重時甚至會影響正常生活。

大腿前側的股四頭肌（M. quadriceps femoris）由四塊肌肉組成：股中間肌（M. vastus intermedius）、股外側肌（M. vastus lateralis）、股內側肌（M. vastus medialis）以及正面的股直肌（M. rectus femoris）。股四頭肌具有伸展膝關節的作用，主要負責控制站、走、踢等動作。

膕旁肌（hamstring，又稱大腿後肌）由股二頭肌（M. biceps femoris）、半腱肌（M. semitendinosus）、半膜肌（M. semimembranosus）三塊肌肉組成，具有彎曲膝蓋的作用，也負責做出從髖關節啟動的後抬腿動作。之所以稱作膕旁肌，是因為這些肌肉細長的肌腱連向膝蓋背面（膕）的內外兩側。此外，膕旁肌也是很容易拉傷的肌群。

位於小腿後側的腓腸肌（M. gastrocnemius）其作用是拉提腳跟，有助於做出踮腳尖的動作。該肌肉退化會導致蹬地力量不足，影響正常行走。

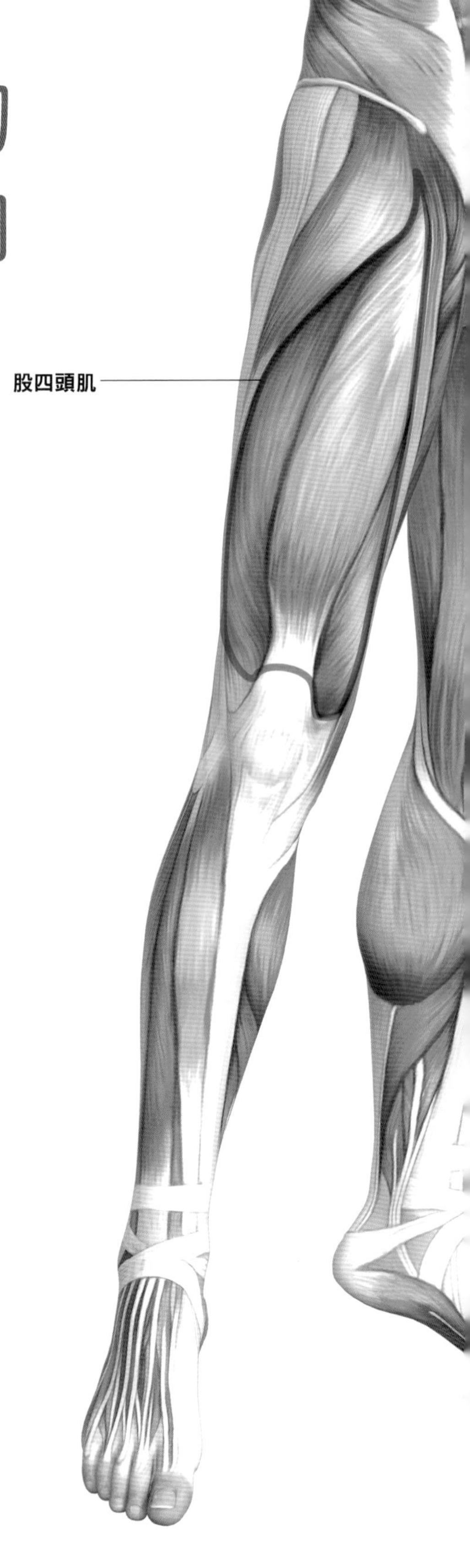

下半身的主要肌肉

下半身的主要肌肉包含臀大肌、大腿的股四頭肌、膕旁肌以及小腿的腓腸肌等。這些肌肉有助於站立、行走。

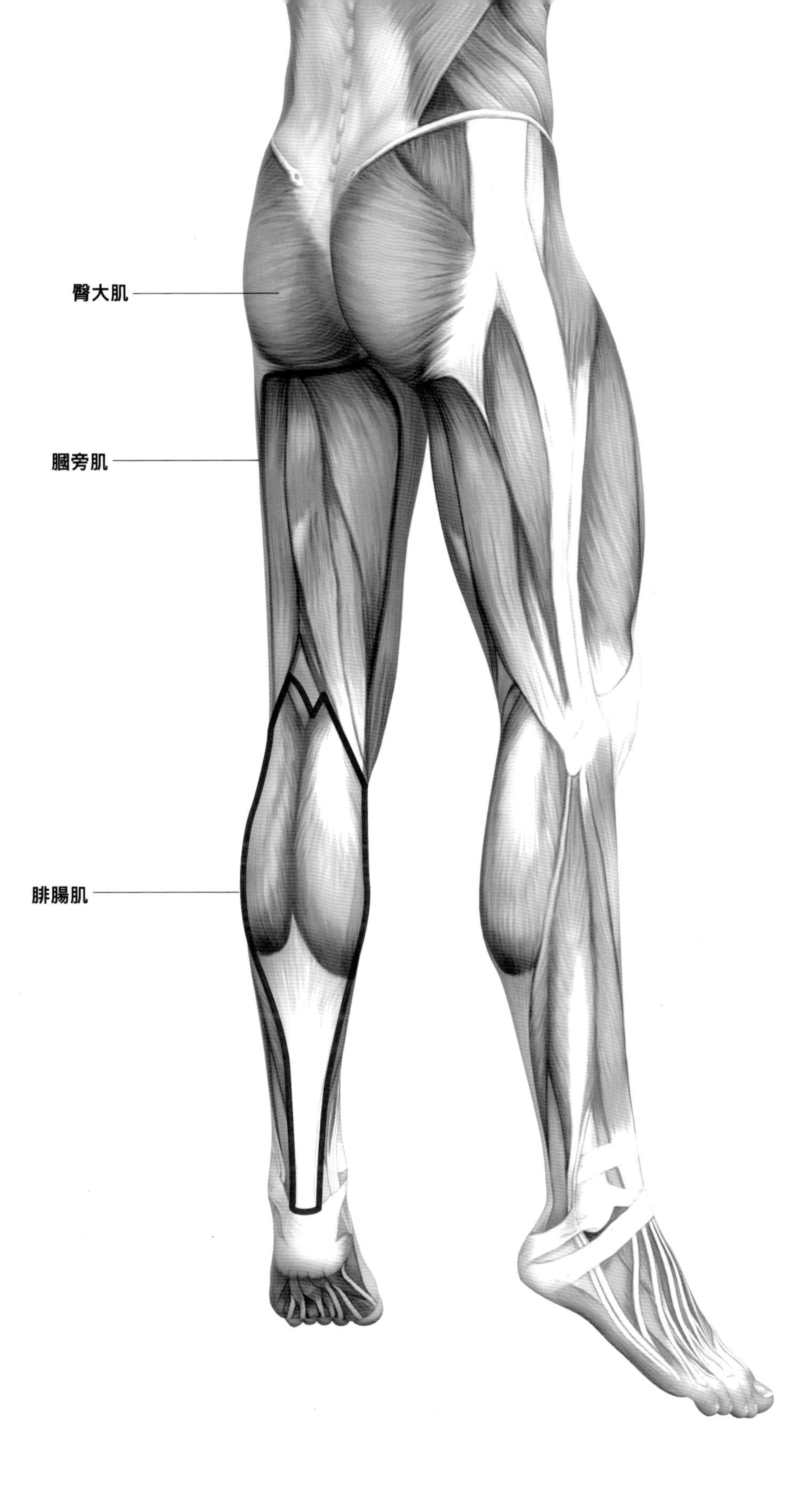
臀大肌
膕旁肌
腓腸肌

牽引髖關節做出各種動作

屁股的肌肉是由臀大肌（M. gluteus maximus）、臀中肌（M. gluteus medius）、臀小肌（M. gluteus minimus）等肌肉構成。上述三種肌肉協同作用，有助於做出各種自髖關節啟動的腿部動作，如後擺腿（髖關節伸展）、側擺腿（髖關節外展）、股骨向外扭轉（髖關節迴旋）等等。諸如平常走路、起立，運動時慢跑、短跑以及打籃球、踢足球過程中快速橫移腳步的動作，都會用到這些肌肉。

除此之外，腰部還有連著薦骨（脊椎最下面的三角形骨頭）與股骨上端基部的梨狀肌（M. piriformis）等。

籃球的橫移腳步

包含臀大肌在內的諸多臀部肌肉要練得夠強壯，打籃球時才能快速地橫移腳步。

臀部肌肉

三種臀部肌肉中，臀小肌的所在位置最深。臀小肌位於臀中肌底下，最表層還有臀大肌包覆在外。

淺層

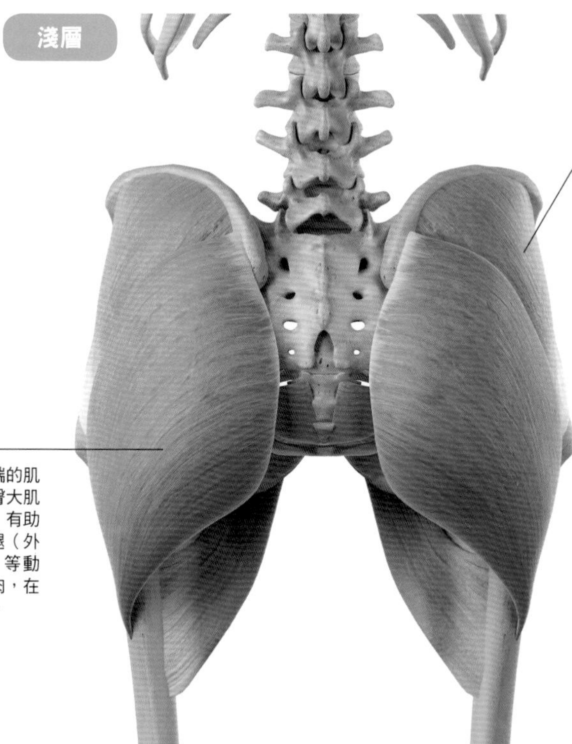

臀大肌

始於骨盆、恥骨並連向股骨上端的肌肉，包覆著臀中肌與臀小肌。臀大肌是牽引髖關節活動的重要肌肉，有助於做出後擺腿（伸展）、側擺腿（外展）、股骨向外扭轉（外旋）等動作。臀大肌還是人體最大的肌肉，在所有臀部肌肉中擁有最多力量。

深層

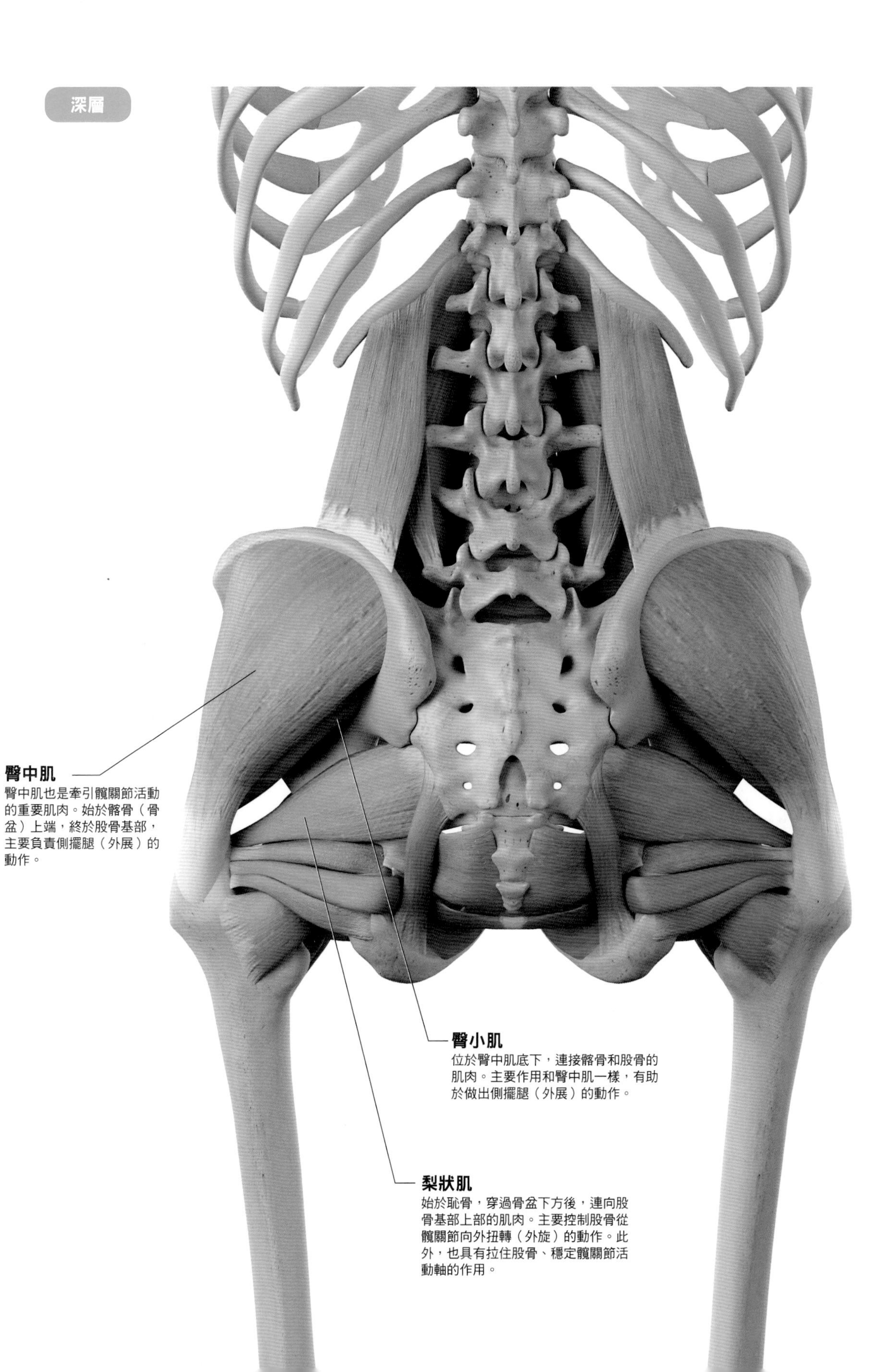
臀中肌
臀中肌也是牽引髖關節活動的重要肌肉。始於髂骨（骨盆）上端，終於股骨基部，主要負責側擺腿（外展）的動作。
臀小肌
位於臀中肌底下，連接髂骨和股骨的肌肉。主要作用和臀中肌一樣，有助於做出側擺腿（外展）的動作。
梨狀肌
始於恥骨，穿過骨盆下方後，連向股骨基部上部的肌肉。主要控制股骨從髖關節向外扭轉（外旋）的動作。此外，也具有拉住股骨、穩定髖關節活動軸的作用。

COLUMN

臀部與髖關節的伸展運動

以下介紹幾種伸展臀部肌肉與髖關節的運動。伸展可以改善肌肉柔軟度，提升關節靈活度。

若只顧著訓練肌力而忽略伸展，恐導致肌肉缺乏柔軟度，增加受傷的機率。藉由伸展來增加關節靈活度，亦能讓我們在更安全的條件下進行肌力訓練。

下半身有不少大肌肉，好好鍛鍊的話可以有效提升基礎代謝率。再者，下半身的肌肉較容易隨著年紀退化，如果能趁早搭配好訓練與伸展，效果更佳。

伸展臀大肌

可以伸展到臀部表面負責活動髖關節的臀大肌。坐在地上，一隻腳往後延伸，前腳彎曲。接著身體向前趴，即可拉伸到前腳的臀大肌。臀大肌的肌束為斜向排列，因此轉動髖關節、帶動身體往前延伸，即可達到伸展效果。

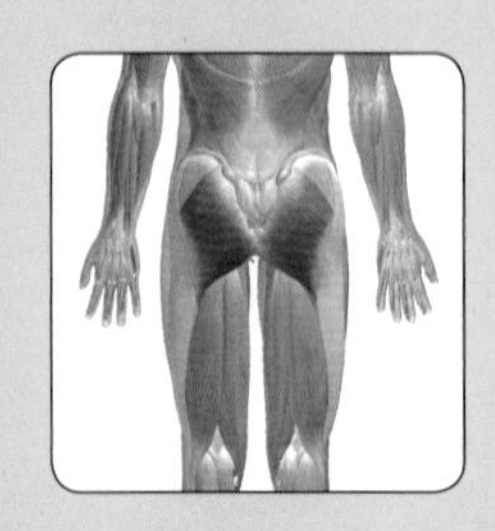

1

坐在地上，一隻腳盤起，另一隻腳往後伸。重心擺在前腳上。

2

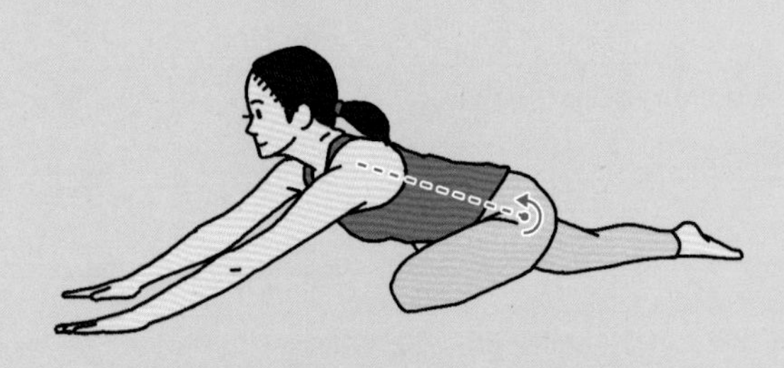

背打直，胸口盡量打開，上半身往前趴。感覺從髖關節開始傾倒身體，背部不要拱起來。

乳酸是代謝廢物？

以往的觀念認為「高強度運動產生的乳酸是代謝廢物」。不過近年的研究證實，乳酸其實會被身體回收再利用，成為另一個供給肌肉能量的來源。

乳酸水解後會形成乳酸根離子與氫離子，前者會被身體回收作為能量來源，而後者含量太高的話會促進細胞內的氧化作用，妨礙肌肉收縮所需的酶運作。另外，血液的氧化作用達到一定程度會產生重碳酸鹽離子，導致呼吸變得急促，讓人感到「難受」、「喘不過氣」。

高強度運動後從乳酸分解出來的氫離子會令人產生疲勞感，不過這種體內環境變化也能有效刺激肌肉增生、加強體力，因此高強度運動對我們來說依然是必要的。

伸展髖關節外旋肌群

可以伸展到位於臀部深層、負責控制髖關節外旋的肌群。將一隻腳的腳踝架在另一隻腳的膝蓋上，從髖關節將大腿往內側扭轉，即可達到伸展效果。

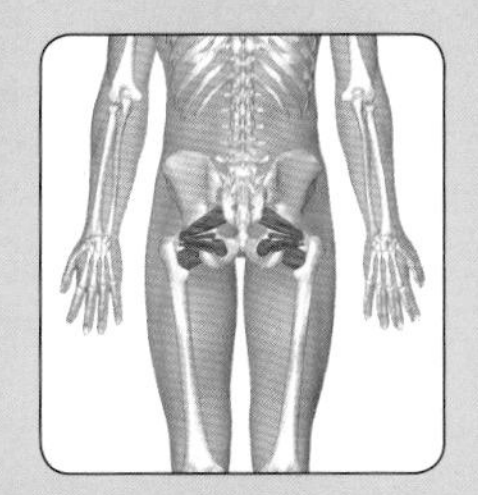

※：每次伸展約停留15～30秒，有點緊繃但不至於感到疼痛的程度。

1

屈膝坐在地上，一隻腳的膝蓋往內傾倒。

2

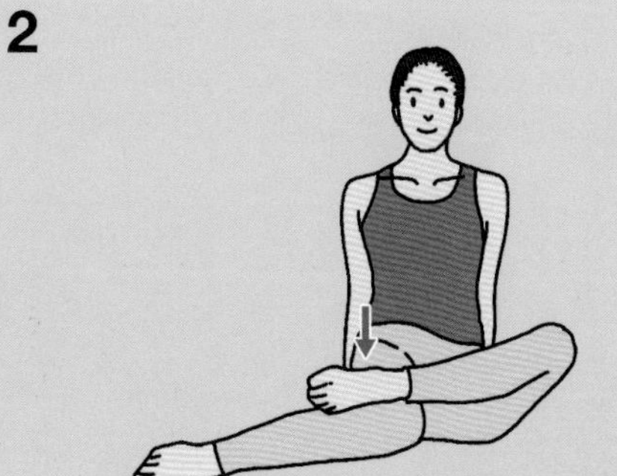

另一隻腳的腳踝放在倒下那隻腳的膝蓋上，感覺稍微用力下壓，讓大腿往內側扭轉。此時，靠近底下那隻腳的屁股不要離地。

用力伸展膝蓋

大腿的股四頭肌主要由四種肌肉構成，包含深層的股中間肌、外側的股外側肌、內側的股內側肌、前側的股直肌。

股四頭肌的主要作用是伸展膝蓋，不過股直肌也有參與前擺腳（髖關節屈曲）的動作。所有涉及腳部的動作，包含平常起立、走路或是運動時短跑、跳躍、慢跑等，都會運用到這些肌肉。

運動選手的大腿之所以粗壯，大多是因為股四頭肌發達的緣故。

競速滑冰選手的大腿

競速滑冰選水起跑後會不斷加速，保持高速一路衝向終點。其加速過程仰賴發達的股四頭肌提供瞬間爆發力，因此他們的大腿往往特別發達而粗壯。

大腿肌肉（正面）

股四頭肌由好幾塊肌肉構成，是人體中體積最龐大的肌群。

股直肌
覆住股中間肌的一塊大肌肉。股直肌始於骨盆，沿著大腿連向髕骨（膝蓋骨）和脛骨（小腿內側骨頭），因此不只有伸展膝蓋的作用，也參與前擺腳（屈曲）的動作。

股中間肌（深層）
位於股骨前方，被股直肌包覆的肌肉。從股骨上端一路連向髕骨和脛骨，參與膝蓋伸展的動作。

股外側肌
位於股骨外側的肌肉。從股骨上端一路連向髕骨和脛骨，負責伸展膝蓋。當膝蓋以下處於向內扭轉（內旋）的狀態時更易於活動。

股內側肌
位於股骨內側的肌肉。從股骨上端一路連向髕骨和脛骨，負責伸展膝蓋。當膝蓋以下處於向外扭轉（外旋）的狀態時更易於活動。

彎曲膝蓋、後擺腿

大腿後側主要有三種肌肉：半膜肌、半腱肌、股二頭肌。這些肌肉合稱膕旁肌，作用是彎曲膝蓋（屈曲）、控制後擺腿（髖關節伸展）等動作。其中，又以股二頭肌在髖關節伸展活動上的功能特別重要。

從彎腰的姿勢挺身、走路時後腳蹬地，這些稀鬆平常的動作都需要大腿後側肌肉出力。而在運動方面，例如全速衝刺時，我們也會藉由後擺腿的動作增加推進力，同時控制前腳膝蓋以下的動作。

平常不太會大幅活動到膕旁肌或對該部位施加過多負擔，因此，突然從事不習慣的激烈運動的話，很容易拉傷膕旁肌。

短跑選手的膕旁肌

短跑衝刺的動作中，臀大肌與膕旁肌比股四頭肌更為重要。因為股四頭肌的主要作用是伸展膝蓋，而自髖關節啟動的後擺腿動作則是由臀大肌與膕旁肌掌控。也因此短跑選手的膕旁肌力量通常相當驚人，柔軟度也非常優越。

大腿肌肉（背面）

膕旁肌的三條肌肉都屬於橫跨兩個關節的雙關節肌，不過股二頭肌又可以細分成尺寸較大的長頭和較小的短頭，且只有短頭是參與屈膝活動的單關節肌。

臀大肌

股二頭肌

膕旁肌之中最外側的肌肉。占了絕大部分體積的長頭始於坐骨（骨盆下緣），跨過膝關節外側後連向腓骨（小腿外側骨頭）；體積較小的短頭從股骨中央一帶向下延伸，途中與長頭匯合。股二頭肌的主要作用是伸展髖關節，也參與膝蓋彎曲的動作。

半腱肌

位於大腿後方中央，包覆著半膜肌的肌肉。半腱肌始於坐骨，跨過膝關節內側後連向脛骨（小腿內側骨頭），參與髖關節的伸展與膝蓋屈曲的動作。

半膜肌

位於大腿內側的肌肉，有一部分被半腱肌覆住。半膜肌和半腱肌一樣始於坐骨，跨過膝關節內側後連向脛骨，主要參與膝蓋屈曲的活動，也具有伸展髖關節的作用。

COLUMN

運用自身體重鍛鍊大腿肌力

本書介紹的訓練動作大多屬於未使用器材的「自重訓練」，自重即自己的體重。自重訓練的好處是方便，但缺點是負重程度無法超過自身體重。

不過，還是可以透過一些方法增加肌肉的負擔，那就是「慢速訓練」。

其中有一種張力維持慢速法，是藉由肌肉持續出力來增加肌肉承受負荷的訓練方式，關鍵在於動作過程肌肉不能放鬆。以深蹲為例，當膝蓋完全伸直、關節卡緊時，肌肉就會放鬆。所以起身時不要完全站直，在膝蓋快要完全伸直前再接著往下蹲。如此一來，就算沒有額外負重也能提高訓練的負荷。

慢速訓練有很多種形式，詳見第156頁的介紹。

臀橋式

可以訓練到位於大腿內側及背面，負責彎曲膝蓋、操控後擺腿動作的膕旁肌。躺在地上，雙腳腳跟放在矮凳上，接著重複抬高屁股再放下。這是少數能夠利用自身體重訓練到膕旁肌的動作。

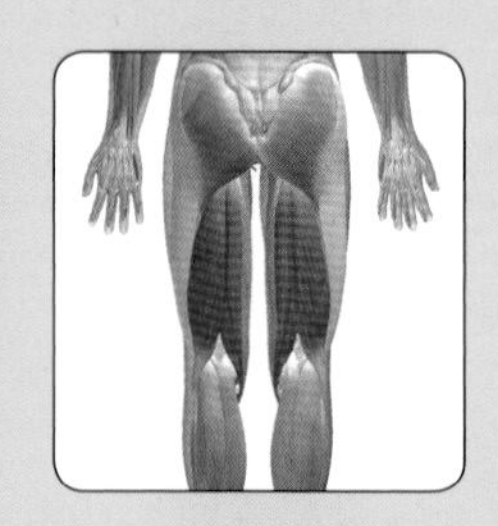

1

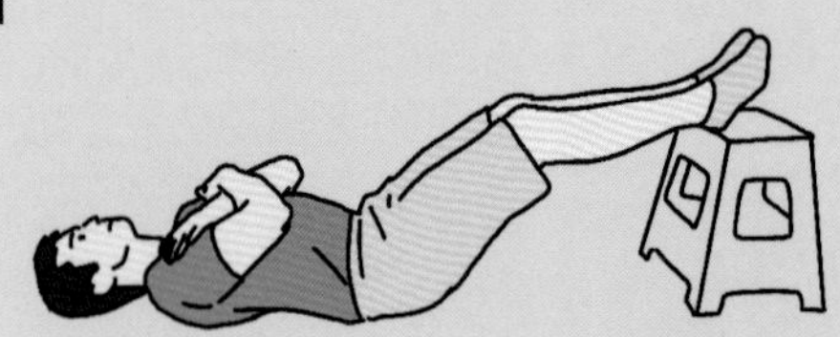

仰躺在地，雙腳腳跟放在矮凳上。雙手交叉抱胸，稍微挺腰讓屁股離地。

2

挺腰（骨盆後傾）帶動屁股上提，再慢慢收腰（骨盆前傾）把屁股放下來。

深蹲

可以訓練到臀大肌與大腿前側主要負責伸展膝蓋的股四頭肌。動作時感覺屁股往後推，慢慢往下坐，然後再站起來。確實動作即可鍛鍊到下肢整體的肌肉。

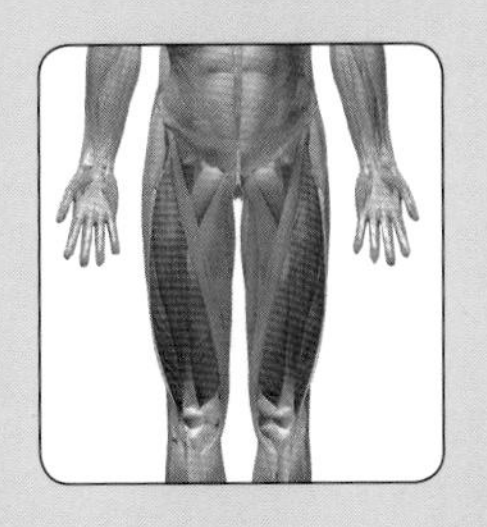

1

抬頭挺胸站好，雙腳打開與肩同寬，雙手交叉抱在胸前。

2

背維持打直，屁股往後推，上半身自然前傾，慢慢往下坐。盡可能蹲低，再起身回到原本姿勢。

西斯深蹲

可以訓練到股四頭肌。腰部往前推出，固定好髖關節（大腿基部），僅運用膝蓋彎曲往前蹲，訓練大腿肌肉。這個動作比標準深蹲更能刺激股四頭肌。

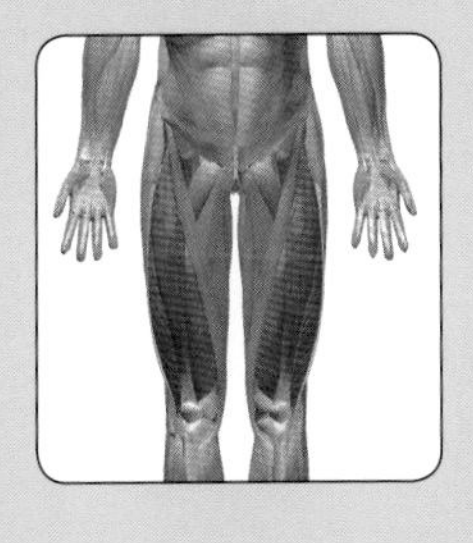

1

雙腳打開與肩同寬，單手撐著牆壁或柱子保持平衡，膝蓋微彎預備。

2

腰往前推，屈膝前蹲。伸直膝蓋，回到原本姿勢。

COLUMN

伸展大腿肌肉

平常伸展動作做得愈頻繁，效果愈好。美國運動醫學學會（American College of Sports Medicine，ACSM）編纂的指南中建議，一週最少做2～3次伸展運動。話雖如此，伸展過頭也可能導致短暫的肌力下降。

如果想要肌力訓練與伸展運動兼顧，建議在進行肌力訓練前稍微拉拉筋，肌力訓練後再仔細伸展。身子發熱的時候，伸展效果也會比較好。

伸展股四頭肌

可以伸展到股四頭肌。單膝跪地，後腳膝蓋大幅彎曲，再將腰部往前推。股四頭肌有一部分橫跨了髖關節與膝關節，因此，在膝關節彎曲的狀態下活動髖關節即可達到伸展效果。

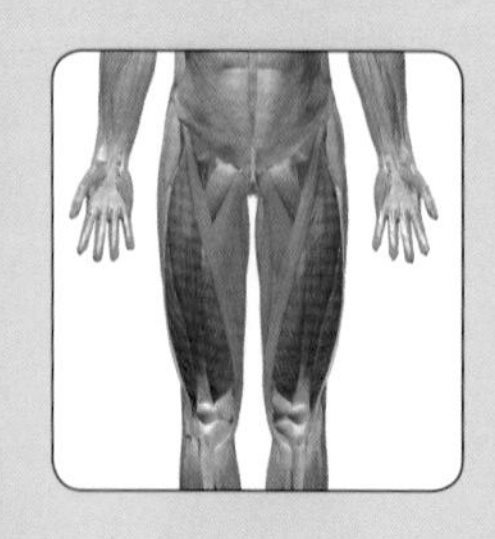

1

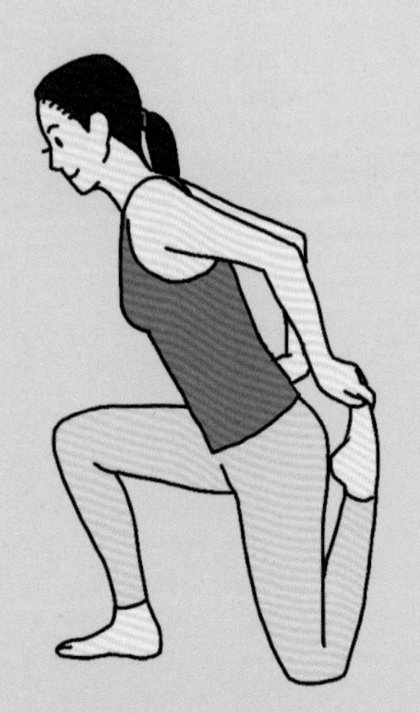

雙膝跪地，接著單腳往前跨出。後腳膝蓋底下可以墊一條毛巾。後腳勾起來，手抓住後腳腳尖往身體拉近，加深膝蓋彎曲角度。

2

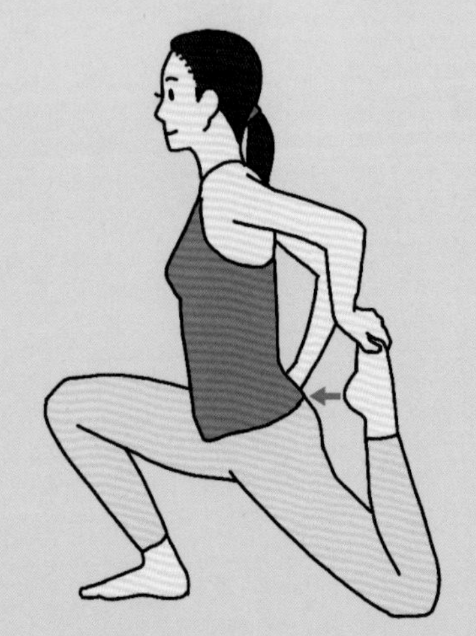

保持膝蓋大幅彎曲，腰部往前推出。此時，背部不要過度後仰。

伸展內收肌群

可以伸展到大腿內側負責控制內擺腿動作的內收肌群，也能有效伸展膕旁肌。坐在地上，雙腳大大打開，將上半身往前趴以進行伸展。

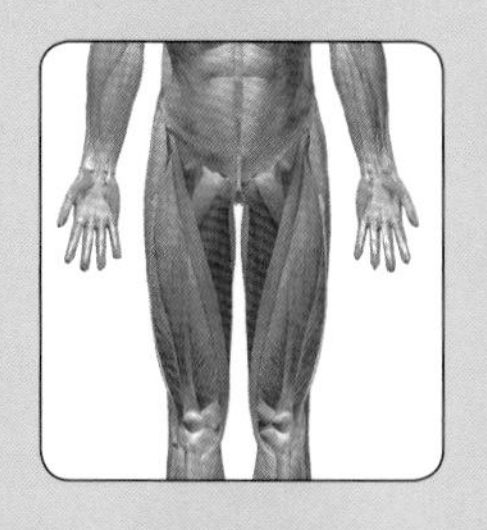

1

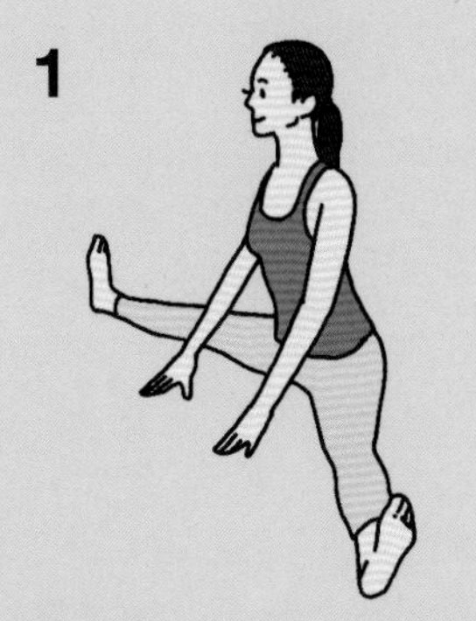

坐在地上，膝蓋伸直，雙腳往兩旁大大打開。

2

背打直，感覺上半身連同骨盆往前傾。

3

接著稍微拱起背部，胸口盡量貼向地板。

伸展膕旁肌

可以伸展到膕旁肌。坐在地上，雙腳往前伸直，上半身往前趴。膕旁肌是橫跨髖關節與膝關節的雙關節肌，因此在膝關節伸直的狀況下扭轉髖關節，即可達到伸展效果。

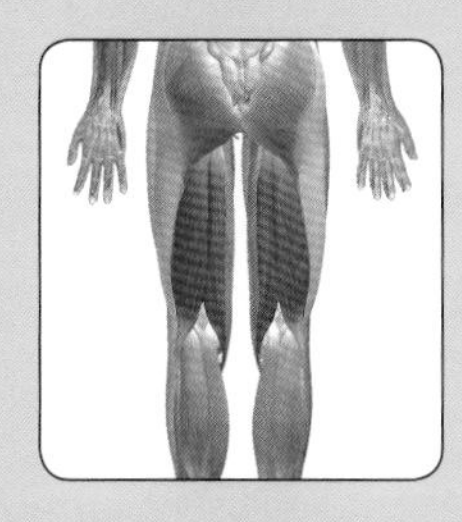

1

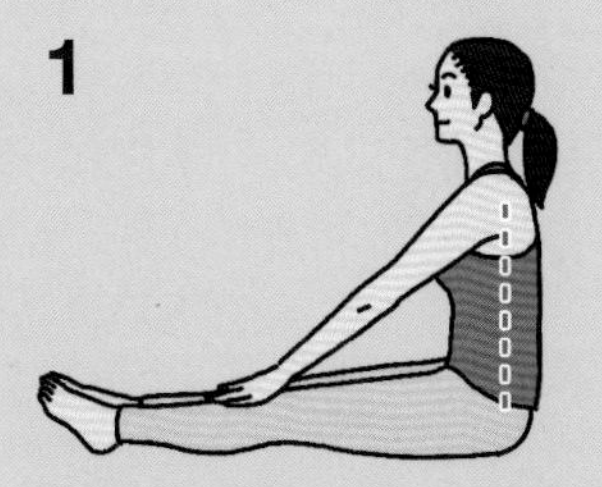

坐在地上，雙腳往前伸，背部打直。

2

保持背部打直，從髖關節帶動上半身往前傾。

3

接著稍微拱起背部，一併伸展背後的豎脊肌群。

勾起腳尖、伸展腳趾

小腿前側的主要肌肉包含脛骨前肌（M. tibialis anterior）、伸拇長肌（M. extensor hallucis longus）、伸趾長肌（M. extensor digitorum longus）等等，作用是控制腳板上勾（背屈）和腳尖上勾（伸展）。

脛骨前肌是這群肌肉中最粗的一塊，擁有控制腳踝背屈的重要功能。另一方面，伸拇長肌與伸趾長肌主要負責控制腳趾的伸展動作，也有參與腳踝的背屈動作。

這些肌肉負責抬起腳尖，我們平常走路時才得以踩穩腳步，免於絆倒；而在運動方面，例如慢跑時能夠一步接一步地順暢跑下去也有賴於此。

馬拉松選手的跑步動作

跑馬拉松時，脛骨前肌等肌肉會使腳踝背屈，有助於踩穩腳步、維持跑步節奏。

小腿前側肌肉

相較於伸展腳踝（蹠屈）的小腿後側肌肉，小腿前側負責控制腳踝背屈的肌肉更為纖細，力氣也不大。舉例來說，小腿後側最粗壯的肌肉是比目魚肌，負責控制腳踝蹠屈；即便是腳踝背屈時出最多力氣的脛骨前肌，其體積也只有比目魚肌的４分之１左右而已。

脛骨前肌
從脛骨（小腿內側骨頭）上端經過腳踝前側，連向足弓的肌肉。主要作用是控制腳踝背屈、腳踝往內翻轉（內翻）。

伸趾長肌
始於脛骨上端，通過腳踝前側之後分成四條，各自連向拇趾以外的四根腳趾頭。主要作用是控制四根腳趾的伸展動作，和腳踝背屈、腳踝往外翻轉（外翻）。

伸拇長肌
始於腓骨（小腿外側骨頭）上端，通過腳踝前側之後連向拇趾趾尖。主要作用是控制拇趾伸展，也幫助腳踝背屈和內翻。

提舉腳掌前緣

小腿後側的肌肉包含比目魚肌、腓腸肌、腓骨長肌（M. peroneus longus）等等，這些肌肉的主要作用是幫助腳踝伸展，做出踮腳尖（蹠屈）的動作。

當中體積最大的比目魚肌，以及幾乎覆住比目魚肌的發達肌肉腓腸肌，都是進行腳踝蹠屈動作至關重要的肌肉。這兩群肌肉合稱為小腿三頭肌（M. triceps surae），靠近腳踝的肌腱即阿基里斯腱。

這些肌肉的作用包含平時協助維持站姿，以及踮腳尖時保持身體平衡；而在運動方面，進行慢跑與短跑時可以發揮加速的功能。

小腿後側還有其他肌肉，像是協助比目魚肌和腓腸肌控制腳踝蹠屈的腓骨短肌（M. fibularis brevis）、脛骨後肌（M. tibialis posterior），還有控制腳尖屈曲的屈趾長肌（M. flexor digitorum longus）和屈拇長肌（M.flexor hallucis longus）等等。

棒球的跑壘衝刺

包含棒球在內，許多運動中都會出現衝刺的動作。拔腿狂奔時，需仰賴強健的小腿三頭肌出力並活用阿基里斯腱的彈性，才能透過腳踝作用確實地將下肢的力量傳遞至地面。

脛骨前肌

伸趾長肌

腓骨第三肌

小腿後側肌肉

以腳踝為活動軸的腳板上勾動作（背屈）主要由小腿前側肌肉負責，腳板下壓動作（蹠屈）則主要由粗壯有力的小腿後側肌肉負責。其中最大塊的比目魚肌，肌纖維有近9成都屬於活動速度慢但不易疲累的慢縮肌，在平時發揮支撐身體的重要作用。

腓腸肌

從股骨下端連向腳跟的肌肉，上端起點分成內側頭、外側頭這兩條分支。腓腸肌是橫跨腳踝和膝蓋的雙關節肌，主要作用是控制腳踝蹠屈，也會協助膝蓋彎曲（屈曲）。靠近腳踝部分的肌腱和比目魚肌的肌腱合稱為阿基里斯腱。

比目魚肌

被腓腸肌覆住、形似比目魚的扁平肌肉，連接腓骨（小腿外側骨頭）上端與腳跟。靠近腳踝的肌腱較硬，和腓腸肌的肌腱共同形成阿基里斯腱。

腓骨長肌

從腓骨上端沿著小腿肚外側通過腳踝外側，連向小趾骨頭的肌肉。主要作用是控制腳踝蹠屈與往外翻轉（外翻）。

快速奔跑的關鍵 阿基里斯腱

怎麼樣才能提高短跑速度？很多人可能以為只要鍛鍊下肢肌肉就足矣，但其實光靠肌肉作用無法提升最高速度。連接小腿後側肌肉與腳跟骨頭的「阿基里斯腱」（Achilles tendon，又稱跟腱）才是提升短跑速度的關鍵。

「肌腱」（tendon）是肌肉上連接骨頭的組織。阿基里斯腱是人體最長、最粗的肌腱，連接小腿後側肌肉（腓腸肌與比目魚肌）和腳跟的骨頭。肌腱的主要成分是一種名為「膠原蛋白」（collagen）的纖維狀蛋白質，和肌肉不一樣的地方在於肌腱伸縮時不需要消耗能量。

奔跑的速度愈快，腳與地面接觸的時間就愈短。若想要在這種狀態下進一步加快速度，勢必得在極短時間內更迅速且大力地蹬地。換句話說，肌肉必須使出非常大的力氣，還要能夠迅速收縮。然而，偏偏肌肉的性質是收縮得愈快，能使出的力氣愈小。

這時候就要仰仗阿基里斯腱了。肌腱就像彈簧，長度愈長伸縮幅度就愈大，質地愈硬伸縮速度就愈快。頂尖田徑選手正是借助阿基里斯腱的劇烈伸縮作用，讓肌肉保持在一定的長度，才得以迅速且用力蹬地。

若要充分運用阿基里斯腱的彈性，跑步時就必須以腳尖而非腳跟著地。其實不只是短跑，許多長跑選手奔跑時也會以腳尖著地。

非裔田徑選手與日籍田徑選手的差異

日籍田徑選手的阿基里斯腱較軟且短（類似細短的彈簧），非裔選手的阿基里斯腱則較硬且長（類似粗長的彈簧）。

腳底接觸地面時，非裔選手的阿基里斯腱會大幅伸長，讓肌肉維持一定的拉伸程度，進而使出強勁的力量。腳準備離地時，阿基里斯腱會迅速收縮，讓選手得以透過肌腱收縮時儲存的能量加快跑速。

透過這樣的方式，田徑選手能夠在短時間內大力蹬地，加快跑步速度。

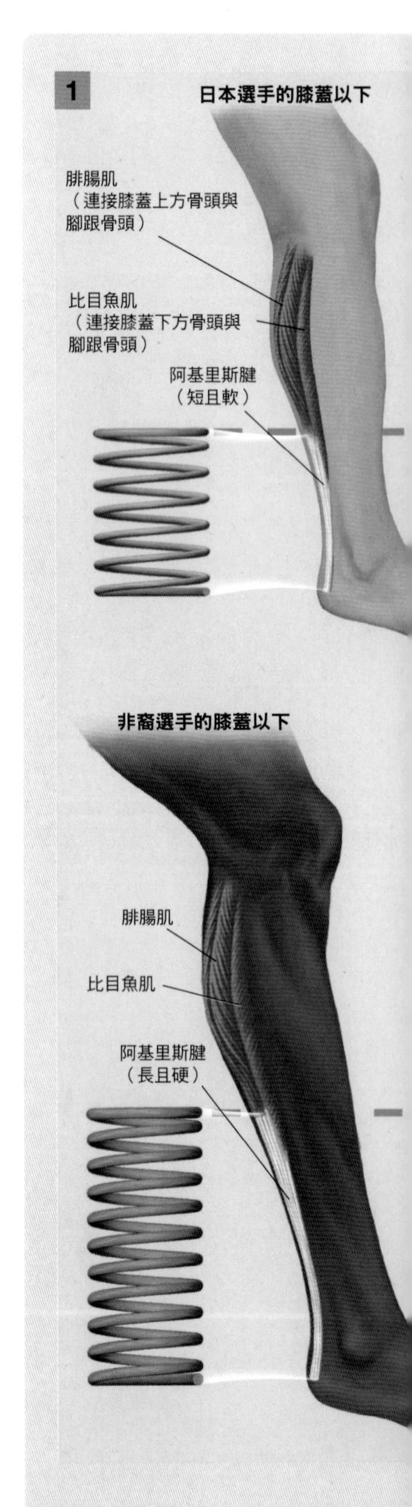

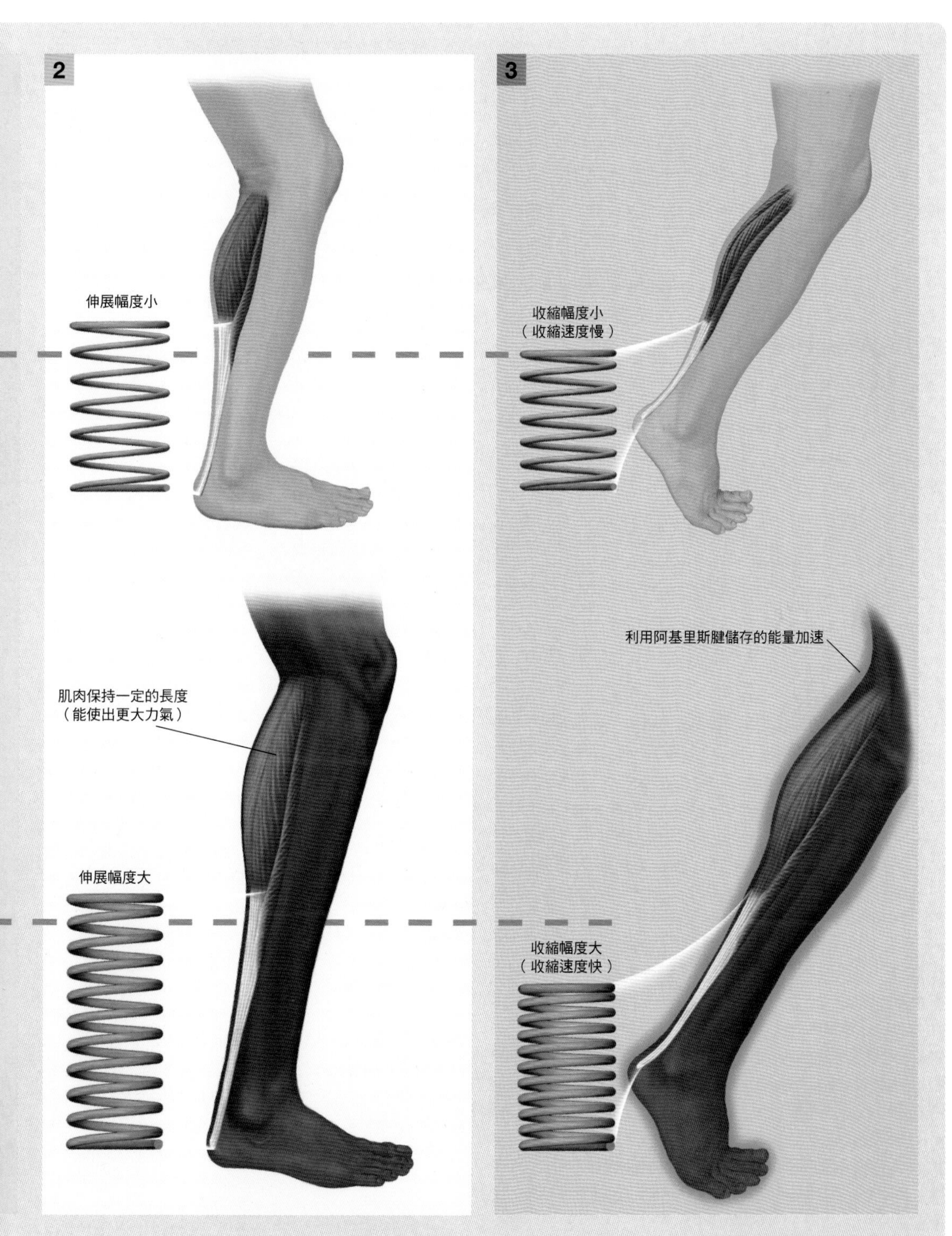

註：上圖中的伸縮幅度做了誇大呈現。

活動腳趾、維持平衡

腳上有多種發達的肌肉，負責支撐體重、控制平衡，以及減緩來自地面的衝擊。其中有不少肌肉為一長一短兩兩成對，共同控制特定動作，例如伸趾長肌與伸趾短肌（M. extensor digitorum brevis）。

腳掌的部分以負責彎曲腳趾的肌肉（屈肌）為主，腳背則以負責反勾腳趾的肌肉（伸肌）為主。當中又以屈肌的作用尤其重要，比如當我們感覺快要跌倒時，屈肌就會彎曲腳趾以協助穩定身體。而在運動方面，屈肌也有助於在跑步時踩穩腳步、在衝浪時維持全身平衡。

活動腳趾頭的腳部肌肉分成兩種，一種主要負責控制拇趾，另一種主要負責控制其他四根腳趾。除此之外，還有獨立控制小趾頭活動的肌肉等。

衝浪需要靠腳部肌肉維持平衡

從事衝浪這類講究平衡感的運動時，多虧有腳部肌肉在瞬間屈伸、時時微調平衡，我們才能自由自在地操控衝浪板。這些比較細緻的操作主要由足底深層的肌群負責。

腳部肌肉

腳部肌肉基本上都是兩兩成對，共同控制同一項動作。較長的肌肉大多是從小腿的骨頭連向腳趾，較短的肌肉則大多從腳踝或腳底的骨頭連向每一根腳趾。

伸趾長肌
從脛骨（小腿內側骨頭）上端通過腳背，連向拇趾以外四根腳趾頭前端的肌肉。主要作用是協同伸趾短肌伸展四根腳趾頭。

屈拇長肌
始於腓骨（小腿外側骨頭），通過腳底連向拇趾的肌肉。作用是協同從腳底中央連向拇趾的屈拇短肌彎曲拇趾。

外展小趾肌
從腳跟後方連向小趾外側的肌肉。負責控制小趾彎曲和向外張開（外展）等動作。

屈趾短肌
始於腳底近腳跟處，連向拇趾以外四根腳趾前端的肌肉。作用是協同從脛骨通過腳底連向四根腳趾的屈趾長肌彎曲四根腳趾。

外展拇肌
從腳跟後方連向拇趾內側的肌肉。負責控制拇趾彎曲和遠離第二趾（外展）等動作。在膝蓋以下往外扭轉（外旋）的姿勢中，也具有幫助膝蓋伸展的重要功能。

伸拇短肌
從腳背連向拇趾的肌肉。作用是協同從腓骨通過腳背連向拇趾前端的伸拇長肌伸展拇趾。

伸趾短肌
從腳背連向拇趾以外四根腳趾的肌肉。作用是協同伸趾長肌伸展四根腳趾。

COLUMN

效果更好的健走方式 間歇式健走

日本信州大學的能勢博特聘教授根據長年研究，開發了一種可以有效訓練體能的健走方式 —「間歇式健走」(interval walking)。

該方法是先以「略感吃力」的步調快走3分鐘，接著改以普通步調走3分鐘。兩種步調輪流交替一次為1組，建議每天重複5組（每天30分鐘）、每週至少進行4次。

雖然快走較能訓練體能，但長時間快走容易對身體造成太大的負擔，而且穿插正常走路的環節也可以降低一般人進行健走的門檻。雖然標準是每3分鐘切換一次步調，但這並非絕對，可以根據健走路線或自身狀況來自由調整。而且每天30

健走有助於增強體力

重要的是找到適合自己的強度，並且盡可能維持運動習慣。

分鐘的分量也不見得要一次走完，可以分成早、晚各一次。如果覺得每週4次有點勉強，也可以集中在週末進行，只要一個禮拜快走的時間加起來超過60分鐘即可。

研究也證實，間歇式健走不僅能增強肌力，還能改善低血壓、避免認知功能退化。

重要的是持之以恆

不過要注意的是，運動強度並非愈高就愈好。運動過度反而會提高意外受傷的風險，也更難完全消除疲勞，這都有礙於運動習慣的維持。至今的研究資料顯示，快走超過一段時間之後訓練效果會顯著下降，因此也沒有必要超過前述的參考時間。

重要的是持之以恆。一旦中斷運動習慣，體能也會馬上開始下降，休息多久肌肉就退化多少。

此外，在間歇式健走結束後30分鐘內攝取牛奶、起司、優格等蛋白質豐富的乳製品，有助於提升健走效果。因為在高強度運動結束後的30分鐘內，肌肉會更積極攝取血液中的葡萄糖以彌補消耗掉的熱量，也會更積極補充胺基酸。這時候攝取乳製品，肌肉細胞合成蛋白質的效率會更高，也能促進血液循環。即便只是1～2杯牛奶，也能大大增進運動效果。

間歇式健走的正確姿勢

視線
視線微微朝下，注視前方約25公尺處。
上半身
肩膀自然放鬆。
手肘
手肘彎曲成約90度，有意識地前後擺動。
姿勢
背部打直，自然挺胸。
前腳
跨步時腳伸得遠一點，勾起腳尖，以腳跟輕輕著地。
後腳
以腳尖輕輕蹬地。
步伐
步伐要比平常走路來得大一些。
男性建議是平常步伐＋5公分；
女性建議是平常步伐＋3公分。

※：參考能勢博特聘教授的著作《走路的科學》製成。

即使目的只是減肥
也要盡量拉高運動強度？

有一派人認為，健走時花時間慢慢走才能有效減脂。該論點是基於高強度運動會優先消耗葡萄糖等醣類養分，低強度運動較容易燃燒到脂肪的現象。

另一派人則認為，即使目的是減肥，也需要從事一定強度的運動才有效。其中一個理由在於，高強度運動會消耗更多能量，故消耗的脂肪也更多。其二是高強度運動過後，身體會進入「運動後過耗氧量」（excess post-exercise oxygen consumption，EPOC）的狀態，持續燃燒大量脂肪好一段時間。其三則是定期從事高強度運動能增壯肌肉、提高

運動需要一定強度才有效

但強度太高也可能傷及關節，所以適度就好。訓練時可以穿上柔軟的運動鞋，或是利用健身車等器材來減輕關節的負擔。

基礎代謝率，進而增加脂肪的消耗量。

綜上所述，我們可以說即使運動時間再短，也要有一定的強度才有效。

肌力訓練的負荷

肌力訓練的運動強度取決於肌肉承受的負荷程度，通常要做起來會感到「勉強」的動作才有鍛鍊效果。原則上，如果把頂多只有辦法完成一次動作的負荷上限訂為100%，那麼肌力訓練時會建議將負荷設定在70%～80%，並反覆操作直到力竭※。

不過，近年的研究發現即使負荷只有上限的30%，只要反覆操作到肌肉無力再完成一次完整動作，帶來的訓練效果也能與高負重旗鼓相當。

只需要靠自身體重或一些簡單的器材，就能夠輕鬆達成30%的負荷。而且還能應用慢速訓練（第138頁）增加效果。

※譯註：同一訓練動作中，反覆操作至無法再以正確姿勢完成一次動作的肌肉疲乏狀態。

負荷程度與訓練效果的關係

本表為假設完成一次動作後便力竭的負荷上限為100%，在不同負重程度下的訓練效果參考。研究認為，在負荷超過90%的狀態下訓練雖然會提高肌力，但這主要是神經功能增強的效果而非肌肉量增加所致。

負荷程度（%）	能重複操作同一動作的次數	主要訓練效果
100	1	神經功能發達（肌力增加）
95	2	
90	4	
85	6	肌力、肌肉量增加
80	8	
75	10～12	
70	12～15	
65	18～20	肌耐力提升
60	20～25	
50	30～	

（出處：Fleck and Kraemer，1987）

COLUMN

若要維持肌肉量 應避免用餐間隔時間過長

若要維持甚至增加肌肉，應避免讓身體陷入飢餓狀態。因為人空腹時血糖值會下降，接著身體便會進行各種作用以因應飢餓狀態，比如壓力激素（stress hormone）會促使肌肉分解，避免消耗多餘熱量並囤積脂肪。

此外，進食次數減少也會降低肌肉的肝醣含量。當肌肉的能量不足，肌纖維就會停止合成蛋白質。總結來說，減少進食次數會促進肌肉分解作用。

因此，若希望增肌、減少囤積多餘脂肪，應避

維持肌肉量的飲食習慣

早、中、晚均衡飲食並且只吃到八分飽，才能有效維持肌肉。

免用餐間隔時間過長。假如餐間產生空腹感，吃點簡單的東西止飢即可。如此可以維持血糖值穩定，讓身體慢慢補充所需養分。

很多人減肥時會選擇節食，減少攝取的熱量。雖然這麼做能減重，但肌肉也會跟著縮水。因為吃得少，身體自然會試圖減少消耗較多熱量的肌肉。

睡前不要進食

許多人因為工作忙碌或習慣晚睡，常常會在睡前吃東西。不過研究已經證實，若於就寢前1個小時內進食，身體會在睡眠時分泌促進脂肪囤積的激素。

所以晚餐最好早點吃，晚餐後到睡前則可以補充優良蛋白質和維生素。

低負荷的肌力訓練

如果想增強體力，運動強度一定要足夠才行。

肌纖維分成兩種：快縮肌纖維、慢縮肌纖維。一般肌力訓練中較容易增加的肌肉大多屬於快縮肌纖維。不過，從事負荷較低的運動時，反而會優先使用到慢縮肌纖維。也就是說，如果是以增肌為訓練目標，就應該提高負荷量。

儘管如此，還是有幾種在低負荷條件下有效訓練肌肉的方法。以下介紹的低負荷訓練法就是利用肌肉本身性質，優先鍛鍊到快縮肌纖維的方式。

慢速訓練

慢速訓練即稍微放慢動作，延長肌肉出力時間的訓練方式。如此可以抑制慢縮肌纖維的活動，讓我們在低負荷的狀況下也能活動到快縮肌纖維。

通常肌肉出力收縮時會擠壓血管、限制血液循環，肌肉持續出力就代表血液循環持續受到限制。由於慢縮肌纖維活動的耗氧量大，因此在這樣的條件下，即使負荷不高也能驅使快縮肌纖維作用。

慢速訓練對關節造成的負擔較小，因此也適合年長者操作。

讓想鍛鍊的肌肉踩煞車

另外，還有一種方法不是透過肌肉收縮作用進行鍛鍊，而是在肌肉伸展的狀態下「踩煞車」。

以訓練肱二頭肌的握舉啞鈴為例，當從彎舉姿勢慢慢放下啞鈴時，肌肉會出力支撐負重。此時肱二頭肌雖然處於伸展狀態，卻也在用力踩煞車以避免啞鈴直接掉下來，這種情況下就會充分運用到快縮肌纖維。

鍛鍊肌肉時，不只要注意上舉的動作，下放的動作也很重要。下放的動作愈慢愈好，別一下子整個放鬆了。

運用低負荷訓練增肌

進行慢速訓練時，放慢動作可以限制肌肉血液循環，優先驅動快縮肌纖維。

COLUMN

肌肉愈多壽命愈長？

大腿腿圍可視為全身肌肉量的指標。根據丹麥針對男性大腿腿圍與死亡率的關係，進行了為期12年的調查研究結果顯示：大腿愈粗則死亡率愈低，且肌肉量愈多愈不容易死於呼吸器官疾病及心血管疾病。

肌肉會分泌肌肉激素

一般認為，肌肉的功能不只是活動身體，還會分泌各種物質到血液中，影響全身的作用。這些肌肉分泌的物質可統稱為「肌肉激素」（myokine）。

肌肉激素的研究歷史尚淺，其相關功能也有待查明。話雖如此，透過肌纖維培養技術的研究等，已經證實人體內有超過數十種物質都屬於肌肉分泌的肌肉激素。

雖然肌肉激素的功能仍有許多未解之謎，但目前已有報告指出某些物質可以促進脂肪分解作用，還能抑制大腸癌。

科學家在果蠅的實驗中，也發現肌肉激素的分泌與壽命有所關聯。相信未來的研究也會逐步解開人體內肌肉激素的效果。

增肌的好處

肌肉的功能不只是活動身體，研究認為其分泌的肌肉激素也可能影響全身上下的生理作用。大腿愈粗壯則死亡率愈低的原因，可能也與肌肉激素有關。

即使上了年紀，肌力訓練也有效

另一項丹麥研究則是以11名85～97歲的年長者為對象，觀察他們進行12週高強度肌力訓練之後的效果。訓練的負荷程度為1RM（一次反覆最大重量：one repetition maximum）的80%，即一次動作中所能承受之負重上限的80%。

研究結果顯示，幫助他們完成起身動作的下肢肌力（膝蓋等長伸展的肌力）增加了41%～47%，股四頭肌的截面積增加了9.8%，快縮肌纖維則增加了22%。

該研究是以身體呈現衰弱狀態的高齡者為對象，證明了無論年紀多大、身體是否已經衰弱，只要在專家指導下進行正確的肌力訓練，一樣能增加肌肉量。

COLUMN

支撐上半身的腰部承受著莫大負擔

腰痛是令許多人煩惱的下半身不適之一。

人的脊椎是由「脊椎骨」與「椎間盤」所組成。椎間盤是一種特殊的軟骨，穿插於每一節脊椎骨之間。脊椎的重要功能之一是支撐上半身，尤其下方的「腰椎」更是支撐整個上半身重量的部位，承受的負擔很大。再加上腰又是下肢運動的起始點，所以也比脊椎其他部位更常大幅度彎曲、扭轉。

這些都會造成腰椎、椎間盤以及周圍韌帶、肌肉的負擔，引發腰痛。對雙腳站立行走的人類來

適時動動身體

絕大部分的腰痛都屬於難以釐清原因的「非特異性下背痛」（non specific low back pain）。非特異性下背痛的可能原因包含脊椎周邊肌肉疲勞、脊椎的部分關節（椎間關節）發炎。這類腰痛往往只是暫時的，過一段時間就會自然緩解。不過腰痛仍是腰部承受了過大負擔的警訊，代表很有可能會引發由其他特定原因造成的「特異性下背痛」（specific low back pain），例如「椎間盤突出」（herniated intervertebral disc）。

椎間盤的功能在於緩和脊椎受到的衝擊。研究指出，當我們坐在椅子上時，椎間盤承受的壓力比站立時還大。若坐著的時候身體還往前傾，壓力會更大。因此我們平常必須盡量保持坐姿端正，並避免長時間維持相同姿勢。此外，也別忘了適時做做體操這類運動來維持背肌與腹肌的肌力，才能提供腰部更多支撐力。如果腰痛長期未見緩解，請尋求專業醫師的幫助。

說，腰痛或許是無可避免的宿命。

脊椎的另一個作用是保護重要的神經。脊椎中心有一條名為「脊椎管」(canal) 的通道，內有「脊髓」(spinal cord) 和「馬尾」(cauda equina，脊髓下段的神經根束)。這些中樞神經會再分支出去，構成遍布全身的神經系統。若脊椎和椎間盤的健康狀況生變而壓迫到神經，就有可能引發手腳疼痛、痠麻，以及伴隨著麻痺的腰痛症狀。

腳抽筋的原因來自神經

抽筋的正式名稱為「肌肉痙攣」(muscle spasm)。肌肉與肌腱（肌肉連接骨頭的部位）內有偵測肌肉伸縮活動的感應器：肌肉中有「肌梭」負責感應肌肉舒張；肌腱中有「高爾肌腱器」負責感應肌腱舒張。肌肉痙攣通常就是這些感應器運作異常，造成脊髓持續對肌肉發出收縮命令所致。

肌肉痙攣易發生於肌肉疲勞或血液循環不良的時候。運動前確實補充水分與電解質、做足拉筋暖身，可以有效預防抽筋。

容易抽筋的肌肉

腳抽筋的狀況較常發生於小腿後側的肌肉（腓腸肌）和腳拇趾的肌肉（屈拇短肌等），因為這些肌肉經常承受較多負擔。

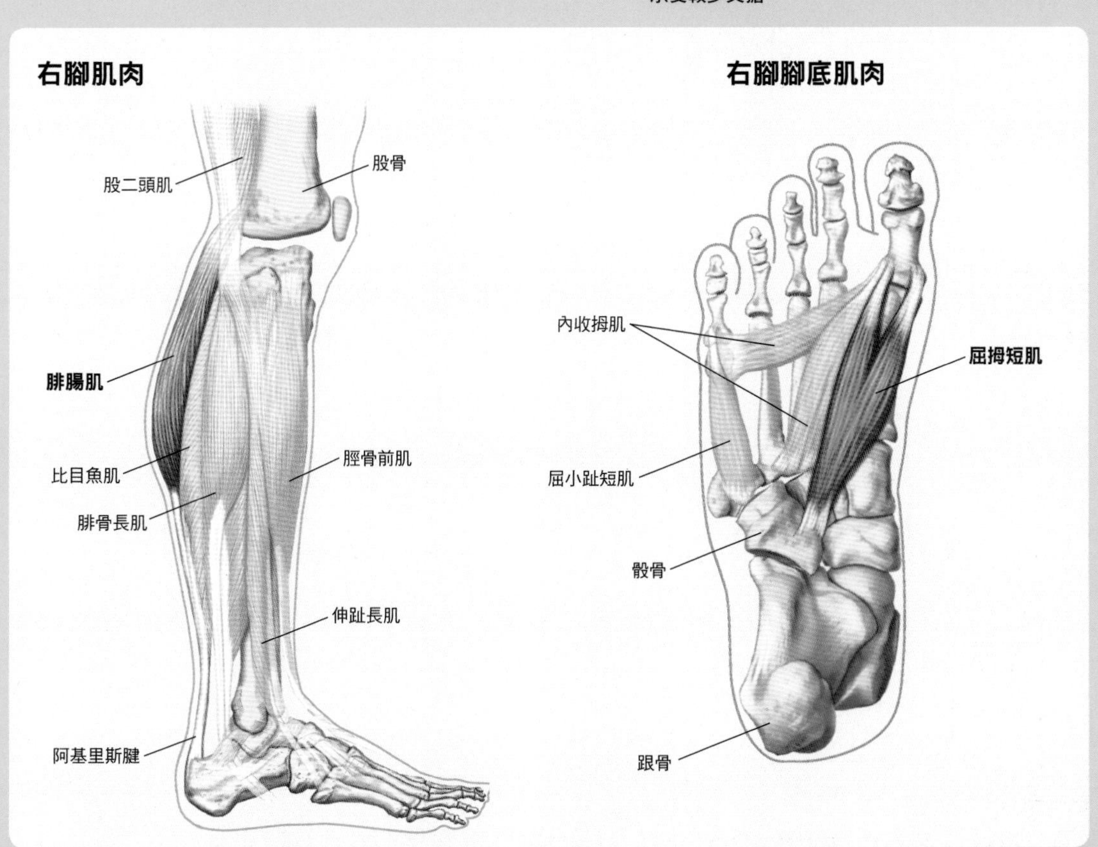

COLUMN

肌纖維斷裂造成肌肉拉傷

肌肉拉傷是指部分肌纖維被自身肌力拉扯而斷裂的現象，經常發生於大腿內側和小腿後側。

拉傷的原因可能是該部分肌肉的肌力相對不足。當某部位肌肉的肌力比周圍其他肌肉還要低，就容易發生拉傷。研究也指出，當屈膝肌群的肌力不足伸膝肌群肌力的6成，膕旁肌拉傷的風險會提高。

前面也介紹過，關節活動是由成對的肌肉共同控制，一個負責收縮、一個負責伸展。然而，有

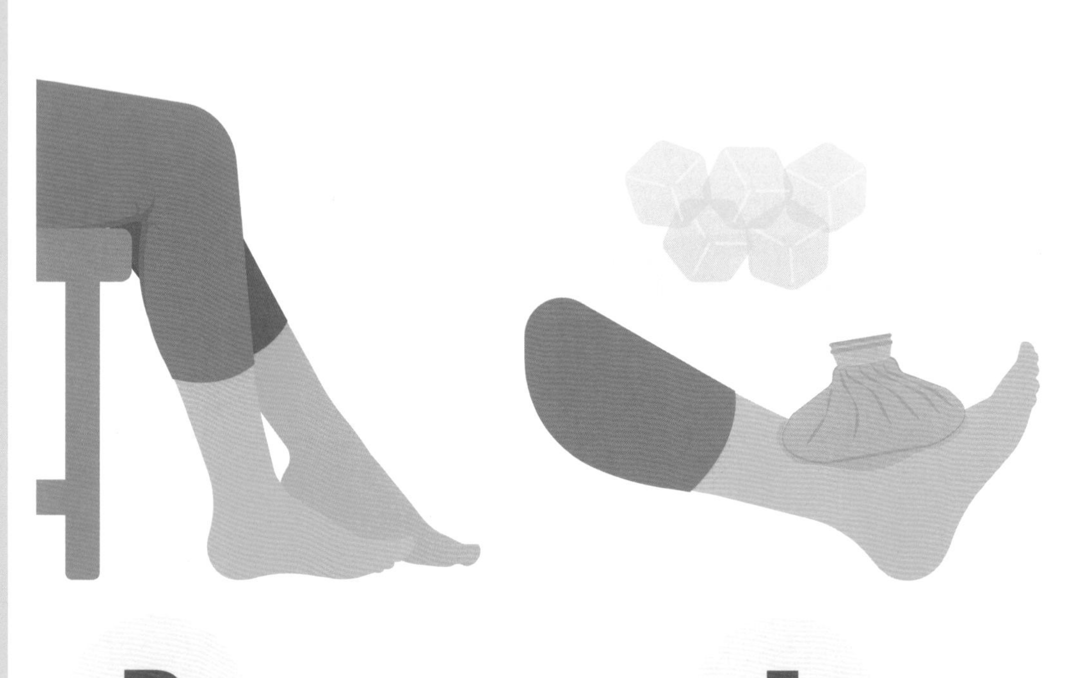
R REST
固定患部，靜置休息
I ICE
拿冰塊、冰水冰敷

時候神經會命令兩種肌肉同時收縮，形成「共同收縮」（co-contraction）的現象，這也是造成肌肉拉傷的原因之一。

此外，肌肉柔軟度欠佳也可能增加肌肉拉傷的機率。因此，運動前做足伸展運動亦可有效預防肌肉拉傷。

肌肉拉傷容易復發

肌肉拉傷很麻煩，要完全復原並不容易，因為斷裂處會留下結締組織修復過的疤痕，導致該部分的肌力與其他部分的肌力有所落差。不僅如此，受傷過的肌肉也會比較僵硬，有時候無法正常動作。這也會增加肌肉的負擔，提高肌肉再次拉傷的機率。

肌肉拉傷時可以根據「RICE」的口訣進行緊急處理：受傷急性期先讓患部休息（rest），接著冰敷（icing），然後用繃帶或其他器材加壓（compression），將患部抬高（elevation）。後續養傷階段需要充分休息，傷癒後認真復健也很重要。

RICE 運動傷害處理

以下為肌肉拉傷時的RICE緊急處理措施。RICE即取Rest（休息）、Icing（冰敷）、Compression（加壓）、Elevation（抬升）的字首組成，不妨記住以備不時之需。

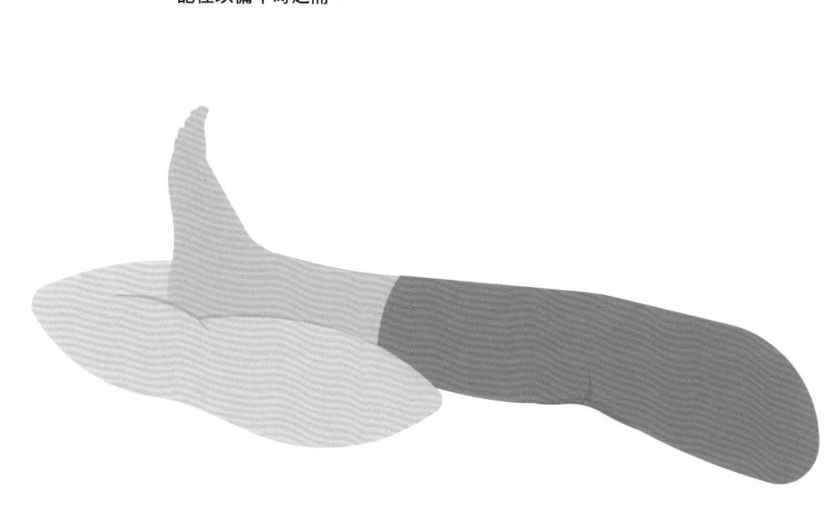

C COMPRESSION

利用繃帶等對患部加壓

E ELEVATION

將患部抬至高過心臟的高度

COLUMN

不良睡姿恐在睡眠期間傷及肌肉

落枕

因為某些原因導致肩頸肌肉痠痛的狀態。通常肇因於長時間的不自然睡姿，或是前一天運動所留下的疲勞。

不知道大家是否有過這樣的經驗：明明睡覺前身體毫無異狀，一覺醒來脖子卻莫名痛得動彈不得！這種症狀俗稱「落枕」，嚴重時光是想要稍微轉個頭，肩頸也會痛得要命。

引發落枕的原因大多不明，很多時候即使透過一般檢查、攝影檢查，也找不出癥結點。不過普遍來說，落枕大多源自於不自然睡姿導致肩頸肌肉承受太多負擔。也有可能是前一天突然做了平常不習慣的激烈運動，或是同一姿勢維持太久，這些都有可能造成落枕。

一旦落枕，肌肉不適就會持續好幾天。如果真的痛到受不了，就盡量避免扭動脖子。千萬別試圖拉伸放鬆，最好待疼痛自然緩解後再慢慢試著活動。如果疼痛與僵硬感遲遲沒有改善，也有可能是其他疾病所致，建議前往醫院尋求專業人士協助。

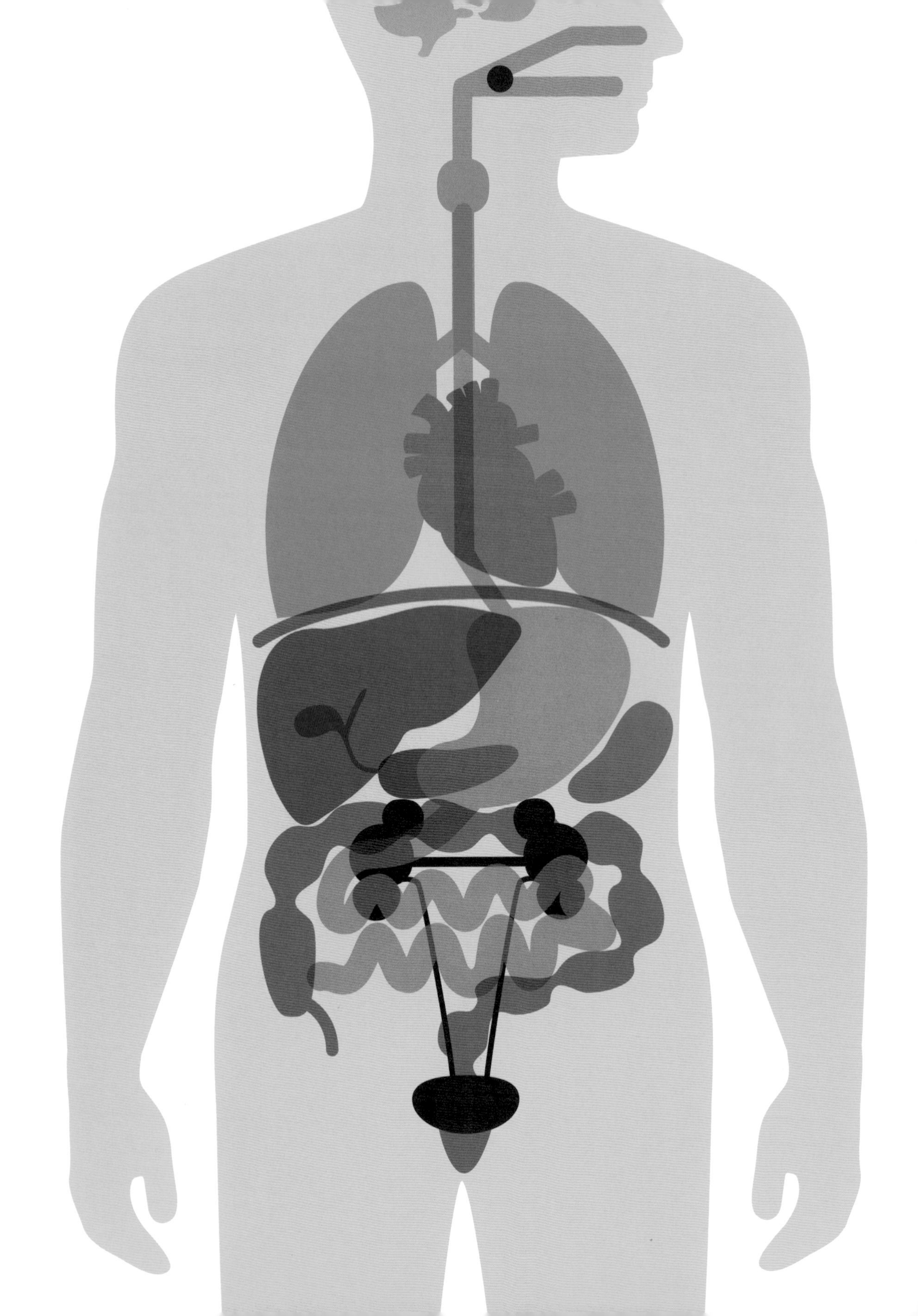

6
內臟的肌肉
Visceral muscle

心肌收縮力量大 平滑肌活動緩慢

三種肌肉類型

骨骼肌、心肌、平滑肌各自的肌肉細胞（肌纖維）特色不同。骨骼肌為多核細胞，肌纖維較長且排列緊密。平滑肌為單核細胞，肌纖維較短且呈梭子狀。心肌的特徵則介於兩者之間。

骨骼肌

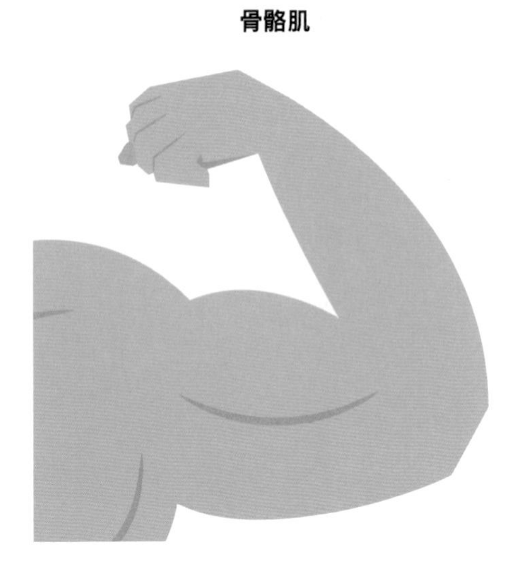

前面已經介紹了許多身體活動時會用到的骨骼肌，而本章的主題則是內臟活動時使用的肌肉。

內臟的肌肉可依照其性質，區分成活動心臟的心肌與構成消化管道、膀胱、血管等的平滑肌。與骨骼肌不同的地方在於，這兩種肌肉都屬於不隨意肌，故無法憑自己的意志來操控其活動。

骨骼肌因為具有條紋般的紋路，故又稱為橫紋肌（striated muscle）。平滑肌上則看不到這樣的紋路，且肌纖維較短，形似梭子。

骨骼肌是由多個細胞融合而成的多核細胞，一個細胞內含有多個細胞核；平滑肌一個細胞內就只有一個細胞核，特色是收縮速度較慢且不容易疲勞。

心肌是構成心臟的肌肉，性質介於骨骼肌和平滑肌之間。心肌雖然也是橫紋肌，但肌細胞之間大多沒有相互融合，因此每一個細胞內只有一個細胞核。不過，還是有一些細胞融合而成的多核細胞。心肌收縮速度較快且不容易疲勞。

心肌

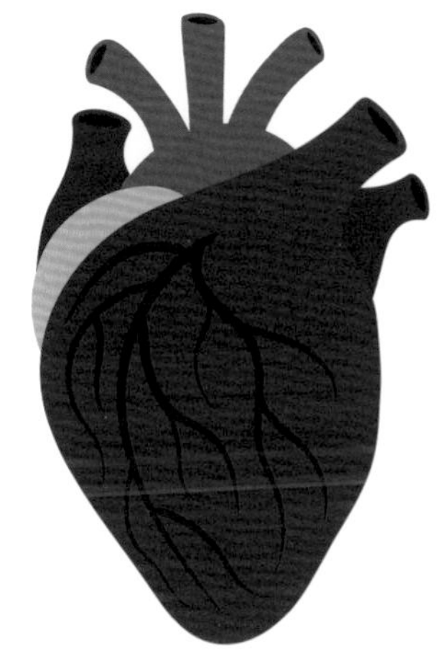

平滑肌

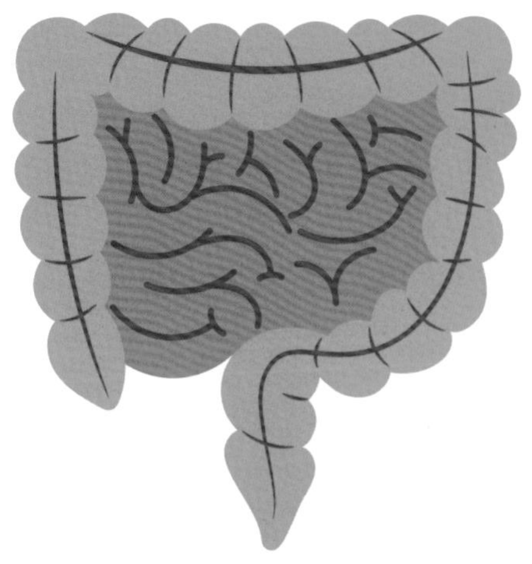

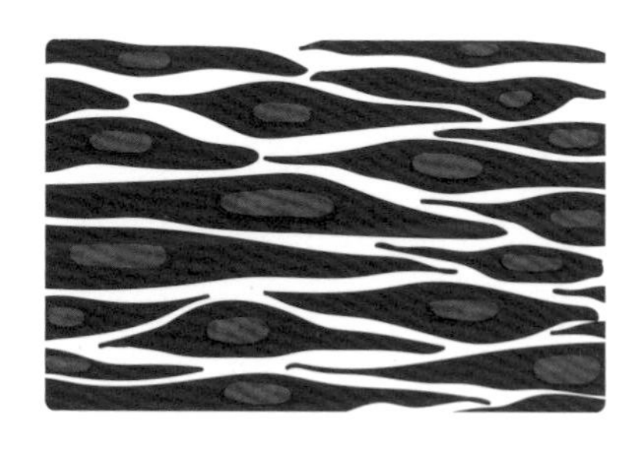

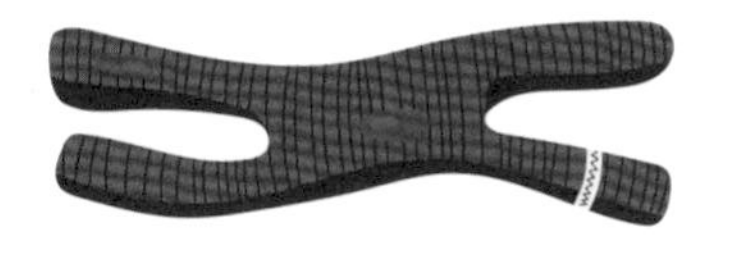

將血液送往全身的厚實肌肉

心臟是推動全身血液循環的泵浦。厚實的心臟肌肉會以規律的收縮節律，持續且穩定地將血液泵送出去。

平靜狀態下，心臟每分鐘約會送出5公升的血液，幾乎等同於全身的血量（約5公升）。換句話說，血液離開心臟後，會在1分鐘內繞行全身再重新回到心臟。

心臟內有四個房間。血流的路徑分成兩條，一條是右邊的兩個房間（右心房與右心室，插圖左側），一條是左邊的兩個房間（左心房與左心室，插圖右側）。換句話說，心臟擁有兩套泵浦系統。

右心房與右心室（肺循環）負責將繞行全身後回到心臟的血液送往肺臟；左心房與左心室（體循環）負責將肺臟送回來的血液輸往全身。由於肺臟就在心臟旁邊，因此右心室送出血液的力量不需要太大。與之相比，左心室需要很大的力量才能將血液送往頭頂與腳尖。

8條錯綜複雜的心臟血管

右頁為心臟正面的截面圖。圖中紅色血管內的血液含氧量較高（動脈血），藍色血管內的血液含氧量較低（靜脈血），箭頭則表示血液在心臟中流動的方向（紅色箭頭代表動脈血，藍色箭頭代表靜脈血）。

心臟泵送血液的路線分成兩條：繞行全身後的缺氧血回到右心房，接著通過右心室送往肺臟的肺循環（藍色箭頭）；在肺臟中重新充氧的血液回到左心房，再經由左心室送往全身的體循環（紅色箭頭）。

肺循環中，上半身與下半身的靜脈血會分別從上腔靜脈、下腔靜脈進入右心房，再經過右心室進入肺動脈（先經過較短的肺動脈幹，接著馬上分流進入左、右肺動脈），送往肺臟。體循環中，動脈血會經由左右肺共4條肺靜脈回到左心房，再從左心室進入主動脈（連接升主動脈、主動脈弓、降主動脈），送往全身上下。

四個房間的出口都有瓣膜。瓣膜只會在血液離開各個房間時打開，避免送出去的血液回流。

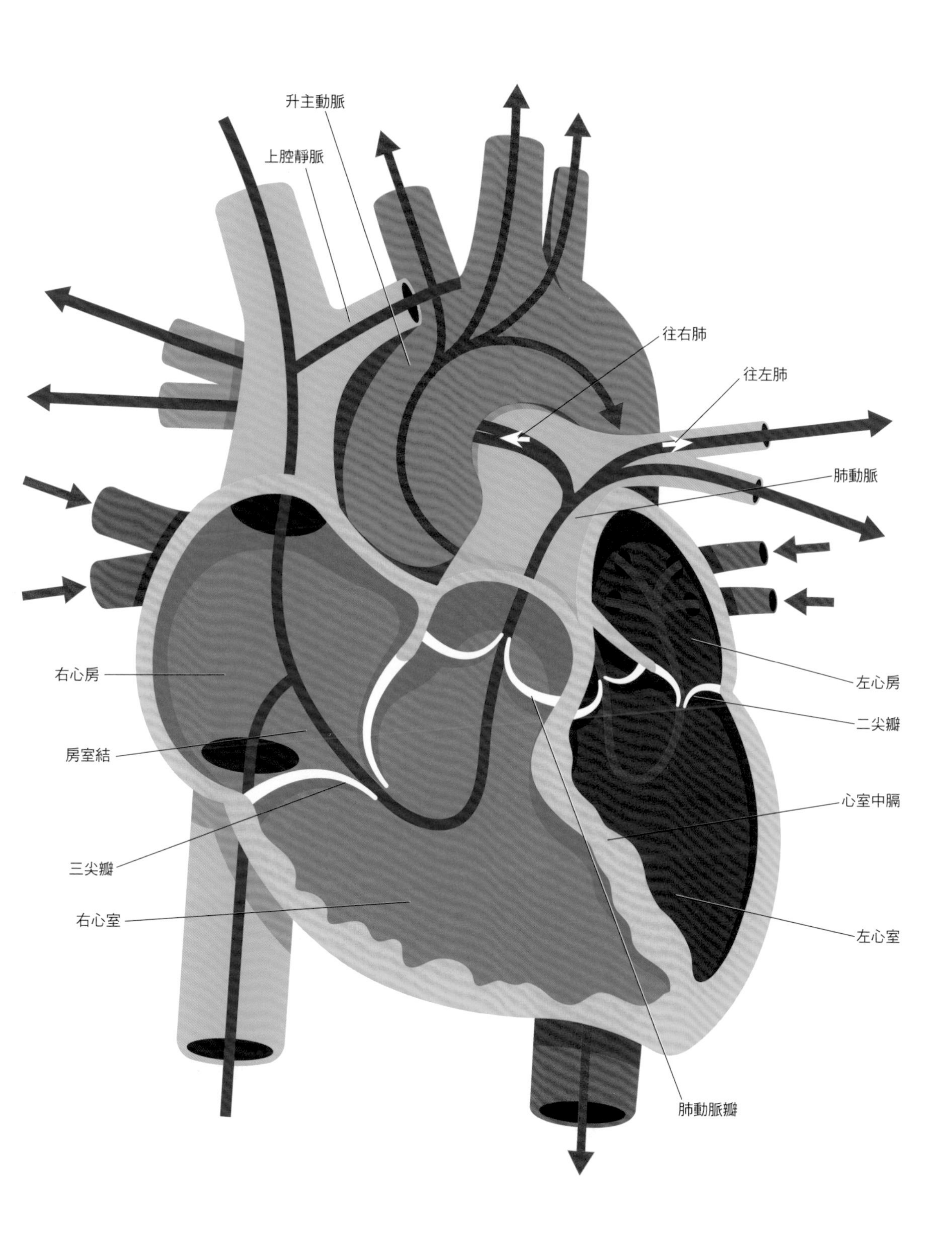
升主動脈
上腔靜脈
往右肺
往左肺
肺動脈
右心房
左心房
二尖瓣
房室結
心室中膈
三尖瓣
右心室
左心室
肺動脈瓣

心肌細胞間相互協調的收縮機制

心臟每分鐘跳動的次數（心搏）一般落在60～80次，大約等於每秒跳動1次。人的心跳次數一天高達10萬次，一輩子（80年）總計可達30億次左右。

心臟之所以能跳得如此規律，並非源自於大腦定期下達指令，而是因為右心房上壁有一群名為「節律點」（pacemaker）的特殊細胞組成了「竇房結」（sinoatrial node），對心臟發出指示。心律不整的患者通常會在心臟裝設定期放電刺激肌肉的節律器，以頂替這些細胞的功能。

每一個心肌細胞都有獨立收縮的能力。但如果每個細胞的收縮節奏不一，根本不可能在1天之內讓6000～12000公升的血液循環全

心房與心室交替收縮

心臟是透過心肌細胞同時收縮、心房與心室交替收縮的作用，將血液送往全身。心臟的收縮活動是由竇房結控制，竇房結發出的指令會先傳遞到心房，隔一段時間才傳遞至心室（1）。當血液從心房流進心室後，心室才會收縮、泵送血液（2）。心臟就是不斷重複上述過程來完成血液循環（3）。

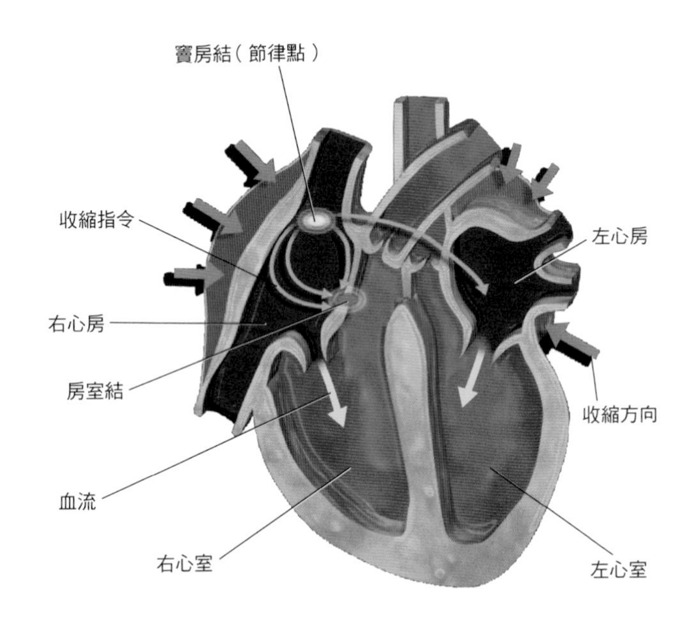

1. 竇房結發出的收縮指令會迅速傳遞至心房整體，使心房收縮，將血液送往心室。不過，當指令來到心房與心室的隔間（房室結）時，其傳遞速度會突然下降，延遲傳遞到心室的時間。

身各個角落。有了竇房結的指揮，無數的心肌細胞才得以統一收縮。

錯開心房與心室的收縮時機

話雖如此，也不能所有心肌細胞一齊收縮。心房（心臟上半部）與心室（心臟下半部）必須輪流收縮，才能提升泵送血液的效率。心臟本身有一套精密的系統，可利用指令傳遞速度的變化來「錯開」心房與心室的收縮時機。

首先，竇房結發出的指令會迅速傳遞至左右心房整體，使心房收縮。可一旦指令來到心房與心室的交界（房室結：atrioventricular node），傳遞速度就會突然下降，所以不會馬上傳遞到心室。直到心房完成收縮，血液充分進入心室後，收縮的指令才來到心室的入口。接著，指令的傳遞速度再次提高，迅速遍布心室整體，於是輪到心室收縮並將血液送往全身與肺臟。送入肺臟的血液重新充氧後回到心臟，並再次循環全身。

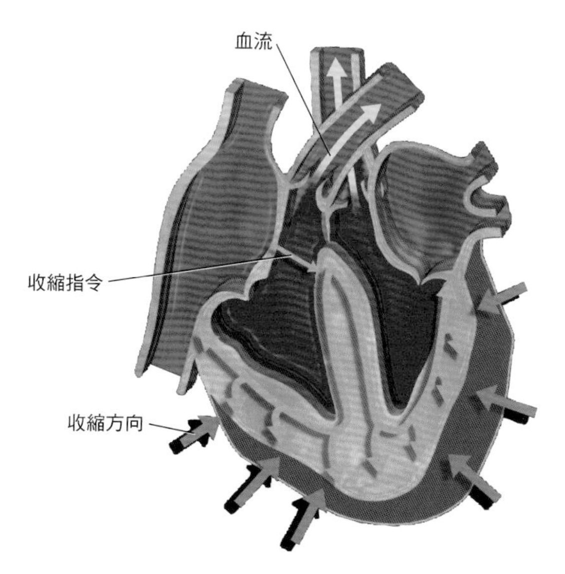

2. 心房收縮結束，血液充分送入心室之後，收縮指令會再次加快傳遞速度，一口氣遍布心室，使心室收縮，將血液送往全身與肺臟。心臟每次收縮能泵送出的血量約為70毫升。

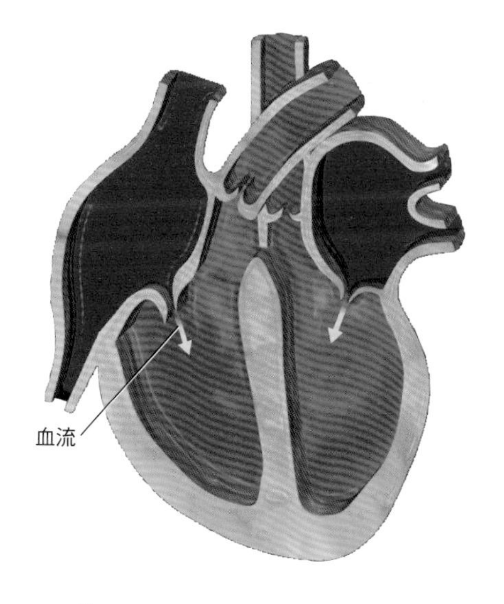

3. 心室收縮結束後，又有下一批血液從心房流入心室。

COLUMN

重建心肌的再生醫療技術

一般而言，肌肉都有自我修復的能力，但心肌細胞在我們出生後1個月左右就會停止增生，之後幾乎不會再進行細胞分裂。也就是一旦心肌細胞死亡，心臟功能就不可能恢復了。

然而，科學家正在研究如何讓衰弱的心臟功能恢復健康。這種專門研究受損臟器及組織再生的醫療領域稱作「再生醫療」。

心臟的OK繃「HeartSheed®」

HeartSheed是一種醫療產品，需從患者的大腿

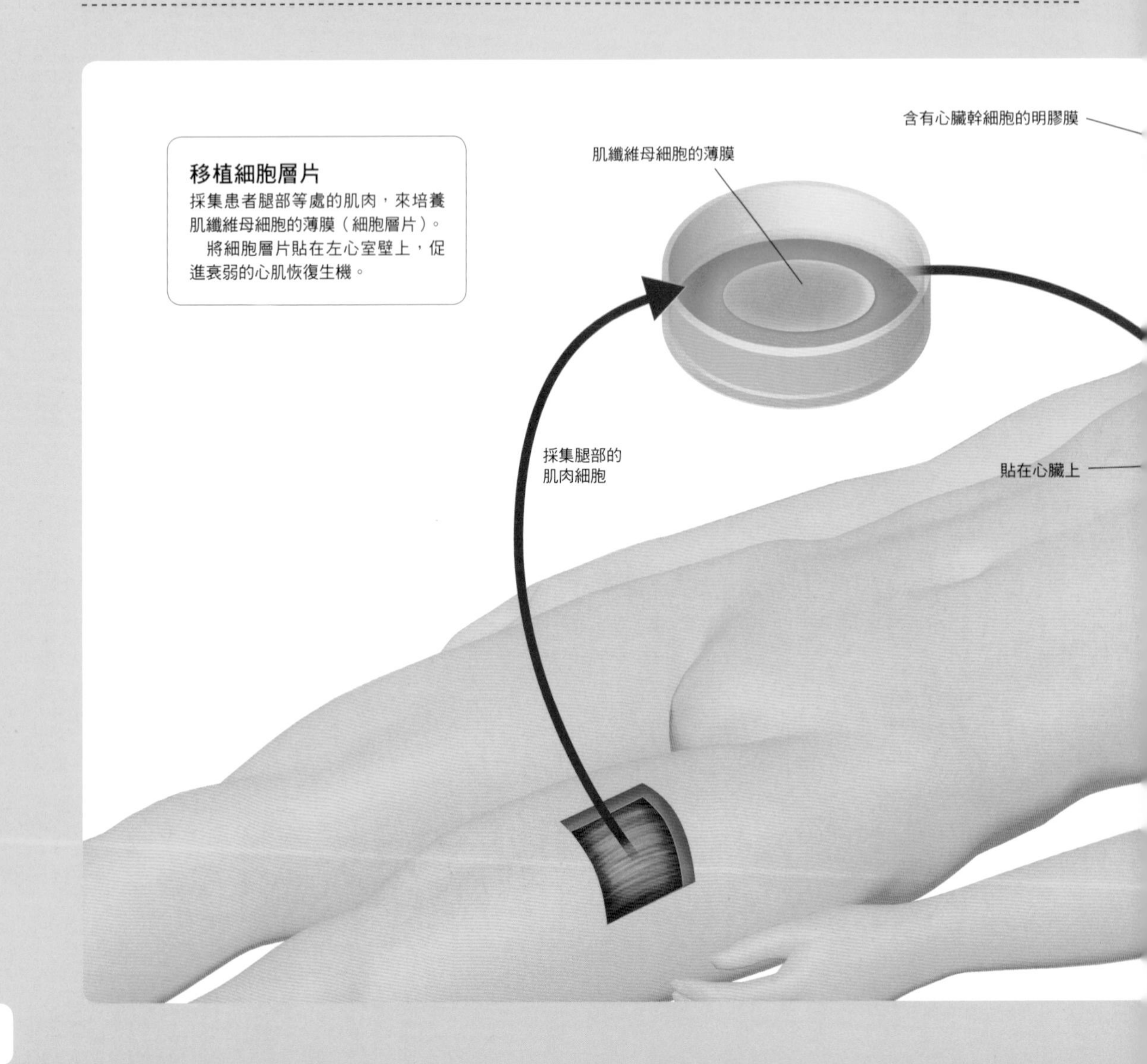
移植細胞層片
採集患者腿部等處的肌肉，來培養肌纖維母細胞的薄膜（細胞層片）。
將細胞層片貼在左心室壁上，促進衰弱的心肌恢復生機。
肌纖維母細胞的薄膜
含有心臟幹細胞的明膠膜
採集腿部的肌肉細胞
貼在心臟上

採集肌肉組織中的「肌纖維母細胞」來製作，那是一種尚未成熟（尚未特化）的細胞。將採集而來的肌纖維母細胞培養成一張膜片，再「貼」（移植）到患者的心臟表面。移植後的肌纖維母細胞能促進心肌細胞修復，改善心臟功能。該技術是由日本大阪大學澤芳樹教授率領的研究團隊與醫療器材公司泰爾茂（TERUMO）共同開發，2016年開始於日本販售。

該方法專門用於治療缺血性心臟病（ischemic heart disease，IHD，又稱為狹心症）所引起的嚴重心臟衰竭，適用於一般藥物治療無法改善的情況。

以iPS細胞製成的心肌層片

「幹細胞」本身會透過分化（特化）形成特定幾種細胞，「iPS細胞」（induced pluripotent stem cell，又稱誘導性多能幹細胞）則有能力分化成任何一種細胞，這些細胞的相關研究也在發展當中。例如使用iPS細胞製作的心肌層片，是透過採集人身上的iPS細胞來培養可移植的心肌細胞，再貼在心臟上的技術，有望改善心臟功能與治療心臟衰竭。2020年日本已經開始實施臨床實驗，正式應用指日可待。

治療心臟衰竭的再生醫療範例

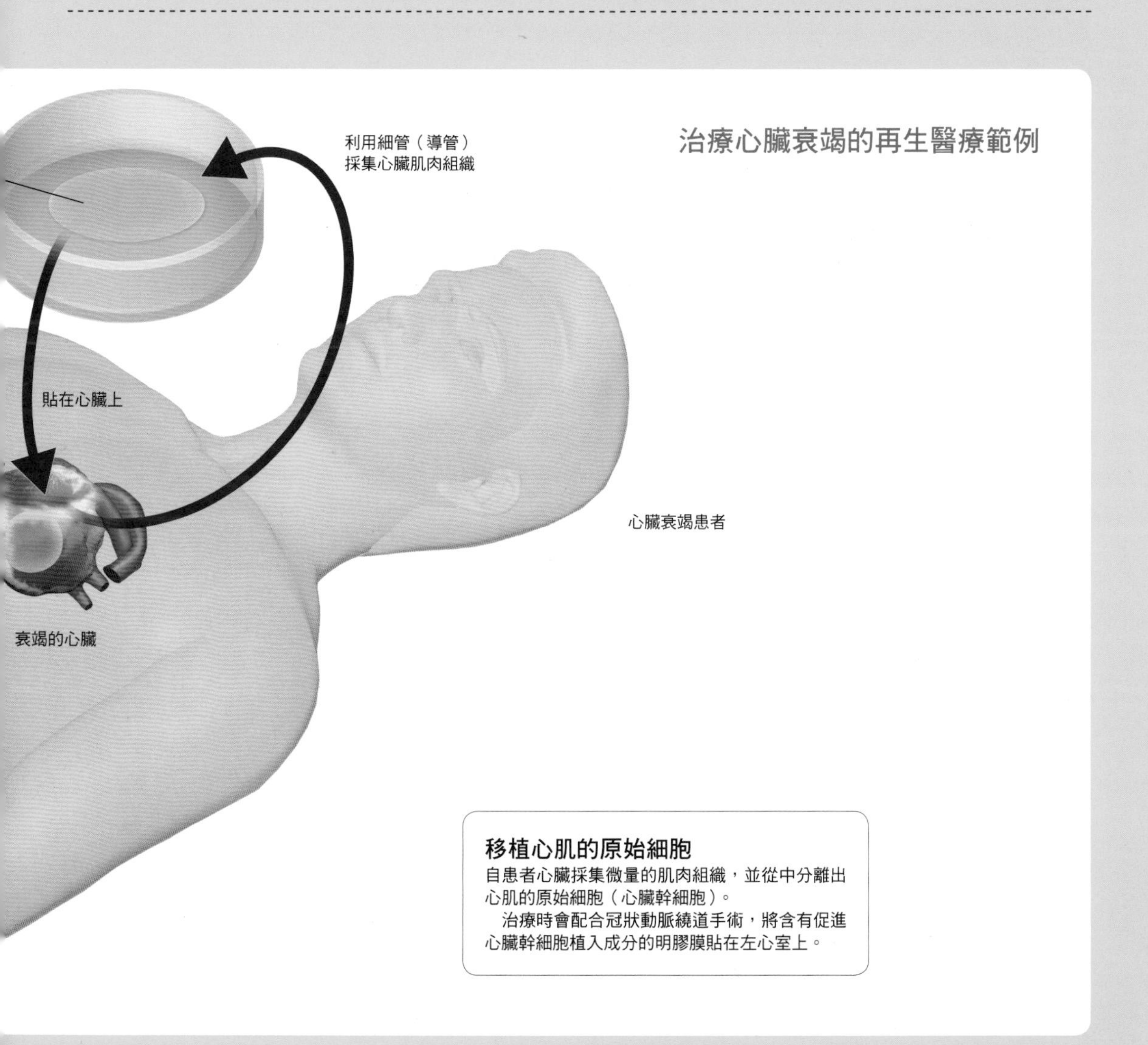

移植心肌的原始細胞

自患者心臟採集微量的肌肉組織，並從中分離出心肌的原始細胞（心臟幹細胞）。

治療時會配合冠狀動脈繞道手術，將含有促進心臟幹細胞植入成分的明膠膜貼在左心室上。

各個部位瞬間配合 才能順利吞下食物

接下來要介紹的是參與食物消化作用的肌肉。

當我們把食物吞下肚時，相關肌肉及骨頭會在不到1秒的時間內依固定順序運作。這一

吞嚥活動仰賴各個部位的合作

吞嚥的大致流程如圖所示（嚴格來說僅包含口腔期與咽部期）。吞嚥動作是由舌頭、上顎後端的柔軟部分（軟顎：velum）、喉嚨前側肌肉、喉嚨深處肌肉等部位合力完成。研究認為至少有25種大大小小的肌肉參與吞嚥活動，但這裡僅介紹其中幾種主要的肌肉。

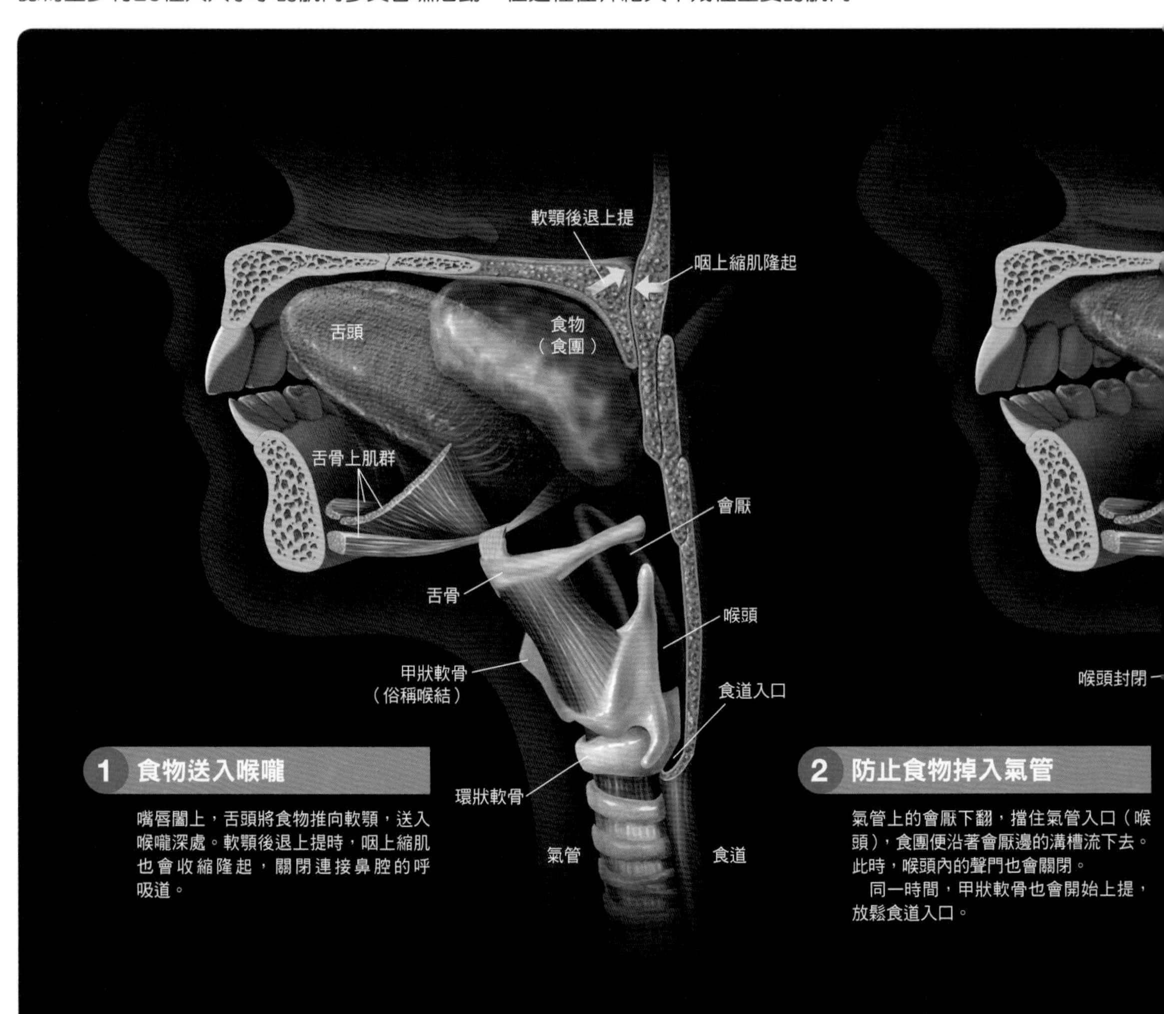

1 食物送入喉嚨

嘴唇闔上，舌頭將食物推向軟顎，送入喉嚨深處。軟顎後退上提時，咽上縮肌也會收縮隆起，關閉連接鼻腔的呼吸道。

2 防止食物掉入氣管

氣管上的會厭下翻，擋住氣管入口（喉頭），食團便沿著會厭邊的溝槽流下去。此時，喉頭內的聲門也會關閉。

同一時間，甲狀軟骨也會開始上提，放鬆食道入口。

氣呵成、各個部位合作無間的活動稱作「吞嚥」（swallowing）。

假如吞嚥時把手放在喉結（甲狀軟骨：thyroid cartilage），就會發現它往斜上方滑動了一下。這是因為在吞嚥時，骨頭和軟骨往上抬，打開了後方的食道；同時連接口、鼻的呼吸道與通往肺部的氣管入口關閉，暫時停止呼吸。此時食團就像擠花袋中的鮮奶油，被舌頭和咽的肌肉擠向喉嚨深處，進入食道。

食道在氣管背面，幾乎位於身體中線。當食團通過喉嚨、進入食道後，原本放鬆的食道入口又會馬上閉闔，所以進入食道的食團不會那麼容易就逆流。

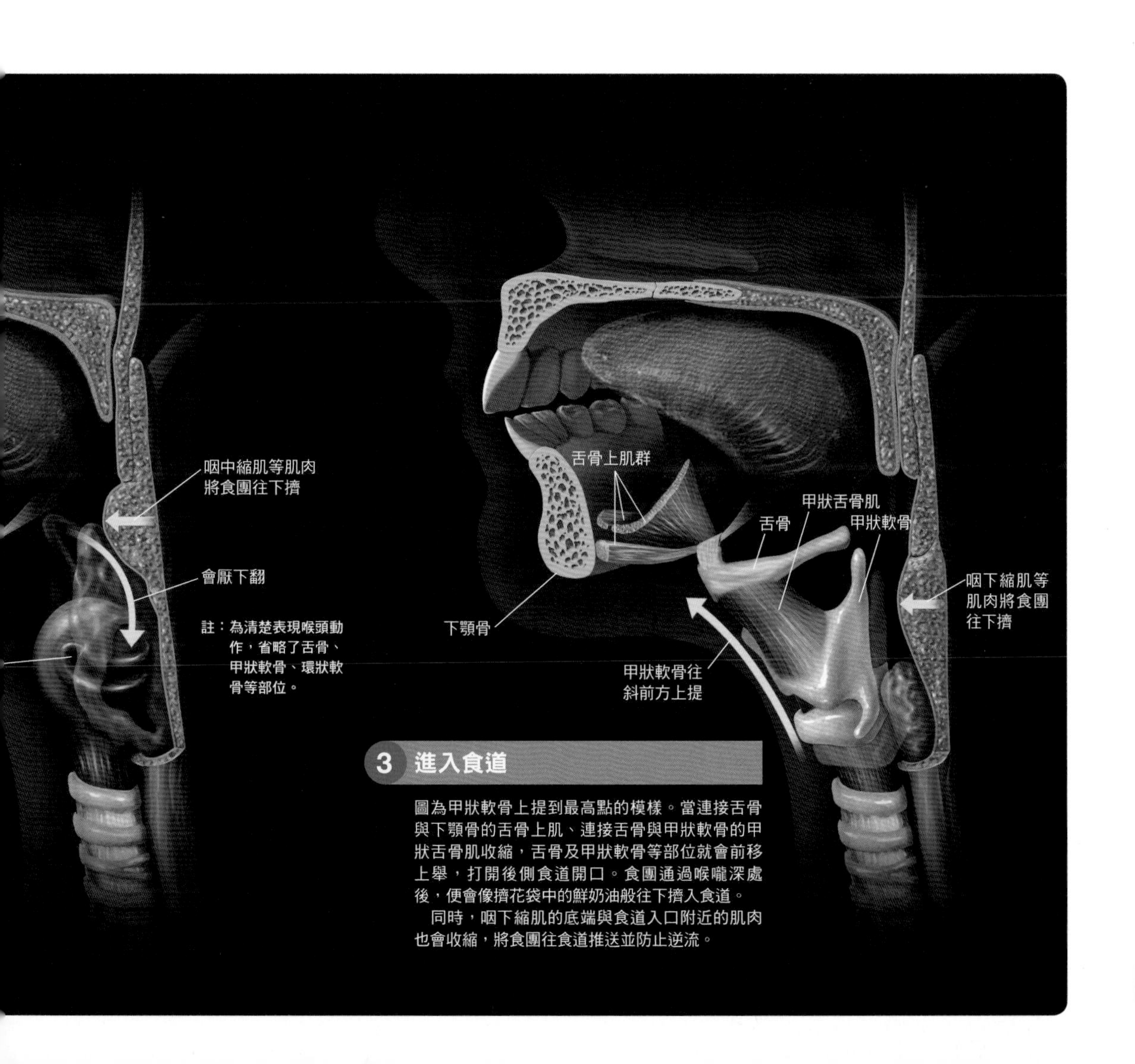

3 進入食道

圖為甲狀軟骨上提到最高點的模樣。當連接舌骨與下顎骨的舌骨上肌、連接舌骨與甲狀軟骨的甲狀舌骨肌收縮，舌骨及甲狀軟骨等部位就會前移上舉，打開後側食道開口。食團通過喉嚨深處後，便會像擠花袋中的鮮奶油般往下擠入食道。

同時，咽下縮肌的底端與食道入口附近的肌肉也會收縮，將食團往食道推送並防止逆流。

藉由肌肉收縮來推送食物

食道是肌肉構成的管道，藉由收縮活動將水和食物推送到胃裡。推送食物的過程就像擠牙膏，即使我們倒立或身處於無重力空間，吞下的食物仍能一路沿著食道進入胃裡。包含食道在內的所有消化管道，都是靠肌肉收縮來推送管道內的東西，稱為「蠕動」（peristalsis）。

食道肌肉會緩慢推送食團

可能有很多人以為食團進入食道後會一口氣掉進胃裡，但實際上是食團以1秒將近4公分的緩慢速度被推擠前進。一般人的食道長度約25～30公分，因此吃下的食物需要6～7秒才會進到胃裡，比想像中還要慢一點。

若是觀察食道的截面，可以發現兩種肌肉層之間夾著一張神經網絡。主要由這些神經對食道肌肉發出命令，讓食道上方不斷用力推擠食團，同時放鬆食道下方，如此才能順利將食團送入胃裡並避免逆流。這種機制稱作「蠕動」，大腸和小腸也是依循同樣的機制運作。

食道和胃的分界恰好位於分隔胸腹的橫膈膜上。食道是憑藉本身肌肉與橫膈膜閉闔，在需要吞嚥、嘔吐時才會放鬆。

食道

食道是由雙層肌肉構成的管狀器官，負責將食物緩慢推送到胃裡。含肌肉壁的整體直徑約2公分，長約25～30公分。

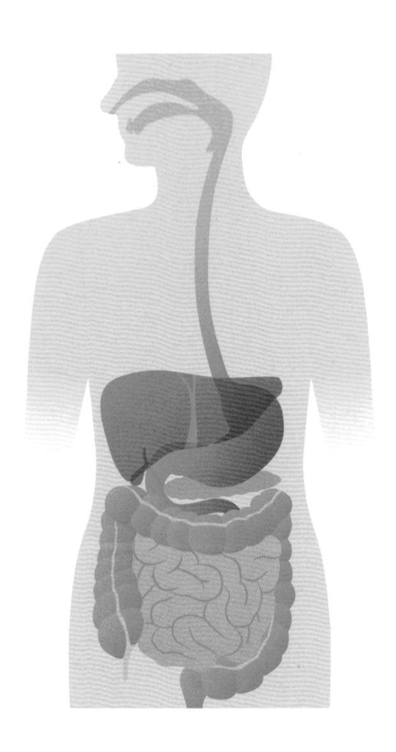

食道藉由「蠕動」將食物推進胃裡

圖為食道推送食團的過程。食道的肌肉分成兩層：外層為肌纖維平行於食道排列的「縱走肌」（longitudinal muscle），內側為環繞著食道排列的「環走肌」（circular muscle）。肌肉之間還有一層稱作「（食道）腸肌神經叢」（myenteric plexus）的神經網絡。

當食團所在部位的環走肌舒張，腸肌神經叢會命令入口側的環走肌緊縮、出口側的環走肌放鬆。同時命令縱走肌伸縮，讓食團常保往胃的方向前進。

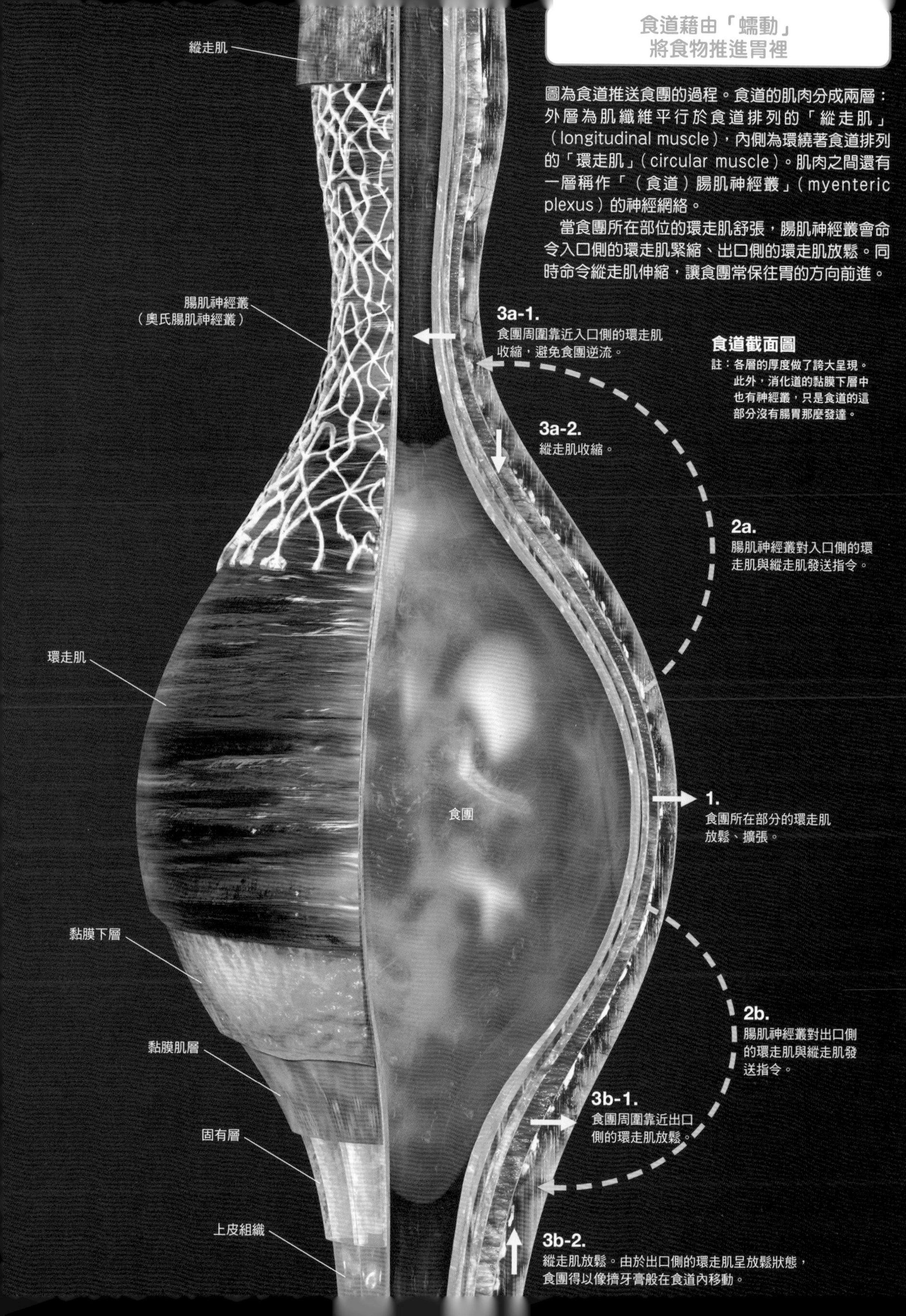

食道截面圖

註：各層的厚度做了誇大呈現。此外，消化道的黏膜下層中也有神經叢，只是食道的這部分沒有腸胃那麼發達。

縱走肌
腸肌神經叢
（奧氏腸肌神經叢）
環走肌
黏膜下層
黏膜肌層
固有層
上皮組織
食團
3a-1.
食團周圍靠近入口側的環走肌收縮，避免食團逆流。
3a-2.
縱走肌收縮。
2a.
腸肌神經叢對入口側的環走肌與縱走肌發送指令。
1.
食團所在部分的環走肌放鬆、擴張。
2b.
腸肌神經叢對出口側的環走肌與縱走肌發送指令。
3b-1.
食團周圍靠近出口側的環走肌放鬆。
3b-2.
縱走肌放鬆。由於出口側的環走肌呈放鬆狀態，食團得以像擠牙膏般在食道內移動。

食物和胃液會在胃裡混合

當胃囤積了一定分量的食物而擴張，就會刺激胃酸等消化液分泌，並促進「蠕動」以混合食物與胃液，進行殺菌與消化。胃內壁會產生皺褶，將胃裡的東西慢慢從入口往出口方向推送。

食道和腸都是由外縱內環的雙層肌肉所構成，而胃又多了一層，共有縱、環、斜三種肌纖維方向各異的肌肉層。這些肌肉的伸縮作用會將胃擠壓成葫蘆般的造型。

吃飽的時候會感覺胃鼓鼓的，卻感覺不到胃產生皺褶的活動。不過，胃其實會以每分鐘3次左右的頻率自然蠕動。

空腹時的蠕動是為了清潔胃的內部

胃在空腹狀態下也會蠕動，主要是為了清除食物殘渣、剝落的黏膜上皮細胞。空腹時的蠕動比進食過程中的蠕動更加規律，產生皺褶的力道也更強。該活動是由小腸分泌的激素所引發。

胃會大幅伸縮，混合食物與胃液

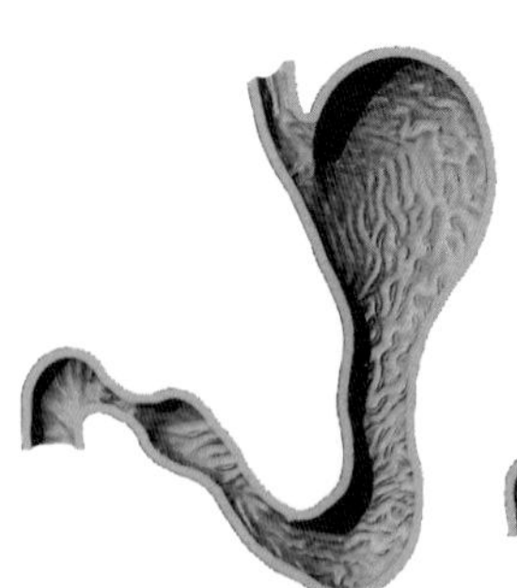

1. 胃裡沒東西時，內壁的皺褶會縮小，呈現縱向的細條紋。

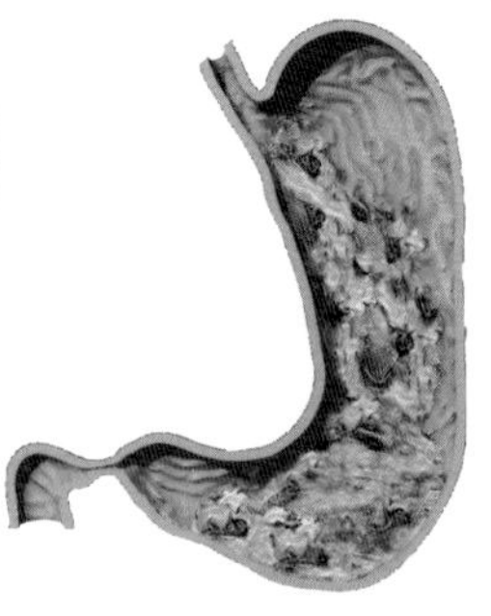

2. 當食物進入胃裡，胃壁的皺褶面積就會放大、變粗。

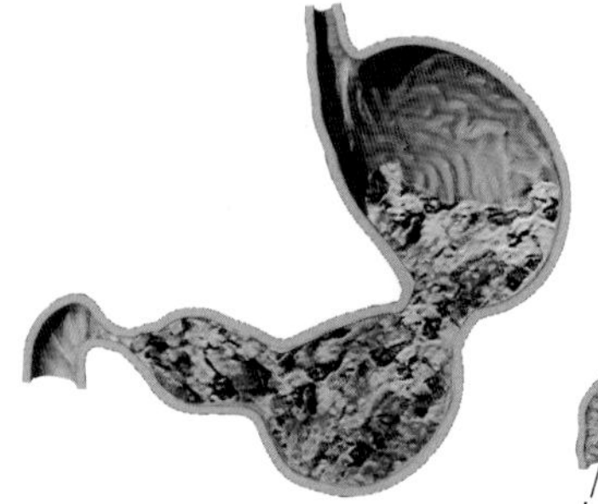

3. 三層肌肉透過複雜的作用協調，促進食物和胃液混合。

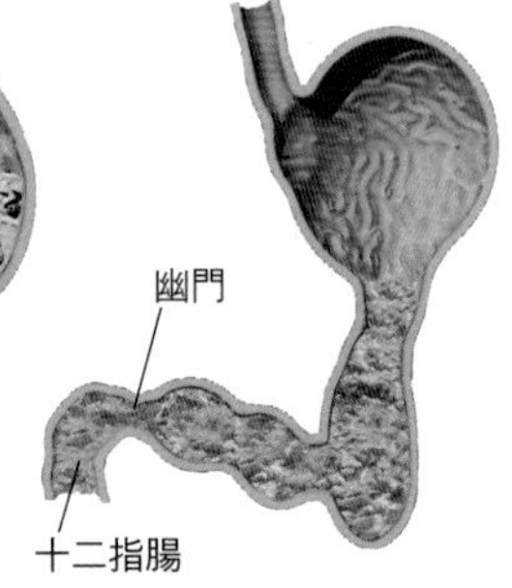

4. 食物進入胃裡約 4 小時後，胃的下半部肌肉就會開始收縮，將食物送入十二指腸。

胃的截面放大圖

胃是由縱走肌、環走肌、斜走肌（oblique muscle）這三層肌肉所構成。這些肌肉會相互合作，促進食物與胃液混合。

混合食物與胃液的三種肌肉層

三種肌肉組織通力完成複雜的收縮運動，胃裡的食物才能和胃液充分混合。

胃液具有強力的殺菌作用

胃液是pH值低達1的強酸，具有優越的殺菌效果，並含有分解蛋白質所需的胃蛋白酶。

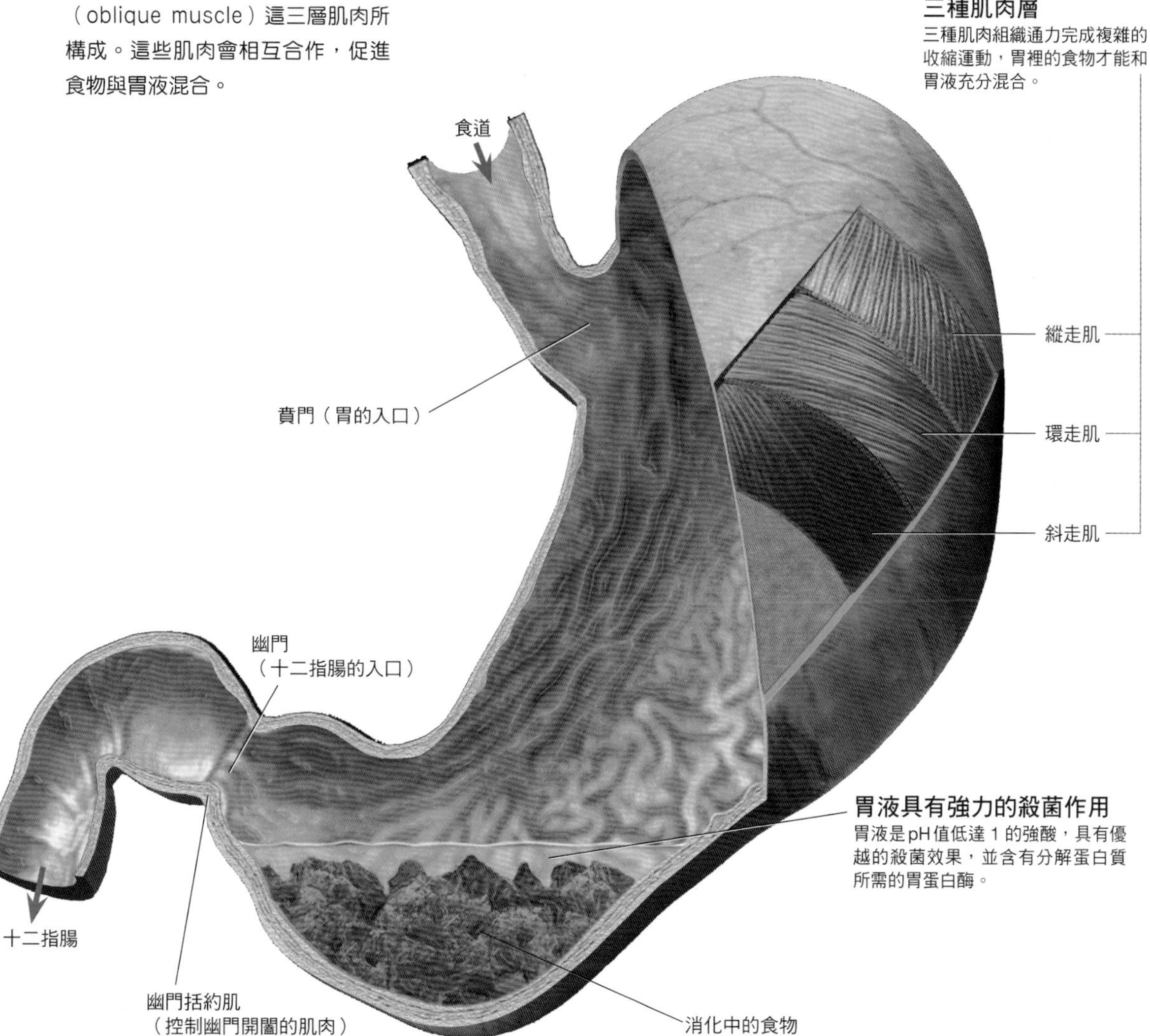

SECTION 58

Bowel

腸道肌肉

小腸內有「節律器」控管腸道運動

小腸全長約6～7公尺，依部位可分成十二指腸（0.25～0.3公尺）、空腸（2～3公尺）、迴腸（3～4公尺）。小腸擁有優異的伸縮能力，如果將其取出體外並拉直測量，甚至可達10公尺左右。

如果在早上7點左右吃了適量且不至於太油膩的早餐，那麼這些食物大約會在9～11點來到小腸的第一個區域「十二指腸」，開始與含有強力消化酶的胰液混合。食物在空腸、迴腸等小腸後段行進的過程，會逐漸與胰液混合均勻。

小腸內有食物時，會不斷進行幾種類型的收縮運動，幫助腸道內的東西混合，有時也會讓這些東西往後退一點。

獨立運作的小腸肌肉

小腸的運動很複雜，而且就算把小腸從體內取出，這些運動也不會停歇。因為小腸的神經網絡和大腦是分開運作的。

小腸和食道一樣是由兩種肌肉構成：一種是肌纖維平行於腸道排列的「縱走肌」，一種是圍繞著腸道排列的「環走肌」。但和食道不一樣的地方在於，小腸及大腸雙層肌肉間的神經叢和肌肉細胞之間，還分布著密密麻麻的卡氏間質細胞（interstitial cells of Cajal，ICC），負責協調肌肉與神經活動。

卡氏間質細胞與神經叢之間相互聯繫，並發揮節律器的功能，以固定頻率釋放微弱電訊號來調節小腸的運動節奏。已知卡氏間質細胞分成許多種類，目前仍在持續研究中。

時粗時細的「振盪運動」

振盪運動應是由縱走肌引發。縱走肌收縮時，腸道會變得又粗又短；縱走肌舒張時，腸道會變得又細又長。一般認為，上述反覆收縮與舒張的活動可以充分攪拌並推送食糜。消化道生理學權威日本靜岡縣立大學桑原厚和博士表示，振盪運動難以觀察，在消化過程中的意義尚有許多未解之謎。

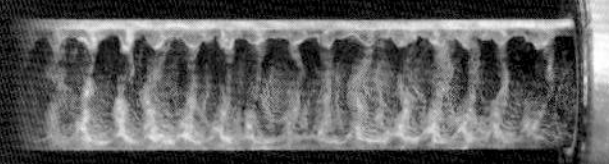

←出口端（靠近肛門）

複雜的小腸活動

插圖所示為小腸內發生的三種運動。每種運動的發生範圍最長可達30公分左右，且不同運動的發生部位可能重疊。化為粥狀的食物（食糜）進入小腸後，在這些運動的作用下從十二指腸慢慢被推往迴腸的出口，通常需時3～5小時。

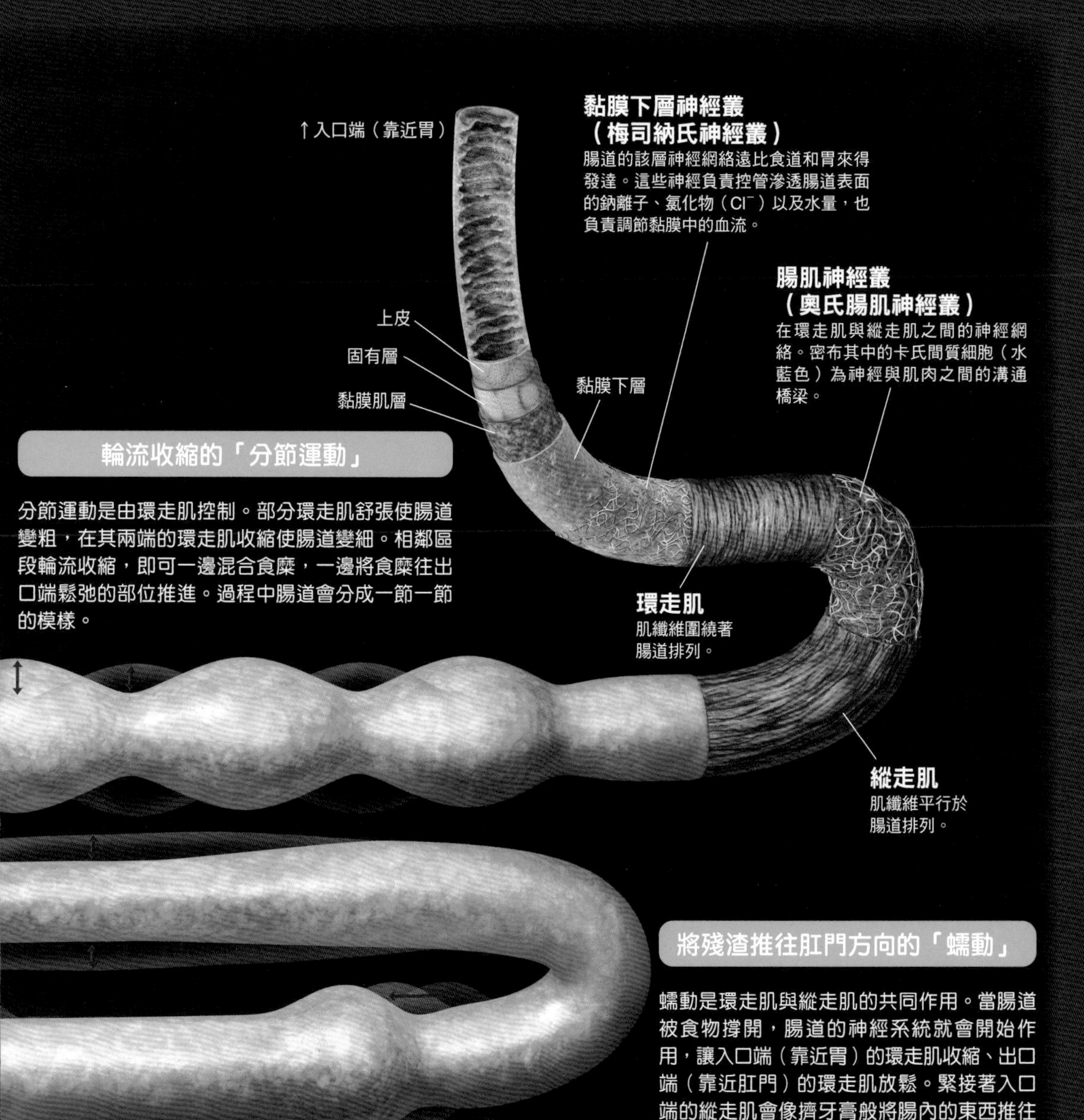
↑入口端（靠近胃）
黏膜下層神經叢
（梅司納氏神經叢）
腸道的該層神經網絡遠比食道和胃來得發達。這些神經負責控管滲透腸道表面的鈉離子、氯化物（Cl⁻）以及水量，也負責調節黏膜中的血流。
腸肌神經叢
（奧氏腸肌神經叢）
在環走肌與縱走肌之間的神經網絡。密布其中的卡氏間質細胞（水藍色）為神經與肌肉之間的溝通橋梁。
上皮
固有層
黏膜肌層
黏膜下層
環走肌
肌纖維圍繞著腸道排列。
縱走肌
肌纖維平行於腸道排列。

輪流收縮的「分節運動」

分節運動是由環走肌控制。部分環走肌舒張使腸道變粗，在其兩端的環走肌收縮使腸道變細。相鄰區段輪流收縮，即可一邊混合食糜，一邊將食糜往出口端鬆弛的部位推進。過程中腸道會分成一節一節的模樣。

將殘渣推往肛門方向的「蠕動」

蠕動是環走肌與縱走肌的共同作用。當腸道被食物撐開，腸道的神經系統就會開始作用，讓入口端（靠近胃）的環走肌收縮、出口端（靠近肛門）的環走肌放鬆。緊接著入口端的縱走肌會像擠牙膏般將腸內的東西推往出口端，速度最快也不過每秒 2 公分左右。

控制排泄的括約肌

腎臟製造的尿液會儲存在「膀胱」（urinary bladder）。膀胱是具有伸縮能力的袋狀器官，位於下腹部。成年男性的膀胱在沒有儲存尿液的狀態下高約3～4公分，呈現頂端微微凹陷的模樣；儲滿尿液時，會膨脹成直徑10公分（容量約500毫升）的球狀。女性的膀胱上方還有子宮，所以容量比男性小一點（約400毫升）。

膀胱的出口由兩種括約肌（sphincter muscle）構成，平時為緊閉狀態。離膀胱較近的括約肌（尿道內括約肌：internal sphincter muscle of urethra）無法隨意控制，當尿液累積便會自然鬆開。另一方面，體外的括約肌（尿道外括約肌：external sphincter muscle of urethra）則可以隨意控制，因此我們有辦法憋尿、自行決定排尿的時機。大腦會根據膀胱壁的擴張程度，判斷膀胱中儲存了多少尿液。

肛門亦由兩種括約肌控制緊閉

人體的消化道始於食道，終於大腸。大腸圍繞在小腸周圍，長約1.6公尺，依部位可分成盲腸、結腸、直腸。

食物從小腸進入大腸時，基本上已經有90%的養分被身體吸收，因此大腸的主要功能在於吸收剩餘水分，讓糞便成形。腸內細菌會協助大腸分解、吸收小腸無法消化或吸收的養分。

消化完的食物殘渣會在大腸中緩慢行進，並且慢慢被吸收掉多餘的水分。大約會花上15個小時抵達直腸，此時固態的糞便也大致成形了。

當固化的糞便來到大腸的最後一段──直腸，大腦就會感應到刺激，催生便意（排便反射：defecation reflex）。我們可以透過自主意識放鬆肛門外側的肌肉（肛門外括約肌：M. sphincter ani externus），進行排便；至於位於肛門內側的肛門內括約肌（M. sphincter ani internus）則會在糞便進入直腸時自然放鬆，我們無法自由控制其伸縮。

尿道外括約肌和肛門外括約肌都是橫紋肌，屬於隨意肌。尿道內括約肌和肛門內括約肌則是平滑肌，屬於不隨意肌。

附「水量感應器」的儲水袋

右頁為女性膀胱的示意圖。兩條輸尿管斜斜穿過膀胱壁，將尿液輸送到膀胱內儲存。當尿液儲存到一定的量使膀胱內壓上升，膀胱壁就會伸張、變薄，同時壓迫輸尿管以封鎖輸尿管的出口，避免尿液回流到腎臟。

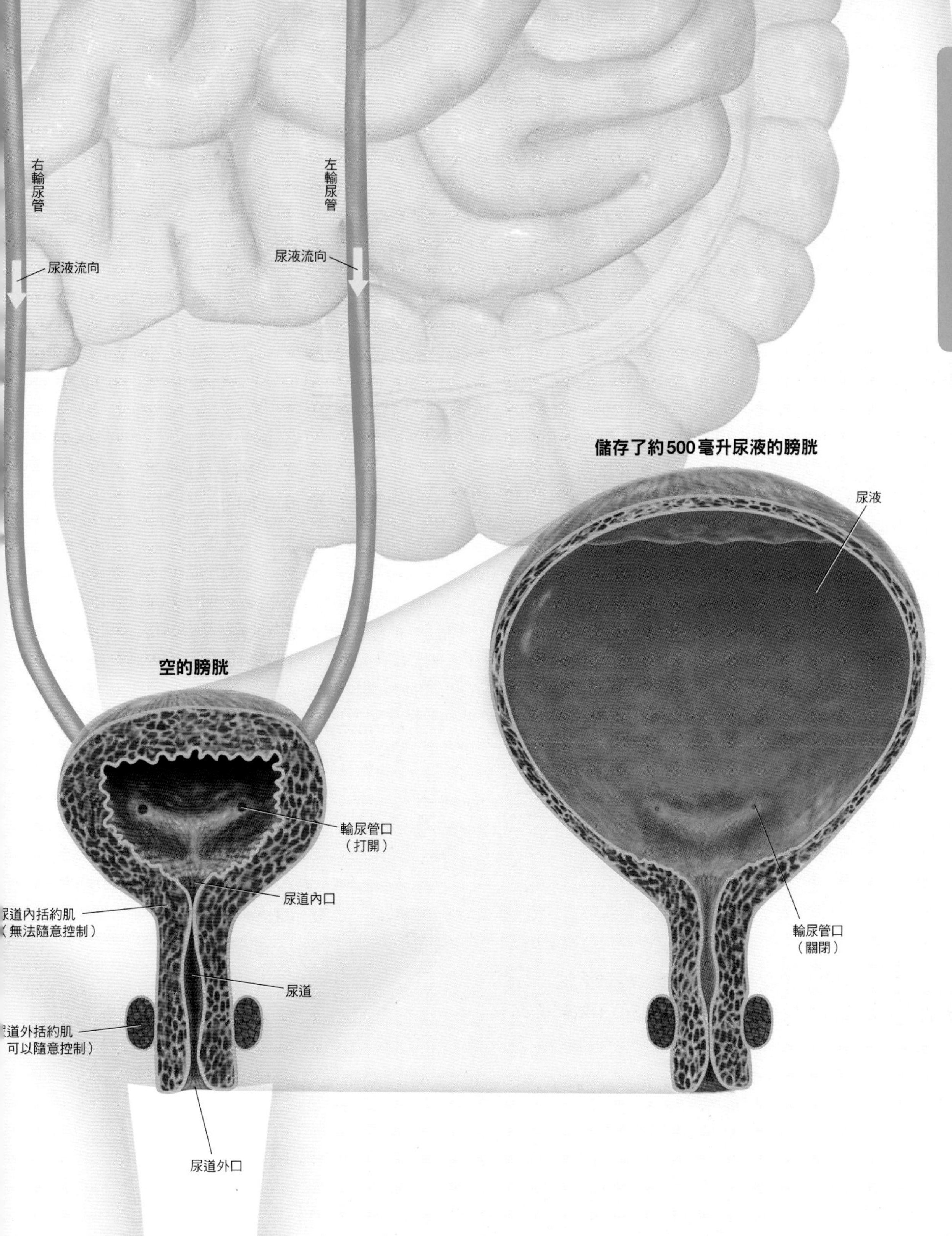
右輸尿管
左輸尿管
尿液流向
尿液流向
空的膀胱
輸尿管口
（打開）
尿道內口
尿道內括約肌
（無法隨意控制）
尿道
尿道外括約肌
可以隨意控制）
尿道外口
儲存了約500毫升尿液的膀胱
尿液
輸尿管口
（關閉）

吃太飽和老化都會影響腸胃運動

一般來說，空腹狀態下的胃容量只有0.05公升（50立方公分）。但是食物進來以後，胃容量最大能擴張至1.8公升，並且分泌含有「胃蛋白酶」（pepsin）的胃液來消化食物碎屑，再透過肌肉活動將這些食物送進腸道。當我們吃太飽或喝太多，有太多東西一口氣進到胃裡時，胃液會被稀釋，導致食物需要更多時間才能被分解得更小，造成食物長時間囤積在胃裡，這種狀況就是所謂的「消化不良」。如果長期飲食過量，也會影響到胃部肌肉的正常運作，令人更常感到腹脹不適。

吃太飽還有其他後遺症，例如即便胃裡已經清空，還是不太會產生食慾。因為食物進入胃時，小腸會分泌膽囊收縮素（cholecystokinin，CCK）、大腦會分泌促腎上腺皮質素釋素（corticotropin-releasing hormone，CRH），這些激素（將指令傳遞到目標器官的蛋白質）會命令大腦抑制食慾。一旦吃太飽造成這些激素分泌過量，就會讓人遲遲沒有胃口，因為即使胃裡已經沒有食物了，激素的作用也不會馬上消失。再者，當攝取了過多的營養時（例如吃下太多脂肪），十二指腸也會分泌膽囊收縮素。這也是為什麼當飲食比較油膩時，總會有好一段時間不會想再吃其他東西。

相信有不少人都經歷過這種吃太多、喝太多的狀況，不過造成腸胃不適的原因還不只這些。

腸胃也會老化

腸胃是透過肌肉的活動發揮作用，而腸胃肌肉也跟其他部位的肌肉一樣會老化，進而引發各種毛病。常聽人說「年紀大了吃太油容易肚子不舒服」，就是腸胃老化的關係。

我們吃下肚的食物，需仰賴胃部肌肉活動才能與胃液充分混合，並且有效率地送進十二指腸。小腸、大腸也必須藉由蠕動（從嘴巴往肛門、由上而下搬運內容物的運動）方能吸收食物的養分和水分。當我們老化導致肌肉退化，腸胃的功能也會像其他運動能力一樣衰退。

不光是肌肉，腸胃分泌物也會隨著年紀改變，對腸胃下達指令的神經和激素分泌的效率同樣會衰退。胃液、胰液等消化液的分量減少會降低消化效率，加上刺激胃腸活動的激素分泌量下降，也會使腸胃運動更加衰弱。

腸胃運作機制與不適原因

腸胃的功能受控於自律神經（交感神經與副交感神經），亦有各式各樣的激素輔助調節。當神經及激素等調節單位出現異常，就會引起腹脹、火燒心、沒食慾等症狀。圖為調節機制的一部分。

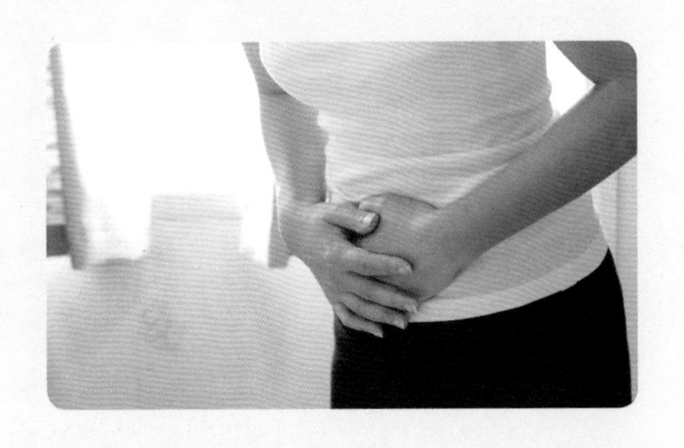

胃液分泌

胃液含有具消化作用的胃蛋白酶、具殺菌作用的鹽酸以及保護胃壁的黏液。若胃液分泌過少，消化速度便會下降，導致消化不良。同時黏液減少也會讓胃受到傷害，甚至引發胃炎和胃潰瘍。

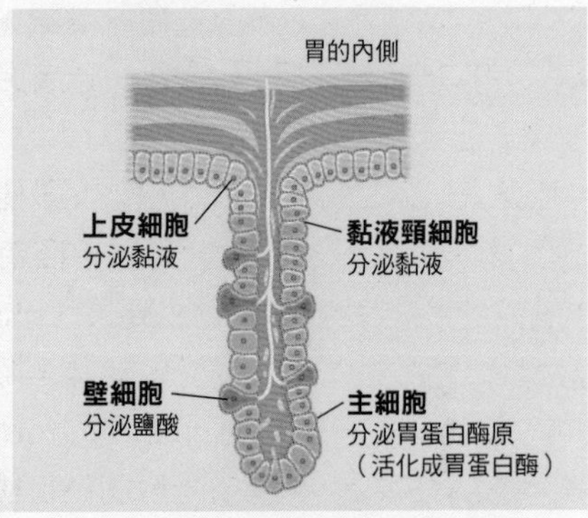

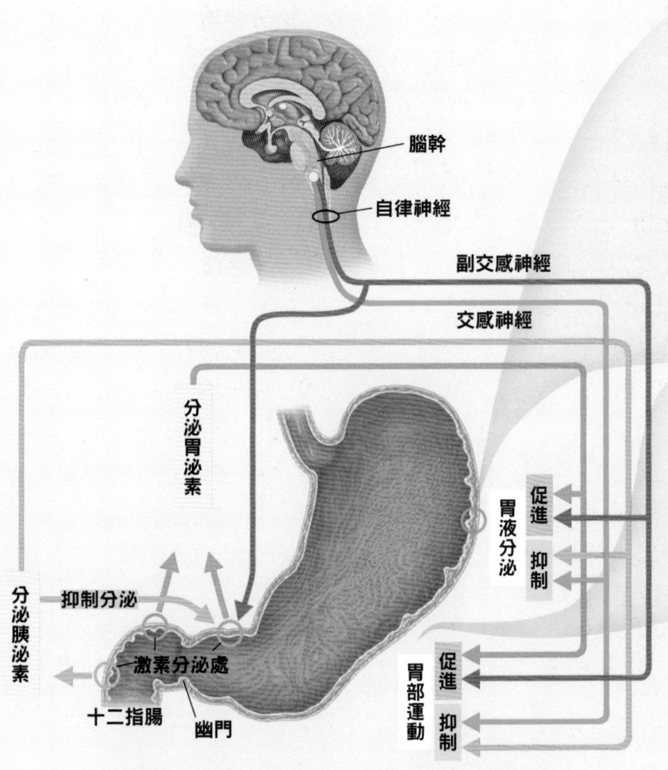

胃與神經的關係

副交感神經具有促進胃液分泌與胃部運動的功能，交感神經則會抑制上述活動。當食物進入腸胃，腸胃本身也會分泌胃泌素（gastrin）、胰泌素（secretin）等激素來調節活動。

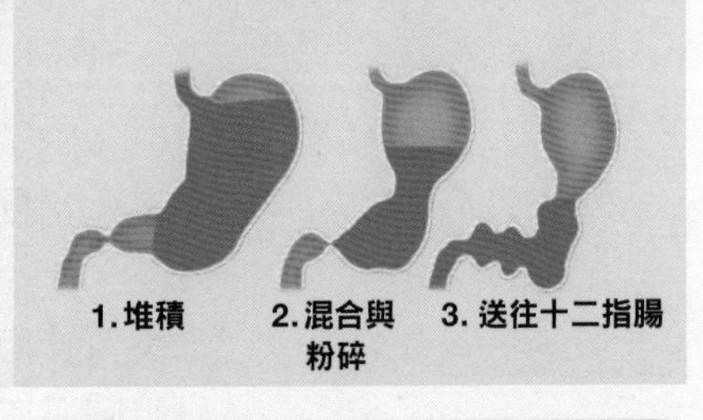

胃部運動

當食物進到胃裡，胃會膨脹（1）。接著開始蠕動，翻攪食物、混合胃液，進行消化（2）。然後將食物從幽門送往十二指腸（3）。當以上功能衰退，就可能造成消化不良。

COLUMN

壓力和生活習慣紊亂也可能導致生病

腸胃不適往往和壓力、不良的生活習慣脫不了關係。

根據統計，有2成的日本人（即每5人之中就有1人）罹患「功能性消化不良」（functional dyspepsia）。功能性消化不良泛指各種原因不明的腹脹、胃痛等腹部不適，即使以內視鏡等各種方式檢查，也無法發現任何癌細胞及潰瘍等病變情形。另一種類似的症狀為腸躁症（irritable bowel syndrome，IBS），據說有高達15%的日本人罹患，而這同樣是檢查不出任何病變，卻會出現突發性腹瀉或便祕的惱人病症。

由於這些症狀和癌症或潰瘍不同，不會危及生命，所以長久以來都未受到重視。然而，這些症狀卻會大大影響到我們的生活品質，而且患者的數量還不少，因此近年來人們開始積極研究相關治療方法。

大腸運作機制與不適原因

大腸和胃的運作都受到自律神經控制。排便活動雖然主要由自律神經調節，但我們仍能隨意地控制特定肌肉。若壓力造成自律神經失調，可能會導致便祕。

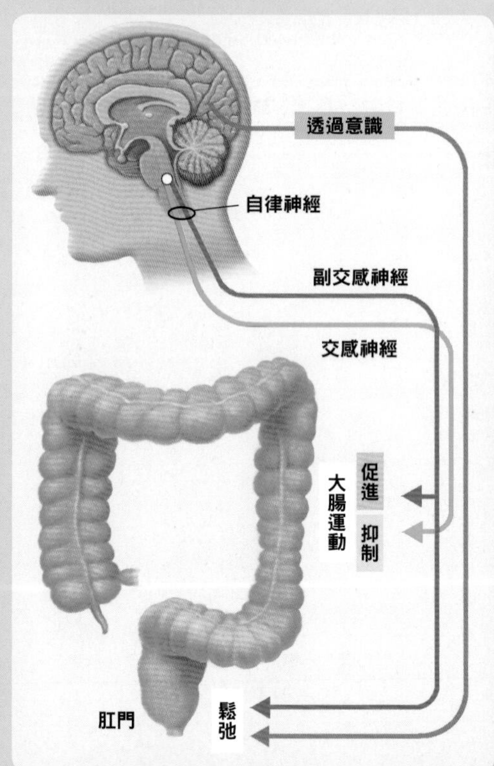

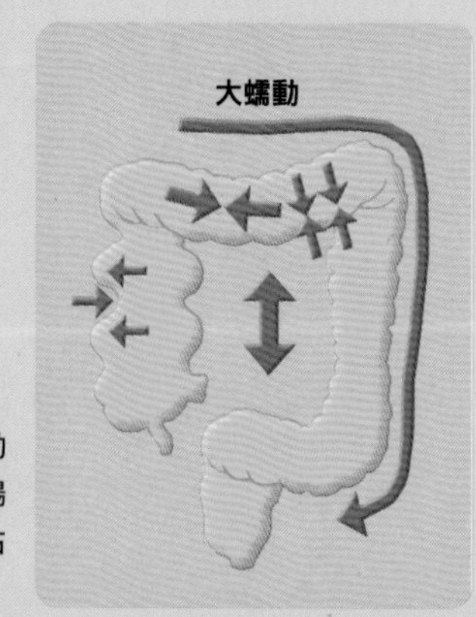

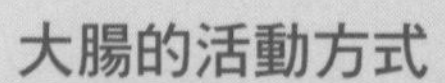

大腸的活動方式

紅色箭頭代表了大腸複雜的活動方式。大腸會藉由蠕動來推進腸內的糞便，每天會產生1次左右劇烈的大蠕動以催生便意。

壓力為何會危害腸胃

一般認為，壓力和生活習慣紊亂是造成腸胃功能失調的原因，也就是所謂「自律神經失調」（dysautonomia）的狀況。自律神經包含交感神經與副交感神經，兩者的關係如同翹翹板，透過抑制和促進作用調節身體的各種功能。

舉例來說，夏日疲勞症候群也是肇因於自律神經失調。當室外天氣太熱，交感神經便會運作，藉由減緩腸胃活動、促進排汗，試圖調節體溫。而當我們進入開著冷氣的涼爽室內，就輪到副交感神經開始運作，停止排汗。但有時會遇到身體來不及反應，導致交感神經持續運作的「異常」狀態。雖然自律神經不至於因為一次的氣溫變化就出狀況，但是在炎熱的室外和涼爽的室內之間進進出出，交感神經與副交感神經就有可能搞不清楚切換的時機，造成自律神經失調的狀況。

日夜顛倒和壓力過大的生活型態，也容易導致自律神經失調。因為人在白天或感覺到壓力時 — 也就是處於「活動」的狀態下，交感神經的運作會比較旺盛；在夜裡或放鬆狀態下，則是副交感神經的運作比較旺盛。一旦生活作息不正常或承受太多壓力，就容易引起自律神經失調。

在腸胃活動方面，當食物進入腸胃，副交感神經便會開始運作，促進消化液分泌與消化道活動；交感神經則是負責抑制這些活動。若兩者協調不良，腸胃就難以發揮原有的正常功能了。

自律神經失調

插圖以比較誇張的方式，來說明自律神經失調如何引起夏日疲勞症候群。當我們從炎熱的室外進入涼爽的室內，理論上副交感神經會開始運作，但是在自律神經失調的情況下反而是交感神經在作用，造成出現流汗等不正常的生理反應。

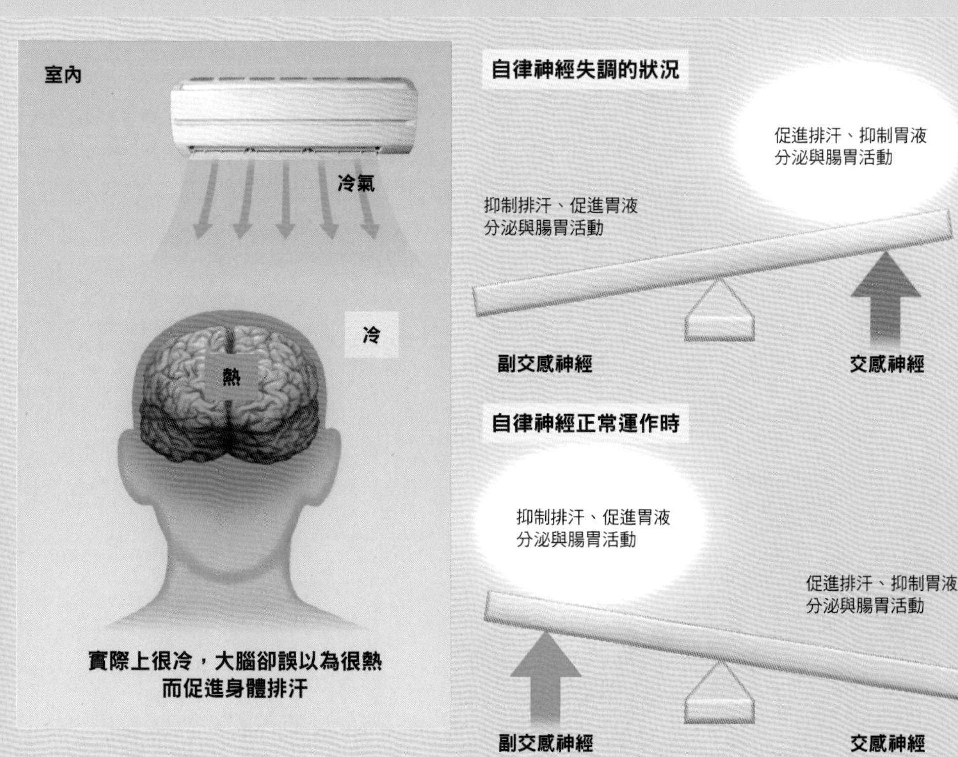

呼吸分成兩種形式 腹式呼吸與胸式呼吸

人的呼吸一天下來，會將約1萬1000公升的空氣吸入肺臟。肺臟會將空氣中的氧氣充入血液，送往遍布全身的細胞。細胞釋出的二氧化碳也會經由血液送到肺臟，再透過呼吸排出體外。

成年男性一次呼吸會將約4～5公升的空氣吸進左右兩肺（肺總量：total lung capacity，TLC），吸飽氣後再吐出來的空氣量（肺活量：vital capacity）約3～4公升。也就是說，就算盡力把氣吐光，仍有大約1公升的空氣殘留在肺裡。

肺臟就像氣球，會隨著空氣進出膨縮。雖然肺臟無法憑一己之力吸入空氣，卻具有氣球般的彈性，所以從膨脹狀態收縮的過程也能產生擠出空氣的力量。

腹式呼吸與胸式呼吸

當肺臟所在的空間（胸腔）擴大、肺部擴張，空氣就可以順著氣管進入肺臟。

胸腔主要是靠活動肋骨的肋間肌與橫膈膜來改變容積。橫膈膜是區隔胸部與腹部的膜狀肌肉。

吸氣時，肋骨會上提（胸部鼓起）、橫膈膜會下降（腹部鼓起）。於是胸腔容積增加、內壓下降，讓肺臟體積跟著增加，空氣得以進入肺中。

吐氣時，基本上是利用肺縮回原本大小的力量將空氣擠出。肋骨與橫膈膜也會跟著回到原位，胸腔容積再度縮小。

運用肋骨（胸部）上下活動的呼吸方式稱作「胸式呼吸」（chest breathing），運用橫膈膜上下活動的呼吸方式稱作「腹式呼吸」（abdominal breathing）。人在平靜狀態下主要會行腹式呼吸；在進行運動等身體需要大量空氣時，會透過胸口的劇烈起伏進行呼吸（胸式呼吸）。

呼吸肌（肋間肌與橫膈膜）為橫紋肌，屬於隨意肌。因此，我們可以自由控制呼吸、憋氣。

肺部呼吸的模樣

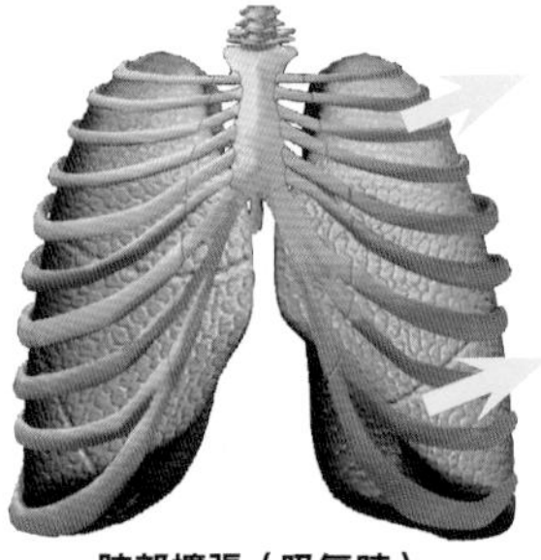
肺部擴張（吸氣時）

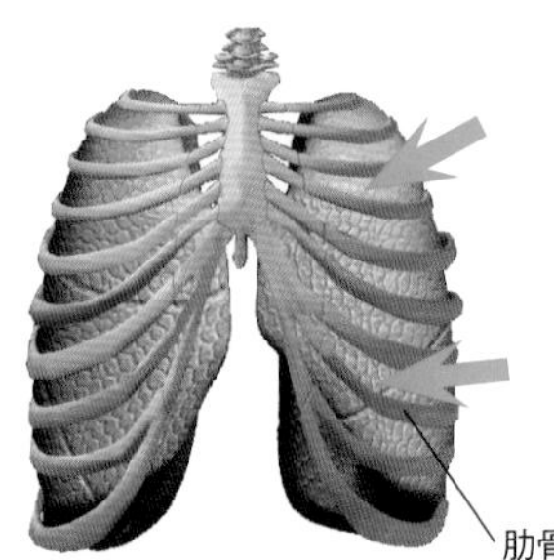

肺部縮小（吐氣時）

幫助肺呼吸的橫膈膜

肺臟無法憑自己的力量呼吸，需透過橫膈膜的上下活動、肋骨外展及內收幫忙。

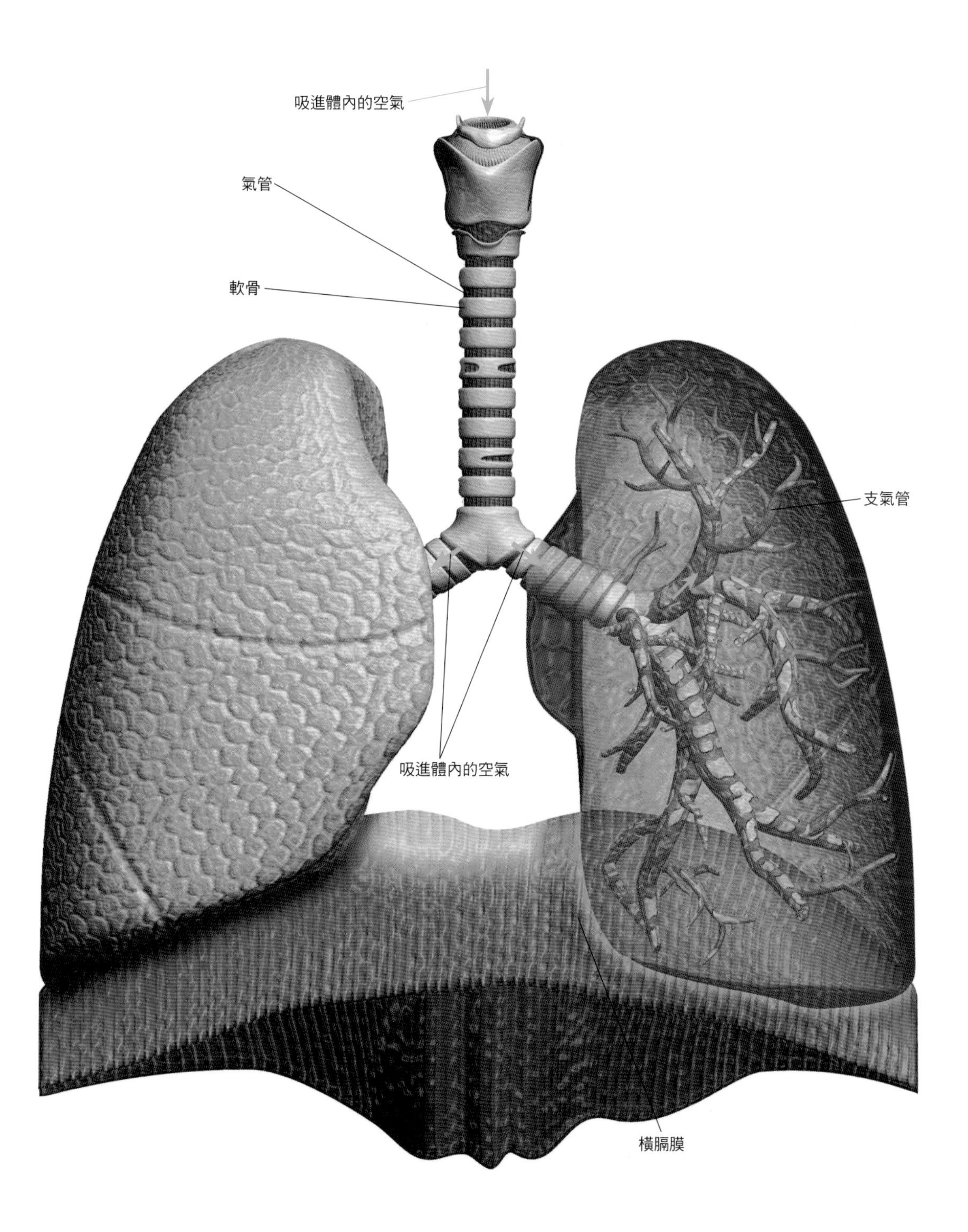

COLUMN

維持生命運作所需的熱量

基礎代謝率（basal metabolic rate，BMR）是指在什麼也不做的狀況下，維持生命活動一天所需的最低熱量。

比方說，每公斤的骨骼肌每天會消耗大約13大卡的熱量。男性的標準肌肉量為體重的40%上下，女性則為體重的35%上下。假設一名標準體格的男性體重為65公斤，身上有26公斤的肌肉，那麼他的肌肉基礎代謝率大約為每天338大卡（13×26）。

另一方面，每公斤的脂肪組織每天只會消耗掉4.5大卡的熱量。換句話說，在重量相同的條件下，肌肉的基礎代謝率比脂肪高。一名標準體格、65公斤的人，應具有大約14公斤的脂肪。而脂肪的基礎代謝率約為每天63大卡。除了肌肉與脂肪，再加上腦、心臟、肝臟等諸多器官消耗的熱量，就能算出全身的基礎代謝率，不過每個人的基礎代謝率終究取決於其身體組成狀況。

身體各部位的基礎代謝率占比因人而異，不過基本上是肌肉（骨骼肌）22%、脂肪組織4%、肝臟21%、腦20%、心臟9%、腎臟8%、其餘部位16%。其中，肌肉的基礎代謝率可以透過人為方式提升。從上述數值來看，透過肌力訓練提升

基礎代謝率會隨著年齡下降

兒童的年紀愈小，每公斤體重的單位基礎代謝率就愈高。因為處於身體正在發育的階段，需要消耗大量能量，加上體表面積相對大使得散逸的熱量也多。成年以後單位基礎代謝率便會逐年下降，而肌肉量減少也是造成基礎代謝率下降的原因之一。

基礎代謝率的效益不大，畢竟每公斤肌肉只會消耗13大卡。不過多項研究皆指出，持續訓練3個月後的除脂體重（lean body mass，LBM）可以增加2公斤，基礎代謝率更會提升100大卡左右。換句話說，肌力訓練所能提升的基礎代謝率遠超過單純以增肌量換算出來的數字。肌力訓練確實有助於大幅提升我們的基礎代謝率。

其餘消耗熱量

吃飯時，消化、吸收、運送食物的過程也需要消耗熱量，即所謂的「攝食產熱效應」（diet-induced thermogenesis，DIT），這也是用餐會讓身體變暖的其中一個原因。攝食產熱效應所消耗的熱量，大約是攝取熱量的10%。其中，蛋白質分解出的氮和硫需要排泄，因此產熱效應特別高，約有30%的熱量會在消化過程中消耗掉。

從事各種身體活動也會消耗熱量，但通常每個人的情況大不相同。

人每天消耗的總熱量（基礎代謝、攝食產熱效應、活動身體消耗的熱量）可以用基礎代謝率乘以身體活動等級（physical activity level，PAL）算出一個大概的數字。身體活動等級代表一個人平常生活時，活動身體的激烈程度。

舉例來說，平常工作有大半時間都坐在辦公室的人，一天消耗的總熱量為基礎代謝率乘以1.5。若是一名20多歲、65公斤的標準體格男性（基礎代謝率1560大卡），他每天消耗的熱量就是1560×1.5＝2340大卡。但如果這個人偶爾會站起來工作，也會做一點輕鬆的運動，那麼就改乘以1.75，也就是2730大卡。如果其工作型態需要長時間站立或頻繁走動，甚至會從事激烈運動的話，則要乘以2.0，也就是3120大卡。

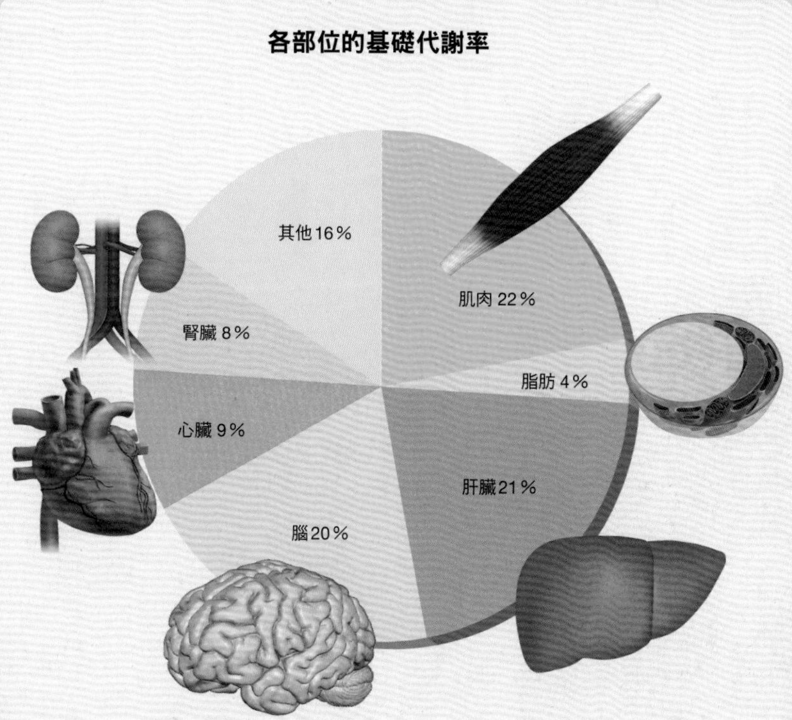

各部位的基礎代謝率

圖為各部位基礎代謝率的占比。其中又以肌肉22%、肝臟21%、腦20%占比較高。女性的肌肉基礎代謝率占比會再低一點。

為了減肥而提升基礎代謝率的確有效，但不能抱有過高的期待。鍛鍊肌肉確實可以在短短幾個月內增加100大卡左右的基礎代謝率，但之後持續鍛鍊也無法提升至200大卡、300大卡。請記得「基礎代謝能提升的程度有限」，把自己練得多壯都一樣。

從圓餅圖可知，即使是標準體格者，脂肪的基礎代謝率占比也不過數%。原則上體重愈重則基礎代謝率愈高，但肥胖者由於脂肪占比較高，其基礎代謝率不會隨著增重而有顯著提升。

COLUMN

有辦法鍛鍊內臟肌嗎？

我們無法隨意控制內臟平滑肌的活動，但是鍛鍊這些器官周圍的橫紋肌，還是有機會改善內臟功能。

訓練呼吸肌

橫膈膜等參與呼吸作用的肌肉是橫紋肌，屬於隨意肌。可以運用呼吸來訓練這些肌肉，雖然不是立竿見影，但確實有效。

鍛鍊呼吸肌可以改善呼吸系統疾病，並避免呼吸功能衰退。

一般的腹式呼吸是吸氣時橫膈膜下降、腹部鼓起，若反過來在吸氣時刻意縮腹，對橫膈膜施加壓力的話，可以藉此訓練橫膈膜的肌力。

訓練橫膈膜

仰躺進行腹式呼吸。呼吸時，手放在肚子上感受起伏。

在仰躺姿勢下進行腹式呼吸，甚至追加一些重物置於肚子上，也能帶來不錯的訓練效果。

不過這種訓練方法施加的負荷較小，不會像鍛鍊骨骼肌一樣很快看見成效，需要多花一些耐心持之以恆。

胃下垂

胃下垂是胃部下垂至低於正常位置的狀態。如果沒有出現什麼症狀倒是無妨，可一旦演變至胃弛緩（gastric atony），恐會引起腹脹、胃痛等不適。胃弛緩是胃部肌肉張力不足，胃部活動遲緩的狀態。

腹部深層的腹橫肌等肌肉具有支持內臟活動的作用，如果該部位的肌力不足也可能導致胃下垂。此時，訓練腹肌可以有效改善胃下垂。不過胃下垂的原因很複雜，暴飲暴食、壓力太大都是潛在原因。

胃下垂沒有標準的預防方式，只能盡量維持規律的生活作息並適時運動，也不要累積太多壓力。

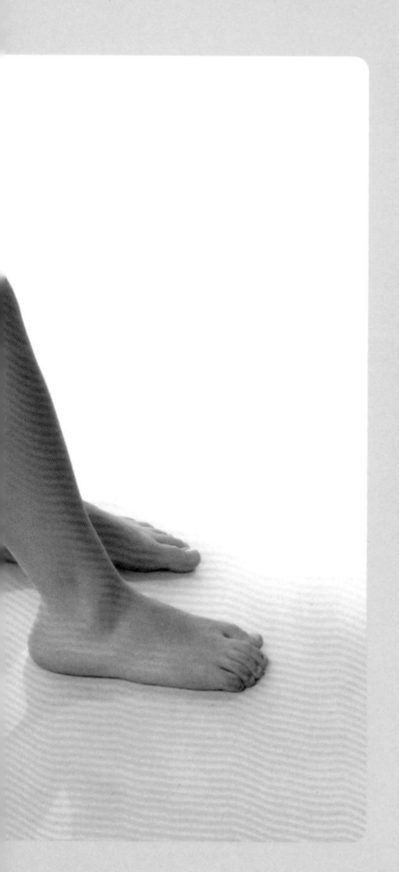

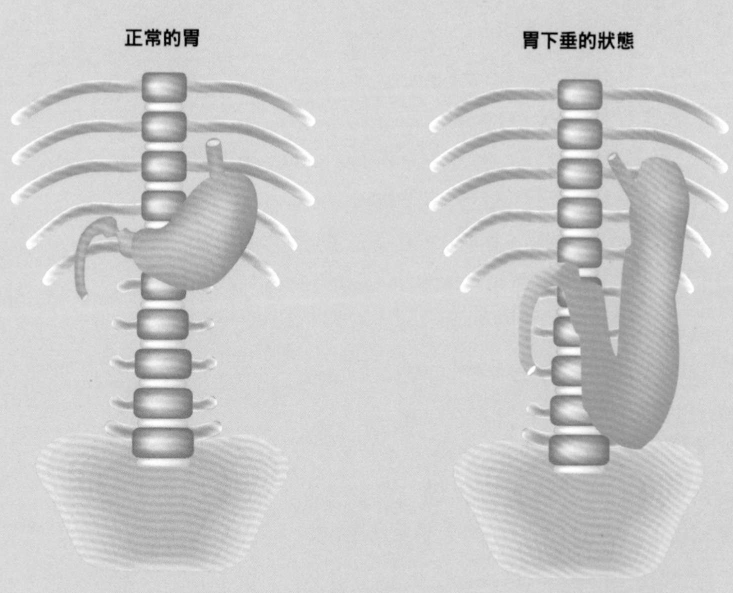

胃下垂

若未出現症狀，胃下垂本身並不是什麼大問題，但太嚴重的話可能影響到胃的正常功能。除了調整生活作息與飲食習慣，訓練腹肌也有助於避免胃下垂。

運動時肌肉內的血流量是原本的30倍

心臟的供血量會隨著身體狀況劇烈改變。從事激烈運動時心跳會加快，心臟跳1次所送出的血量（心輸出量：cardiac output）也會增加，算下來心臟每分鐘送出的血量最多可達35公升（平靜狀態下的7倍）。但是全身血液總量並沒有改變，這代表血液循環的速度變快了（血壓更高）。

從事激烈運動的時候，血液供給的部位也會改變，尤其會大量供應耗氧量較大的肌肉。此時，供輸到肌肉的血量高達平靜狀態下的30倍。

運動員的心律不到常人的一半？

平常有在訓練的運動員，運動時心臟能送出更多血液。但也因為他們的心臟跳1次能送出的血液量較多，所以平靜狀態下的心律反而比一般人低上許多。某些頂尖運動員的心臟每分鐘甚至跳不到40下。

這些人的心臟因為肌肉發達而較為壯大（肥大），稱為「運動員心臟」（athlete's heart）。此外，高血壓患者的心臟為了因應較高的血壓，會更奮力地泵送血液，這也導致其心臟更加肥大。雖說都是心臟肥大，但運動員心臟的狀況並沒有健康上的疑慮。

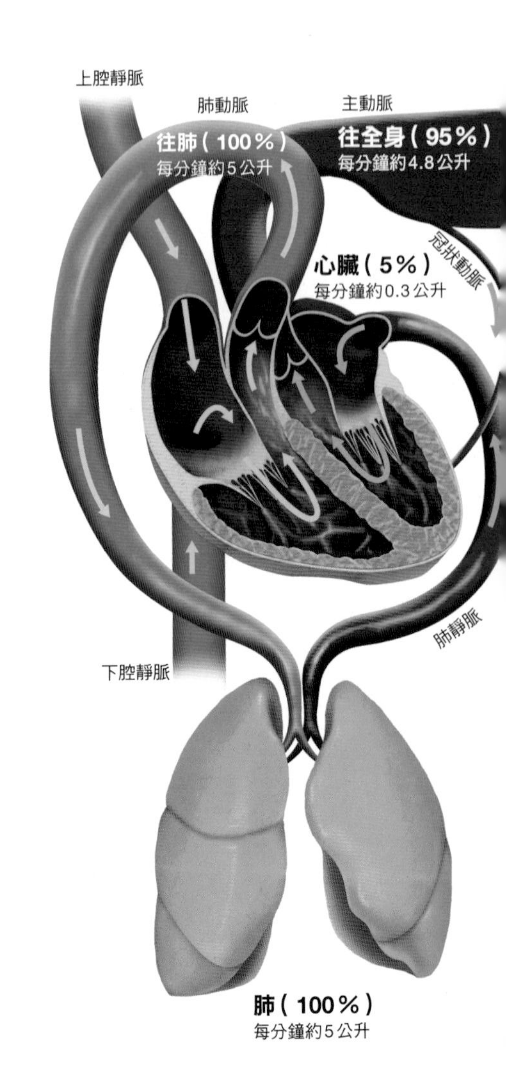

平靜時的優先供血目標為腎臟

插圖所示為處於平靜狀態時，心臟供輸各個器官的血量比例。接在器官名稱後的數字是獲得血量的占比。

右心室送往肺臟的血液幾乎等同於左心室送往全身的血量（每分鐘約5公升）。不過，左心室送出的血液必須從頭循環到腳，故泵送力道較為強勁（血壓較高）。我們平常測量血壓時，就是測量從左心室送往全身的血壓。

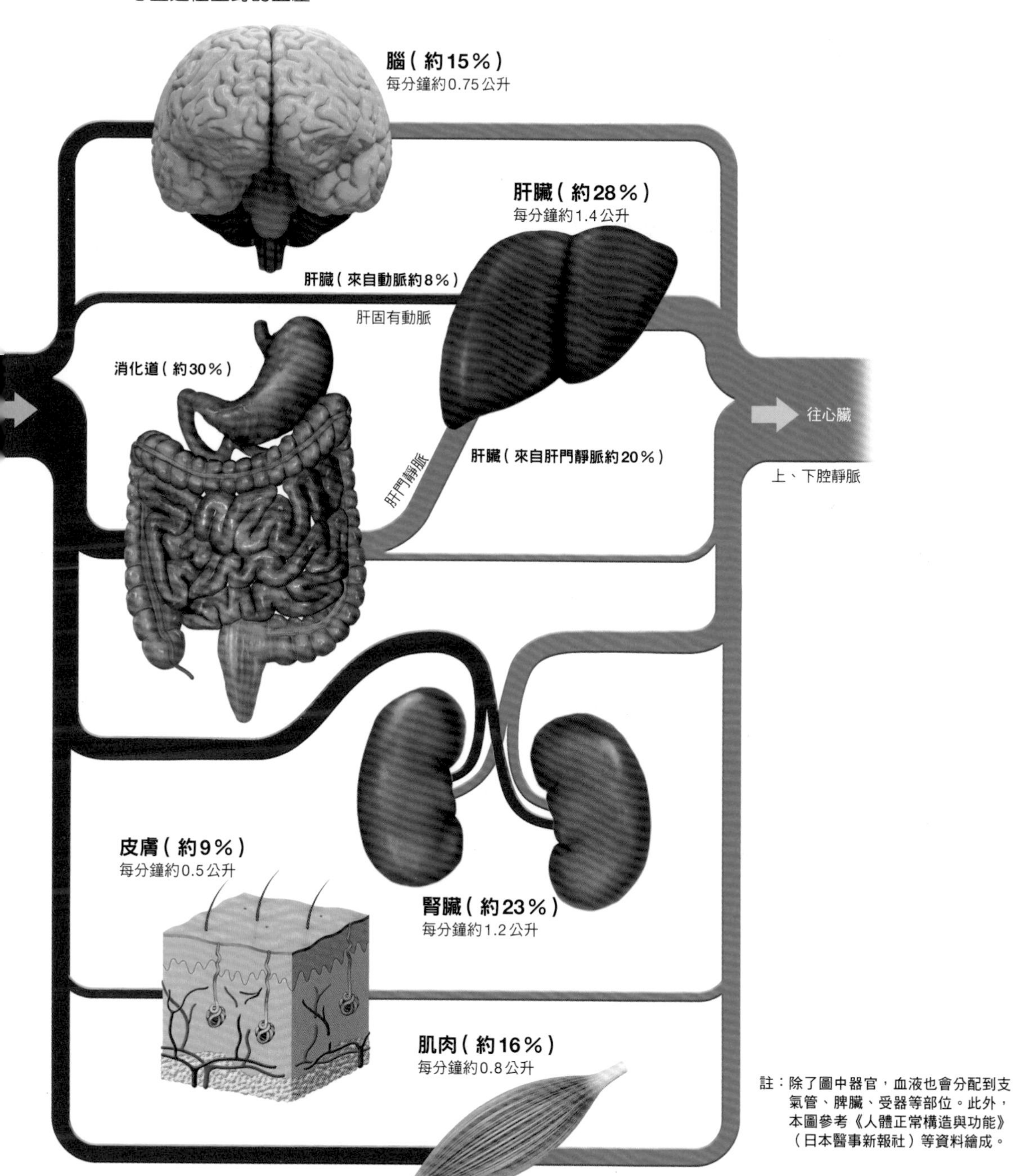

註：除了圖中器官，血液也會分配到支氣管、脾臟、受器等部位。此外，本圖參考《人體正常構造與功能》（日本醫事新報社）等資料繪成。

略感勉強的運動可以改善血液循環與血管

運動不但能改善體力，血液本身與血液循環狀況也會產生變化。維持一定強度的運動習慣（例如「會喘的」健走）一段時間，身體就會產生以下變化。

血流量增加，耐力提升

持續運動後，體內血流量便會上升，心臟每次跳動都能送出更多血液，提升最大攝氧量（maximum oxygen consumption），進而增加耐力。血流量增加代表紅血球濃度下降，血液能循環得更加順暢。

之所以產生這樣的變化，是因為略感勉強的運動會刺激身體分泌某些激素，能夠增加體液的分泌量、提高血液中的白蛋白（albumin）濃度，促進更多水分進入血管以稀釋白蛋白的濃度（滲透壓）。再者，血管壁也會變軟，得以乘載更大量的血液。順帶一提，血流量增加會讓靠近皮膚的血流增加，使汗腺更為發達、改善調節體溫的功能，降低中暑的機率。

微血管發達，紅血球與粒線體增加

從今天開始訓練

不見得要依循嚴格控管運動強度的訓練菜單才能提升體力。年屆中高齡者可以先從略感勉強的健走運動開始做起。

持續運動幾個月後，血液中的紅血球和肌肉細胞中的粒線體會開始增加，肌肉周遭的微血管也會更為發達，改善氧氣參與的代謝功能。

其相關機制如下：肌肉的收縮活動本身會刺激蛋白質合成，乳酸分離出來的氫離子也會促成細胞內的氧化作用，大腦接收到上述變化的訊息後會命令成長激素等物質分泌，促使肌肉增生。

這些激素作用的對象不只有肌肉，也包含全身上下的各種細胞組織。最終可以提高基礎代謝率，增加減肥效果。

從事高強度運動可以預防生病

近年的研究指出，糖尿病與高血壓等慢性病的一大原因為「肌少症」（sarcopenia）。這是一種肌肉隨著年紀逐漸退化的症狀，任何人都無法避免。

當肌肉退化，粒線體的功能也會減弱，身體會釋放更多「活性氧」（reactive oxygen species）。在所有含氧原子的分子中，活性氧是一種特別容易與其他物質產生反應的狀態，而我們平常的生命活動始終伴隨著活性氧的生成。

雖然活性氧是有助於排除體內病原體的必要物質，但也會造成細胞與組織的傷害、引起發炎反應。一般認為，活性氧可能是許多病症的致病因素，例如其引發的慢性發炎會催生脂肪細胞，最終導致糖尿病等等。

由此可知，當體力隨著年紀下滑，罹患各種病症的風險也會跟著提高。

基本用語解說

ADP
二磷酸腺苷（adenosine diphosphate）的縮寫。

ATP
三磷酸腺苷（adenosine triphosphate）的縮寫。ATP是身體的能量來源，當ATP水解成ADP與Pi（磷酸根）時會釋放能量。

RM法
最大反覆次數（repetition maximum）的縮寫。是指在某負重狀態下，特定運動動作所能重複的最大次數。假設最多可重複10次，表示該負荷程度為「10RM」。

大腦皮質
大腦半球的表面部分。每個區塊各司其職，例如命令身體動作的初級運動皮質、控制預備動作的前運動皮質。

小腦
腦的一部分。與動作學習理論中熟悉動作的過程有關。

不隨意肌
受自律神經支配，無法自由操控的肌肉。內臟的平滑肌大多屬於不隨意肌。

代謝
生物體內進行的各項化學反應統稱為代謝。

平行肌
形似梭子，肌纖維排列方向與肌腱平行的肌肉。收縮速度快。

生長因子
促進特定細胞分化與增生的蛋白質總稱。

羽狀肌
肌纖維傾斜於肌腱排列的肌肉。這種肌肉垂直於收縮方向的單位截面積肌纖維數量較多（較粗），故擁有較大的力量。

肌外膜
包住整塊肌肉的薄膜。

肌肉衛星細胞
位於肌纖維外圍的幹細胞，會透過分裂作用提供肌纖維細胞核、組織新的肌纖維。參與肌肉肥大與修復作用。

肌束
集結成束的多條肌纖維。

肌束膜
包住肌束的膜。

肌紅素
骨骼肌與心肌含有的蛋白質，負責接收、儲存血液送來的氧。

肌原纖維
肌纖維內部由肌動蛋白與肌凝蛋白組成的收縮構造。

肌動蛋白
存在於肌纖維中的纖維蛋白。別名肌動蛋白纖維、細肌絲。和肌凝蛋白共同控制肌肉收縮活動。

肌凝蛋白
存在於肌纖維中的纖維蛋白。別名肌凝蛋白纖維、粗肌絲。

肌纖維（肌細胞）
進行肌肉收縮運動的細胞，內含肌原纖維。

肌纖維母細胞
會分化成肌肉細胞的原始細胞。

自律神經
由「交感神經」與「副交感神經」構成。主要負責調節內臟、血管的功能，確保體內環境維持在適宜的狀態。

血壓
心臟送出的血液擠壓血管壁時產生的壓力。

免疫細胞
所有參與免疫作用的血球細胞統稱為白血球，負責攻擊以及排除體內異物。

乳酸
代謝的中間產物。分解葡萄糖產生能量的過程運作了一段時間後，會需要氧氣參與，當能量產生不及就會產生乳酸。乳酸堆積會導致肌肉偏向酸性，造成肌肉疲勞。

乳酸系統
醣類的代謝系統之一。會分解葡萄糖並重新合成ATP，過程中沒有氧氣參與。

延遲性肌肉痠痛
俗稱的肌肉痠痛。通常發生於運動後的一兩天，常伴隨著發炎反應的疼痛。

急性肌肉痠痛
運動後馬上出現的疼痛。

負荷
肌肉承受的負擔。重量訓練時肌肉承受的負荷，取決於負重重量、動作次數、動作範圍。組合各項變數可輕易調整負荷。

神經生長因子
神經營養因子的一種，簡稱NGF（nerve growth factor）。

神經營養因子
神經細胞分化與成長時運作的功能性蛋白質總稱。簡稱NTF（neurotrophic factor）。

缺血性心臟病
又稱狹心症。由於心血管異常，導致供應心肌的血液量減少甚至中斷所引發的疾病。

粒線體
細胞中的一種胞器。會消耗氧氣將醣類、脂質、蛋白質分解成二氧化碳和水，並產生大量能量促使ATP重新合成。

細胞凋亡
身體為了要處理掉廢棄或無法修復的受損細胞，自動發起的細胞自殺行為。

細胞核
細胞中的胞器之一。細胞核外面包著一層核膜，區隔細胞核與細胞質。細胞核內有記錄遺傳訊息的DNA等。

蛋白質
由許多胺基酸連接而成的聚合物。包含建構身體的結構性蛋白質、參與生物體內各種化學反應的功能性蛋白質。

普金斯細胞
小腦皮質內一種發送訊號的細胞。普金斯細胞的敏感度變化與動作學習機制息息相關。

筋膜（淺筋膜、深筋膜）
深、淺筋膜都是包覆著多塊不同肌肉的膜狀組織，一般統稱為筋膜。

結締組織
負責連接細胞與細胞、形成細胞外架構的組織。

葡萄糖
ATP重新合成所需的人體主要能量來源。

運動神經元
也稱作運動神經。負責將脊髓發出的命令傳遞到骨骼肌，讓身體活動的神經細胞（神經元）。

激素
隨著血流影響全身組織的物質，會對擁有特定受體的部位產生作用。

隨意肌
受運動神經支配，可以憑意志控制其活動的肌肉。活動骨頭的骨骼肌就屬於隨意肌。

頸椎
屬於脊椎的一部分，是頸部的骨頭，位於胸椎上方並與肋骨相連。頸椎分成七節，平常呈現微微前拱的狀態，支撐沉重的頭部。

磷酸肌酸
肌肉中可以迅速重新合成ATP的成分，也是進行高強度運動時的主要能量來源。

舉重
運用全身的力量，將腳邊的槓鈴一口氣高舉過頭的運動項目。

離心收縮
肌肉收縮出力，同時肌纖維拉長的運動。腳踩地、放下東西等動作皆屬於離心收縮。

壞死
細胞受到嚴重外傷，無法維持生命活動而死去的過程。性質有別於自發性的細胞凋亡。

關節
骨頭之間以韌帶連接的部分。藉由收縮肌肉來牽引骨頭活動、關節旋轉，才能產生各式各樣的動作。

索引

七畫

八畫

九畫

十畫

十一畫

十二畫

十三畫

十四～十七畫

十八畫以上

▼骨骼肌索引

頭部與頸部的肌肉

肩膀與上肢的肌肉

胸部與腹部的肌肉

臀部與下肢的肌肉

Staff

Editorial Management	木村直之	Cover Design	小笠原真一，北村優奈（株式会社ロッケン）
Editorial Staff	中村真哉，生田麻実	Design Format	小笠原真一（株式会社ロッケン）
		DTP Operation	阿万 愛

Photograph

8	Andrea Izzotti/stock.adobe.com	106	fovivafoto/stock.adobe.com
10	JosLuis/stock.adobe.com	110	sportpoint/stock.adobe.com
22	JosLuis/stock.adobe.com	112	aijiro/stock.adobe.com
26	Muhammadsainudin/stock.adobe.com	116	mtaira/stock.adobe.com
26	Irina K./stock.adobe.com	120	metamorworks/stock.adobe.com
26	Ananass/stock.adobe.com	124	Microgen/stock.adobe.com
28	Kawee/stock.adobe.com	130	Rawpixel.com/stock.adobe.com
36	ANDREW NORRIS/stock.adobe.com	134	sportpoint/stock.adobe.com
52	themost/stock.adobe.com	136	sportpoint/stock.adobe.com
56	steven hendricks/stock.adobe.com	142	kaikaiboy/stock.adobe.com
58	pololia/stock.adobe.com	144	55hatako/stock.adobe.com
68	dimedrol68/stock.adobe.com	148	Matheus/stock.adobe.com
72	Joe/stock.adobe.com	150	milatas/stock.adobe.com
79	Ivica Drusany/stock.adobe.com	152	buritora/stock.adobe.com
80	mtaira/stock.adobe.com	154	Pixel-Shot/stock.adobe.com
82	Michael Chamberlin/stock.adobe.com	154	leungchopan/stock.adobe.com
86	bit24/stock.adobe.com	156	djile/stock.adobe.com
88	Wrangler/stock.adobe.com	158	NDABCREATIVITY/stock.adobe.com
90	michikodesign/stock.adobe.com	160	suriya/stock.adobe.com
92	aekkorn/stock.adobe.com	186	manusapon/stock.adobe.com
98	BestForYou/stock.adobe.com	192	Andrey/stock.adobe.com
100	sportpoint/stock.adobe.com	194	FAB.1/stock.adobe.com
102	ChiccoDodiFC/stock.adobe.com	198	Jacek Chabraszewski/stock.adobe.com

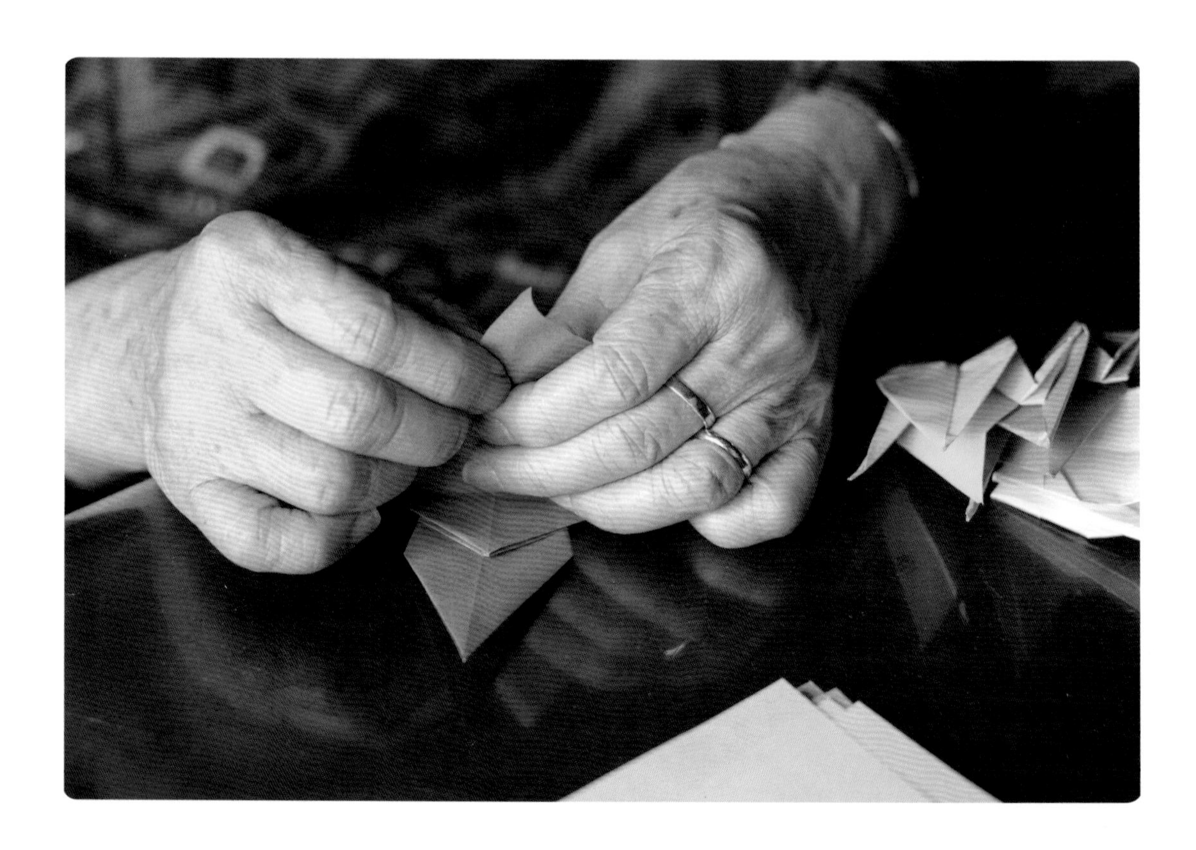

Illustration

6	Newton Press
10	Newton Press
12	Totem/stock.adobe.com
12	髙島達明
14	Newton Press
16～18	多田彩子・デザイン室[※を加筆改変]
20	Newton Press
24	CLIPAREA.com/stock.adobe.com
26	SciePro/stock.adobe.com
26	HANK GREBE/stock.adobe.com
28	ssstocker/stock.adobe.com
30～34	Newton Press
30	Newton Press, 髙島達明
38	Kirsty Pargeter/stock.adobe.com
42	Chastity/stock.adobe.com
42	magicmine/stock.adobe.com
44	Kirsty Pargeter/stock.adobe.com
44～46	Newton Press
48	制作室 田久保純子
50	Newton Press
52	SciePro/stock.adobe.com
54	Newton Press（データ提供：鶴見大学歯学部クラウンブリッジ補綴学講座）
56	Derya Draws/stock.adobe.com
58	tonaquatic/stock.adobe.com
60	corbacserdar/stock.adobe.com
62	Newton Press
64	宮川愛理
66	Newton Press
68	AlienCat/stock.adobe.com
70	Newton Press
72	SciePro/stock.adobe.com
74	宮川愛理
76	多田彩子・Newton Press[※]
78	robu_s/stock.adobe.com
78～82	SciePro/stock.adobe.com
84	宮川愛理
90	SciePro/stock.adobe.com
92	bilderzwerg/stock.adobe.com
94	Morphart/stock.adobe.com
96	Randall Reed/stock.adobe.com
100	SciePro/stock.adobe.com
102	宮川愛理
104	Randall Reed/stock.adobe.com
104	SciePro/stock.adobe.com
106	Randall Reed/stock.adobe.com
108	宮川愛理
110	nerthuz/stock.adobe.com
112	SciePro/stock.adobe.com
114	宮川愛理
116	SciePro/stock.adobe.com
118～122	宮川愛理
124	Newton Press
126～128	high_resolution/stock.adobe.com
130	SciePro/stock.adobe.com
132	宮川愛理
134～136	SciePro/stock.adobe.com
138～140	宮川愛理
142～144	SciePro/stock.adobe.com
146	Newton Press
148	AlienCat/stock.adobe.com
148	SciePro/stock.adobe.com
150	Newton Press
160	Newton Press, 荻野瑶海, カサネ・治
162	rumruay/stock.adobe.com
164	leungchopan/stock.adobe.com
166	eveleen007/stock.adobe.com
168	ssstocker/stock.adobe.com
168	achiichiii/stock.adobe.com
170	Taleseedum/stock.adobe.com
172～174	Newton Press
176	木下真一郎
178	metamorworks/stock.adobe.com
178～192	Newton Press
194	timonina/stock.adobe.com
196	Newton Press

Galileo科學大圖鑑系列 16

VISUAL BOOK OF THE MUSCLE

肌肉大圖鑑

作者／日本Newton Press
特約編輯／謝宜珊
翻譯／沈俊傑
編輯／蔣詩綺
發行人／周元白
出版者／人人出版股份有限公司
地址／231028新北市新店區寶橋路235巷6弄6號7樓
電話／(02)2918-3366（代表號）
傳真／(02)2914-0000
網址／www.jjp.com.tw
郵政劃撥帳號／16402311人人出版股份有限公司
製版印刷／長城製版印刷股份有限公司
電話／(02)2918-3366（代表號）
香港經銷商／一代匯集
電話／(852)2783-8102
第一版第一刷／2023年3月
定價／新台幣630元
港幣210元

國家圖書館出版品預行編目資料

肌肉大圖鑑 / Visual book of the muscle/
日本 Newton Press 作；
沈俊傑翻譯 . -- 第一版 . -- 新北市：
人人出版股份有限公司 , 2023.03
面；　公分 . -- (Galileo 科學大圖鑑系列；16)
ISBN 978-986-461-326-7（平裝）
1.CST：肌肉　2.CST：人體解剖學
3.CST：運動訓練

394.2　　112001920